Probleme und Resultate der Wissenschaftstheorie
und Analytischen Philosophie, Band III
W. Stegmüller/M. Varga von Kibéd:
Strukturtypen der Logik
Springer-Verlag Berlin Heidelberg New York Tokyo

Berichtigungen

S. 18, Z. 7 v.u.: Vor dem letzten Absatz ist folgender Absatz einzufügen: Die beiden folgenden Kapitel, *Kap.* 14 und *Kap.* 15, folgen der Darstellung von H. D. EBBINGHAUS, J. FLUM und W. THOMAS in ihrer 'Einführung in die Mathematische Logik' (EBBINGHAUS et al. [1]).

	Zu ersetzender Ausdruck	*Neuer Ausdruck*
S. 34, Z. 11 v.u.:	.)	(für alle $M, N \subseteq K$).)
S. 36, Z. 1:	$\langle a_1, \ldots, a_n \rangle$	'$\langle a_1, \ldots, a_n \rangle$'
S. 58, Z. 14/15:	eine Formel	ein Satz
S. 58, Z. 2 v.u.:	Die Negation einer β-Formel ist aber eine α-Formel!	Die Negation eines Satzes vom Typ β ist aber ein Satz vom Typ α!
S. 59, Z. 3/4:	eine Formel	ein Satz
S. 78, Z. 8 der Anmerkung:	Prädikat'	'Prädikat'
S. 79, Z. 9, sowie drei Zeilen oberhalb (2), sowie Z. 9 v.u.:	$\mathfrak{N}(*_1, \ldots, *_n)$	$\mathfrak{N}[*_1, \ldots, *_n]$
S. 79, zwei Zeilen unterhalb (1):	eine Formel	ein Satz
S. 121, Z. 3 v.u.:	Satz 23	Th. 4.2.1
S. 125, Z. 2:	$\Vdash_\mathbf{B}$	$\vdash_\mathbf{B}$
S. 138, Z. 10 v.u.:	$(\overline{A_1})$	$(\overline{A}_1)$
S. 139, dritter Abs. von 4.3.4, letzte Zeile:	fasch	falsch
S. 140, Z. 8 unterhalb der Tabelle:	Dem Leser	Im Leser
S. 215, Z. 3/4:	Der Beginn von Z. 4 gehört noch zur Behauptung (b), so daß diese also mit 'von $\varphi(u)$.' schließt. Die Begründung in Z. 4 beginnt mit: 'Denn nach Def.'	
S. 233, Z. 7:	$\overline{b}(A*)$	$\overline{b}(A*)$
S. 233, Z. 10:	$b(\neg B)$	$b(\neg B)$
S. 244, Z. 1 v.u. (in (1')):	v_i	v
S. 245, Z. 7:	v_i	v_j
S. 301, Z. 10:	Hier und gelegentlich im weiteren Text von Kap. 9–11 wird 'Formel' verwendet, obwohl 'Satz' präziser wäre; so z.B. auf S. 316, Z. 2 v.u., S. 319, Z. 1 von (1) und (2), S. 320, Z. 19 v.u. und S. 321, Z. 7	

	Th. 9	**Th. 9.1**
S. 308, Z. 7 v.u.:		
S. 315:	Zu Beginn der ersten Zeile des dritten Absatzes ist folgender Satz einzufügen: *Reine Formeln* bzw. *reine Sätze* sind solche ohne Objektparameter.	
S. 318, Z. 10:	von Sätzen	von reinen Sätzen
S. 320, Z. 5:	δ-Formeln	δ-Sätzen
S. 320, Z. 18 v.u.:	δ-Formeln	Sätze vom Typ D
S. 336, Z. 8:	Der Ausdruck 'von B_6' ist zu streichen!	
S. 357, Z. 7 v.u.:	$\vee$	$\veebar$
S. 368, Z. 2:	$\mathbf{A_x[a]}$	$\ulcorner\mathbf{A_x[a]}\urcorner$
S. 368, Z. 1 v.u.:	$\{n\vdash_{\mathbf{T}}\mathbf{A}_{z_{\mathring{0}}^{+}}[\mathbf{k}_n^*]\}$	$\{n\,|\vdash_{\mathbf{T}}\mathbf{A}_{z_{\mathring{0}}^{+}}[\mathbf{k}_n^*]\}$
S. 381, R 2., Z. 2:	NE_1	$\ulcorner NE_1\urcorner$
S. 383, Z. 1:	Th. 13.1	Th. 13.2
S. 384, Z. 24:	nach Def. von 'erfüllt'	nach I.V.
S. 386, Z. 20:	$\ulcorner\neg H\urcorner$ definiert $\bar{M}$.)	E erfüllt $\ulcorner\neg H\urcorner$; also gilt: $\ulcorner\neg H\urcorner$ definiert $\bar{M}$.)
S. 386, Z. 7 v.u.:	$\notin\mathbf{W}$	$\notin P$
S. 392, Z. 10 v.u.:	t_1 und t_2	t_1 noch t_2
S. 393, Z. 15:	Variablen	freien Variablen
S. 394, Z. 5 oberhalb Hilfssatz 2:	$(=g(Eg(E))!)$	$(=g(E\,\bar{g}(E))!)$
S. 394, Z. 12 v.u.:	$g(Eg(E))$	$g(E\bar{g}(E))$
S. 396, Z. 11:	*der*	*jeder*
S. 396, Z. 11 v.u.:	$\ulcorner(\alpha)(\overline{10})\uparrow(\alpha))\urcorner$	$\ulcorner(\alpha)((\overline{10})\uparrow(\alpha))\urcorner$
S. 396, Z. 3 im Bew. von Hilfssatz 4:	$F(g(E\mathring{E}))$	$F(\bar{g}(E\mathring{E}))$
S. 408, Z. 11 v.u.:	wobei S	wobei S^0
S. 459, Z. 9 v.u.:	Funktion L	Funktion L
S. 489, Z. 12:	und *Schritt 1*	und *Teil 1*
S. 505, einfügen:	Dummett, N., *Elements of Intuitionism*, Oxford 1977.	

Auf Seite 343 ist ein sachlicher Fehler zu korrigieren, auf den uns dankenswerterweise Karl Popper aufmerksam gemacht hat. Die folgenden vier Anweisungen beziehen sich alle auf diese Seite.

Auf Zeile 18 und Zeile 19 von oben ist der Satz zu streichen: 'Gödel ist bei der Beweisskizze ... von Bernays entdeckt wurde.'

Auf Zeile 14 bis Zeile 12 von unten ist der Satz zu streichen: '(Der fragliche Beweis ... Gödels Arbeit.)'

Auf Zeile 20 und 21 von oben ist der Satz: '... der Ableitbarkeit einer bestimmten Formel ...' zu ersetzen durch: '... der Ableitbarkeit bestimmter Formeln ...'.

Auf Zeile 22 von oben ist '§ 5.2' zu ersetzen durch: '§ 5.1c'.

S 372, Z. 10 v.u.
S. 372, Z. 1 v.u. } zu ergänzen: sofern $n=\ulcorner A\urcorner$

Wolfgang Stegmüller
Matthias Varga von Kibéd

Probleme und Resultate der Wissenschaftstheorie und Analytischen Philosophie, Band III
Strukturtypen der Logik

Studienausgabe, Teil C

Selbstreferenz, Tarski-Sätze und die Undefinierbarkeit der arithmetischen Wahrheit. Abstrakte Semantik und algebraische Behandlung der Logik. Die beiden Sätze von LINDSTRÖM

Springer-Verlag
Berlin Heidelberg New York Tokyo
1984

Professor Dr. Dr. Wolfgang Stegmüller
Dr. Matthias Varga von Kibéd
Seminar für Philosophie, Logik und Wissenschaftstheorie
Universität München
Ludwigstraße 31, D-8000 München 22

Dieser Band enthält die Kapitel 13 bis 15 der unter dem Titel „Probleme und Resultate der Wissenschaftstheorie und Analytischen Philosophie, Band III, Strukturtypen der Logik" erschienenen gebundenen Gesamtausgabe

ISBN-13: 978-3-540-12213-5   e-ISBN-13: 978-3-642-61726-3
DOI: 10.1007/978-3-642-61726-3

CIP-Kurztitelaufnahme der Deutschen Bibliothek
Stegmüller, Wolfgang: Probleme und Resultate der Wissenschaftstheorie und analytischen
Philosophie/Wolfgang Stegmüller; Matthias Varga von Kibéd. – Studienausg. –
Berlin; Heidelberg; New York: Springer
Teilw. verf. von Wolfgang Stegmüller
NE: Varga von Kibéd, Matthias:
Bd. 3 → Stegmüller, Wolfgang: Strukturtypen der Logik

Stegmüller, Wolfgang: Strukturtypen der Logik/Wolfgang Stegmüller; Matthias Varga von Kibéd. –
Studienausg. – Berlin; Heidelberg; New York: Springer
(Probleme und Resultate der Wissenschaftstheorie und analytischen Philosophie /
Wolfgang Stegmüller; Matthias Varga von Kibéd; Bd. 3)
NE: Varga von Kibéd, Matthias:
Teil C (1984).

Das Werk ist urheberrechtlich geschützt. Die dadurch begründeten Rechte, insbesondere die der Übersetzung, des Nachdruckes, der Entnahme von Abbildungen, der Funksendung, der Wiedergabe auf photomechanischem oder ähnlichem Wege und der Speicherung in Datenverarbeitungsanlagen bleiben, auch bei nur auszugsweiser Verwertung, vorbehalten. Die Vergütungsansprüche des § 54, Abs. 2 UrhG werden durch die „Verwertungsgesellschaft Wort", München, wahrgenommen.
© Springer-Verlag Berlin Heidelberg 1984

Herstellung: Brühlsche Universitätsdruckerei, Gießen
2142/3140-543210

Inhaltsverzeichnis

Von der gebundenen Ausgabe des Bandes „Probleme und Resultate der Wissenschaftstheorie und Analytischen Philosophie, Band III, Strukturtypen der Logik" sind folgende weitere Teilbände erschienen:

Studienausgabe Teil A: Junktoren und Quantoren. Baumverfahren. Sequenzenlogik. Dialogspiele. Axiomatik. Natürliches Schließen. Kalkül der Positiv- und Negativteile. Spielarten der Semantik

Studienausgabe Teil B: Normalformen. Identität und Kennzeichnung. Theorien und definitorische Theorie-Erweiterungen. Kompaktheit. Magische Mengen. Fundamentaltheorem. Analytische und synthetische Konsistenz. Unvollständigkeit und Unentscheidbarkeit

Kapitel 13

Selbstreferenz, Tarski-Sätze und die Undefinierbarkeit der Wahrheit

13.0 Intuitive Vorbetrachtungen

Ein Tarski-Satz für eine Menge M ist ein Satz, der aussagt:

(1) ‚ich bin ein Element von M‘,

der also *von sich selbst* behauptet, ein Element von M zu sein. Wenn wir einen solchen Satz in einer formalen Sprache wiederzugeben versuchen, müssen wir seinen Gehalt in einer indikatorenfreien Weise ausdrücken; denn Indikatoren – d. h. Ausdrücke, deren Bedeutung nicht unabhängig vom (schriftlichen oder Sprech-)Kontext feststeht –, wie ‚ich‘, ‚hier‘, ‚jetzt‘ u. a., kommen in einer derartigen Sprache nicht vor. So gelangen wir dazu, einen Satz X genau dann einen Tarski-Satz für M zu nennen, wenn gilt:

(2) ‚X behauptet, daß $X \in M$ ‘.

Doch auch diese Formulierung (2) der Bedingung für Tarski-Sätze ist noch insofern unbefriedigend, als sie vermutlich im Sinn von: ‚X drückt die Proposition aus, daß $X \in M$‘ aufzufassen wäre. Die Bedeutung dieses Satzes kann aber adäquat wohl nur in *intensionalen Sprachsystemen* erfaßt werden, während wir uns hier weiterhin auf *extensionale Sprachen* beschränken wollen. **S** sei eine derartige Sprache, die mit Hilfe von Wahrheitsregeln zu einem semantischen System ergänzt wurde. Damit steht uns das Prädikat ‚ist wahr in **S**‘ zu Verfügung. Unter dieser Voraussetzung gibt es *genau eine* Übersetzung der metasprachlichen Wendung (2) in das semantische System **S**, nämlich:

(3) ‚X ist wahr in **S** gdw $X \in M$ ‘.

Die in (3) formulierte Bedingung dafür, daß ein Satz in dem extensionalen System **S** ein Tarski-Satz für M ist, erweist sich als äußerst schwach. Jeder Satz nämlich, der entweder zugleich wahr ist und in M liegt oder falsch ist und nicht in M liegt, erfüllt schon diese Tarski-Satz-Bedingung.

Um mit Hilfe eines Tarski-Satzes einen Beweis für das noch genauer zu beschreibende *Theorem von Tarski* liefern zu können, müssen wir außerdem voraussetzen, daß ein(später präzisierter) Begriff der *Definierbarkeit in* **S** verfügbar ist. Bezüglich der Menge *M*, für die *X* ein Tarski-Satz ist, werden wir dann je nach Untersuchungssituation entweder voraussetzen, *daß* sie in **S** definierbar ist, oder die Frage stellen, *ob* sie in dem betrachteten System definierbar ist.

Wenn wir z. B. für *M* die Menge der falschen Sätze des Systems wählen, so liefert die Konstruktion eines Tarski-Satzes für *diese* Menge (der falschen Sätze) unmittelbar das Resultat von deren Undefinierbarkeit. Sofern das System außerdem das Negationszeichen nebst einer geeigneten, dieses Zeichen charakterisierenden semantischen Bestimmung enthält, folgt daraus wiederum das eigentliche *Theorem von Tarski* – genauer gesprochen: zunächst nur eine *Miniaturform* dieses Theorems –, *wonach die Menge der wahren Sätze des Systems* **S** *nicht in* **S** *definierbar ist.*

Falls man für *M* die Menge der Ausdrücke wählt, die in einem gegebenen syntaktischen System (Kalkül) **K** *nicht beweisbar* sind, dann wird der Tarski-Satz *X* für *M* zum *Gödel-Satz* für *M*, mit dessen Hilfe sich unmittelbar eine einfache *Miniaturfassung* des *Unvollständigkeitstheorems von Gödel* als Spezialfall des Tarskischen Theorems ergibt.

In Anwendung auf ein geeignetes System der Arithmetik läßt sich nach dieser Methode erstens das *Theorem von Tarski i. e. S.* beweisen, welches beinhaltet, daß elementare arithmetische Wahrheit nicht arithmetisch definierbar ist (was natürlich nur eine saloppe Formulierung der Feststellung ist, *daß die Menge der arithmetisch wahren Sätze nicht arithmetisch definierbar ist*). Zweitens liefert die im vorigen Absatz angedeutete Beweisidee in Anwendung auf dieses System der Arithmetik das *Theorem von Gödel*.

Anmerkung 1. Nach der gegebenen Erläuterung ist ein Gödel-Satz ein Spezialfall eines Tarski-Satzes. Damit wird das weiter unten geschilderte Verfahren für den Nachweis des Theorems von Gödel ein Spezialfall der Beweisidee für das Theorem von Tarski.

Dies ist insofern von historischem Interesse, als man behaupten kann, daß das Gödelsche Unvollständigkeitstheorem, falls Gödel es nicht bewiesen hätte, kurze Zeit später von Tarski formuliert und bewiesen worden wäre, worauf Tarski selbst hingewiesen hat. Der allgemeine Rahmen, in dem dies stattgefunden hätte, wäre allerdings mit der Benützung nichtkonstruktiver semantischer Methoden erkauft worden. Gödel selbst hatte demgegenüber, durch Beschränkung auf den syntaktischen Begriffsapparat eines formalen arithmetischen Systems, einen in allen wesentlichen Schritten streng konstruktiven Beweis erbracht.

Das im folgenden geschilderte Verfahren geht zurück auf R. M. Smullyan, [1] (vgl. dazu auch Yu. I. Manin, [1], S. 73–82). Die darin erzielte außerordentliche Eleganz und Einfachheit ist vor allem das

Resultat dreier neuer Gedanken, die in geschickter Weise miteinander kombiniert werden. Diese Gedanken seien hier kurz skizziert.

(*I*) Alle übrigen bekannten Verfahren, die beim Beweis der Theoreme von TARSKI und GÖDEL (ebenso wie des Theorems von CHURCH) benützt werden, stützen sich auf die *Cantorsche Diagonalisierungsmethode.* (Auch in Kap. 12 benützten wir diese Methode und haben sie wegen ihrer Wichtigkeit in 12.8 in einem eigenen *Diagonal-Lemma* festgehalten; vgl. auch Anhang 2.) Die dabei zugrunde gelegte *Diagonalfunktion,* die einem Ausdruck dessen Diagonalisierung zuordnet, ist schwer zu handhaben und für verschiedene technische Komplikationen bei der Arithmetisierung verantwortlich. Der Grund für die Komplikationen liegt darin, daß bei der Konstruktion der Diagonalisierung die Operation der Substitution verwendet werden muß, während SMULLYAN die *Normfunktion* benützt, die nichts weiter voraussetzt als die Operation der *Verkettung* oder *Konkatenation* zweier Ausdrücke (d. h. das Hintereinanderschreiben dieser Ausdrücke, die dann als *ein* Ausdruck gelesen werden).

Das neue Verfahren geht auf eine Idee von QUINE zurück, die wir, angewendet auf die schriftliche deutsche Umgangssprache, schildern wollen. Wenn zwei Ausdrücke *konkateniert (verkettet)* werden, sagen wir, daß der zweite dem ersten *angefügt* wird. Unter der *Anführung* eines Ausdruckes verstehen wir den neuen Ausdruck, der aus dem letzteren dadurch entsteht, daß man diesen mit (je einem vorderen und einem hinteren) Anführungszeichen versieht. Wir erinnern an die einfache Tatsache, daß wir die Anführung eines Ausdruckes als Namen (Bezeichnung) für diesen Ausdruck verwenden. QUINES Idee besteht darin, die Antinomie des Lügners folgendermaßen wiederzugeben:

(4) ‚liefert nach Anfügung zu seiner eigenen Anführung eine falsche Aussage‘ liefert nach Anfügung zu seiner eigenen Anführung eine falsche Aussage.

Dieser Satz (4) besagt offenbar, daß (4) falsch ist.

Die *Normfunktion* verwendet im Prinzip dieselbe Konstruktion wie im Quineschen Satz (4): Einem Ausdruck wird seine *Norm* zugeordnet, d. h. der Ausdruck, gefolgt von seiner eigenen Anführung. (Die umgekehrte Reihenfolge stellt eine unwesentliche „technische" Variante gegenüber der Methode bei (4) dar.)

Wir überzeugen uns auf rein intuitiver Ebene davon, wie man den Begriff der Norm für die Bildung eines Tarski-Satzes verwenden kann. Dafür treffen wir die folgende terminologische Vereinbarung: Wenn $a \in M$, so sagen wir, daß M das Objekt a *enthält.*

Gegeben sei eine Menge M von Ausdrücken. Wir suchen einen Tarski-Satz X für M. Mit Hilfe des Normbegriffs konstruieren wir X in der folgenden Weise:

(5) M enthält die Norm von ‚M enthält die Norm von‘.

Dieser Satz X besagt, daß die Norm des Ausdruckes ‚M enthält die Norm von' Element von M ist. Die fragliche Norm aber ist (5), also der Satz X selbst. Somit gilt: X ist wahr gdw $X \in M$, also ist X (=(5)) ein Tarski-Satz für M.

Dieses Ergebnis legt die Vermutung nahe, daß die Normfunktion auch in formalen Sprachen für die Konstruktion von Tarski-Sätzen geeignet ist. Im folgenden Abschnitt soll dies für einige Typen sehr elementarer Sprachen gezeigt werden. Dabei wird derselbe Normbegriff zugrunde gelegt, den wir in (5) benützten, mit dem einzigen Unterschied, daß die umgangssprachliche Anführung durch ein formales Analogon, *Quotierung* genannt, ersetzt wird. In den späteren Abschnitten wird die Norm mit Hilfe des Gödelisierungsverfahrens gebildet, d. h. unter der *Norm* eines Ausdrucks wird die Konkatenation des Ausdrucks mit seiner Gödelziffer verstanden.

(*II*) Die in (*I*) skizzierten Vereinfachungen dienen auch dem Ziel, die Theoreme von TARSKI und GÖDEL für bestimmte, sehr einfache formale Sprachen zu beweisen, in denen erstens die Beweisstruktur möglichst durchsichtig gemacht werden kann und die zweitens derart gewählt sind, daß die Übertragung der Theoreme und Beweise auf reichere Systeme – wie z. B. die Arithmetik erster Stufe – möglichst unproblematisch wird, sofern nur in den reicheren Systemen geeignete Normfunktionen zur Verfügung stehen.

Wie die bisherigen Überlegungen zeigten, ist eine Vorbedingung für die Konstruktion eines Tarski-Satzes das Vorkommen *selbstreferentieller Ausdrücke*, die Namen von sich selbst sind. Um für eine vorgegebene Menge M einen Tarski-Satz für M bilden zu können, muß die fragliche Sprache ein Prädikat enthalten, dessen Extension diese Menge M ist.

Damit haben wir eine Abschätzung dafür gewonnen, wie viele Zeichen die für die Bildung eines Tarski-Satzes für M geeignete formale Sprache mindestens enthalten muß: Erstens muß darin ein Zeichen vorkommen. Zweitens benötigt man ein weiteres Zeichen für die formale Quotierung, d. h. für die Bildung von Ausdrucksnamen[1]. Drittens ist, um überhaupt Sätze bilden zu können, mindestens ein Prädikat erforderlich. Drei Zeichen bilden somit das Minimum. Das System S_0 von 13.1 wird tatsächlich ein *Minimalsystem* der gewünschten Art sein, dessen Alphabet *nur* drei Zeichen enthält. Wir werden sogar die verblüffende Feststellung treffen, daß für die Bildung selbstreferentieller Ausdrücke ein *echtes*

---

1 Etwas genauer: Zur Bildung von Normen wird die Konkatenation von Zeichenreihen mit ihren formalen Quotierungen verwendet. Und um das Schema des Quineschen Satzes zur Konstruktion von Tarski-Sätzen nachzuvollziehen, benötigt man einen Normbildungsfunktor, der, angewendet auf eine formale Quotierung einer Zeichenkette, einen *Namen der* Norm dieser Zeichenkette bildet.

Teilfragment von S_0, der *logische Kern* S_0^L von S_0, genügen wird, in dem nur *zwei* Zeichen vorkommen!

Aus dem System S_0 wird für jede Ausdrucksmenge P durch Hinzufügung einer einfachen Wahrheitsregel (für das einzige Prädikat) ein *semantisches System* S_P gewonnen, das einen Tarski-Satz für P enthält.

Fügt man zu den drei Zeichen eines der Systeme S_P die *Negation* hinzu, so entstehen Systeme S_P', für welche man die *Miniaturform des Theorems von Tarski* erhält: *Die Menge der wahren Sätze von* S_P' *ist nicht definierbar.*

Ergänzt man eines der Systeme S_P mittels Axiomen und Schlußregeln eines *Kalküls* **K** zu einem interpretierten Kalkül $S_P^{\mathbf{K}}$, so erhält man über den Tarski-Satz für $\overline{Th}$, d. h. für das Komplement der Menge der Theoreme von **K**, unmittelbar *die Miniaturform des Theorems von Gödel.*

Insgesamt haben wir es mit *vier Arten von Minimalsystemen* zu tun: dem logischen Kern S_0^L (zwei Zeichen) als einem Minimalsystem für Selbstreferenz; den semantischen Systemen S_P als Minimalsystemen für die Bildung von Tarski-Sätzen; den semantischen Systemen S_P' als Minimalsystemen für das Tarski-Theorem; und den interpretierten Kalkülen $S_P^{\mathbf{K}}$ als Minimalsystemen für das Gödel-Theorem.

(III) Im ersten Absatz von *(II)* findet sich am Schluß die Bemerkung, daß diese Resultate auf geeignet präparierte höhere Systeme übertragen werden können. Dazu einige Andeutungen.

Eine Übertragung auf Theorien erster Stufe ist nicht ohne weiteres möglich. Das in 13.4 behandelte *System der Arithmetik* **SAr** ist daher keine übliche Theorie erster Stufe; es wird nämlich unter den Grundsymbolen *keine Quantoren* enthalten. Da jedoch in **SAr** die *Klassenabstraktion* als Grundoperation vorkommt, läßt sich der *Allquantor als definiertes Zeichen* einführen. Dies ermöglicht es, die *Substitutionsoperation* auf sehr einfache Weise einzuführen sowie die Gleichwertigkeit der Definierbarkeit einer Menge mittels eines *Prädikates* und mittels einer *Formel* zu zeigen.

Zur technischen Vereinfachung wird außerdem der Beschluß beitragen, für die Designation von natürlichen Zahlen *Ziffern in Steinzeitnotation* zu wählen: Jede Zahl n wird durch eine Folge der Länge n von senkrechten Strichen oder (aus drucktechnischen Gründen) von Einsen bezeichnet.

Für die rasche Gewinnung der beiden metalogischen Hauptresultate wird sich schließlich die *semantische Normalität* von **SAr** als höchst förderlich erweisen. Darunter soll die Eigenschaft eines semantischen Systems **S** verstanden werden, daß mit der Definierbarkeit einer Ausdrucksmenge M in **S** auch die Menge derjenigen Ausdrücke in **S** definierbar ist, deren Norm in M liegt.

In diesem Kapitel werden wir das einzige Mal von QUINES Methode der *Quasi-Anführung* Gebrauch machen (vgl. auch QUINE, [1], §6). Wegen des Vorkommens selbstreferentieller Ausdrücke in den folgenden Systemen ist die Gefahr der Verwechslung bzw. Vermengung von Objekt- und Metasprache besonders groß. Die Verwendung der *Quasi-Anführungszeichen* ‚$^\lceil$' und ‚$^\rceil$' bildet eine Vorsichtsmaßregel dagegen[2]. Angenommen, wir verwenden objektsprachliche Symbole zur Vermeidung von Konfusionen nicht autonym. Gleichzeitig möchten wir aber über Ausdrücke der Objektsprache reden, deren Struktur nur in bestimmter Hinsicht vorgeschrieben, in anderen Hinsichten dagegen offen sei. Wir wollen z. B. über die Konjunktion zweier Ausdrücke A und B sprechen. Dann können wir nicht einfach ‚$A \wedge B$' schreiben; denn dies ist ein sinnloser Ausdruck, der das objektsprachliche ‚$\wedge$' mit den beiden metasprachlichen Zeichen ‚A' und ‚B' verbindet. Was wir mit dieser fehlerhaften Schreibweise mitzuteilen *intendierten*, ist andererseits klar: Es sollte das Ergebnis der konjunktiven Verknüpfung der beiden Ausdrücke A und B betrachtet werden. QUINE teilt dies durch ‚$^\lceil A \wedge B^\rceil$' mit. Allgemein: Mit Quasi-Anführungszeichen versehene Ausdrücke sind per definitionem synonym mit denjenigen Gebilden, die aus jenen dadurch entstehen, daß man die darin vorkommenden objektsprachlichen Symbole unverändert läßt, dagegen die in ihnen vorkommenden metasprachlichen Zeichen durch deren objektsprachliche Designate ersetzt. Wir vereinbaren daher für dieses Kapitel (wie schon für das vorangehende):

Die angegebenen Symbole formaler Systeme sind als Zeichen der Objektsprache selbst aufzufassen und nicht, wie bis Kap. 11 einschließlich, als Namen von solchen.

In logischer Hinsicht ist die Quasi-Anführung eine Funktion. Im Falle der obigen Konjunktion von A und B ist das Argument dieser Funktion der (gemischte) Ausdruck ‚$A \wedge B$', während $^\lceil A \wedge B^\rceil$ – der Funktions*wert* für diesen gemischten Ausdruck als Argument – das Ergebnis der Ersetzung von ‚A' durch A und ‚B' durch B in ‚$A \wedge B$' ist.

13.1 Die Minimalsysteme S_0, S_0^L und S_P

Das Alphabet von S_0 besteht aus den folgenden drei Zeichen: ‚Φ', ‚$*$', ‚N'. Wir nennen ‚Φ' Prädikatzeichen, den Stern ‚$*$' das Quotierungszeichen (da es als formales Gegenstück zur Anführung dient) und ‚N' das Normzeichen. Nur das Prädikatzeichen ist deskriptiv; die beiden anderen Symbole sind logische Zeichen. Die folgenden Definitionen und Regeln beziehen sich auf S_0.

‚*Ausdruck*' bedeute diesmal dasselbe wie ‚Wort über dem (oben angegebenen) Alphabet'; d. h. jede endliche Folge von Zeichen der drei Zeichenarten soll ein Ausdruck sein. Im folgenden werden wir vier Klassen von Ausdrücken auszeichnen: *Quotierungen, Normen, Namen* und *Sätze.*

Unter der *Quotierung* eines Ausdruckes verstehen wir diesen von je einem vorderen und einem hinteren Stern umschlossenen Ausdruck. (So

---

2   Der Leser verwechsle diese beiden Symbole nicht mit den gleichgestaltigen, aber *größeren* Zeichen von Kap. 12 für die Bildung von Ausdruckszahlen.

ist z. B. ‚$*\Phi N*$' die Quotierung von ‚ΦN' und ‚$***$' die Quotierung von ‚$*$'[3]). Unter der *Norm* eines Ausdruckes verstehen wir die Konkatenation dieses Ausdruckes mit seiner Quotierung. (So ist z. B. ‚$\Phi*\Phi*$' die Norm von ‚Φ'.)

Die syntaktische Kategorie der *Namen* wird durch die folgenden beiden *Formregeln* festgelegt:

(1) Die Quotierung eines Ausdruckes ist ein Name.

(2) Wenn E ein Name ist, so ist auch $\ulcorner NE\urcorner$, d. h. E angefügt an ‚N' (oder: ‚N' konkateniert mit E), ein Name.

Der Begriff des Namens (von S_0) ließe sich auch so erklären: Unter einem Namen soll ein Ausdruck verstanden werden, der entweder eine Quotierung (eines anderen Ausdruckes) ist oder der dadurch entsteht, daß man einer Folge von Zeichen ‚N' eine Quotierung anfügt.

Namen spielen in den gegenwärtigen elementaren Systemen die Rolle der üblichen Individuenkonstanten.

Es folgen zwei *Designationsregeln*:

R1. Die Quotierung eines Ausdruckes E designiert E.

R2. Wenn der Ausdruck E_1 den Ausdruck E_2 designiert, dann designiert NE_1 die Norm von E_2.

Statt ‚B designiert E' sagen wir gelegentlich auch ‚B ist *Name von* E'.

Man beachte: ‚*Name*' bezeichnet eine (syntaktische) Teilklasse der Klasse der Ausdrücke; ‚*Name von*' dagegen bezeichnet die (semantische) Relation, die zwischen einem Namen und seinem Designat besteht.

Der *logische Kern* S_0^L von S_0 ist dasjenige System, welches nur die beiden logischen Zeichen ‚$*$' und ‚N' enthält und für welches im übrigen genau die bisher für S_0 angegebenen Bestimmungen gelten. Ein Ausdruck, der Name von sich selbst ist, werde *selbstreferentiell* genannt. Ein System heiße *selbstreferentiell*, wenn es einen selbstreferentiellen Ausdruck enthält. Es gilt:

Th. 13.1 *Der logische Kern* S_0^L *von* S_0 *(und damit a fortiori auch* S_0*) ist selbstreferentiell.*

---

3 In dem Ausdruck

    (*a*) ‚$***$'

kommen nebeneinander objekt- und metasprachliche Anführungszeichen vor. In (*a*) wird (*b*), nämlich der folgende Ausdruck:

    (*b*) $***$

metasprachlich angeführt. (*b*) selbst führt den Ausdruck

    (*c*) $*$

objektsprachlich an, d. h. (*b*) quotiert (*c*).

Beweis: Nach R1 ist „$*N*$' Name von „N'. Daher ist nach R2 „$N*N*$' Name der Norm von „N'. Die Norm von „N' aber ist nach der Definition von „Norm' dasselbe wie „$N*N*$'. Also ist „$N*N*$' Name von sich selbst und S_0^L sowie S_0 sind selbstreferentiell.   □

Der Satzbegriff ist durch eine sehr einfache *Formregel* festgelegt: Ein *Satz von* S_0 ist ein Ausdruck, der aus der Konkatenation von „Φ' mit einem Namen besteht.

S_0 bildet die gemeinsame Grundlage für die folgenden *semantischen Systeme*, deren jedes für je eine feste Ausdrucksmenge P erklärt ist und daher S_P heißen soll (dabei ist P das semantische Korrelat des einzigen deskriptiven Zeichens „Φ'):

(1) Die Regeln für Namen, Designation und Satzbildung sind dieselben wie für S_0.

(2) Die *Wahrheitsregel für* S_P (d. h. die Definition von „*wahr in* S_P') lautet:

R3. Wenn E_1 Name von E_2 ist, dann ist $\ulcorner \Phi E_1 \urcorner$ *wahr in* S_P gdw $E_2 \in P$.

Als einfaches Korollar fügen wir ohne Beweis an:
Ist E_1 Name von E_2, so ist dadurch E_2 eindeutig festgelegt.

Th. 13.2   *Es gibt einen* S_0-*Satz G, so daß für jede Menge P von* S_0-*Ausdrücken gilt: G ist ein Tarski-Satz für P in* S_P.

Beweis: Nach R1 ist „$*\Phi N*$' Name von „ΦN'. Also ist „$N*\Phi N*$' nach R2 Name der Norm von „ΦN', d. h. gemäß der Definition von „Norm': Name von „$\Phi N*\Phi N*$'.

Überdies ist „$N*\Phi N*$' ein Name (nämlich nach den beiden Formregeln (1) und (2) für Namen); also ist „$\Phi N*\Phi N*$' gemäß der Definition von „Satz von S_0' ein S_0-Satz. *Wir wählen diesen Satz* „$\Phi N*\Phi N*$' *als Satz G.*

Nach R3 gilt: G ist wahr in S_P gdw der durch „$N*\Phi N*$' in S_P designierte Ausdruck Element von P ist. Bereits im ersten Absatz hatten wir festgestellt, daß „$N*\Phi N*$' Name desjenigen Ausdruckes ist, den wir im zweiten Absatz als G wählten. Also gilt:

G ist wahr in S_P gdw „$\Phi N*\Phi N*$'$\in P$
$\qquad\qquad\qquad$ gdw $G \in P$

G ist also ein Tarski-Satz für P in S_P.   □

Der Regel R3 können wir einen Hinweis für die Konstruktion eines Tarski-Satzes entnehmen: Man wähle den Ausdruck E so, daß er $\ulcorner \Phi E \urcorner$ designiert! Eine solche Wahl hatten wir mit „$N*\Phi N*$' als E vorgenommen.

Anmerkung 2. Im Beweis von Th. 13.1 hatten wir korrekt die *Eindeutigkeit der Designationsrelation* vorausgesetzt (nämlich dort, wo wir schlossen, daß ‚$N*\Phi N*$‘ Name *des* Satzes G ist). Es wäre unrichtig, anzunehmen, daß die Designationsrelation auch in der anderen Richtung eindeutig ist, d. h. also, daß ein Ausdruck (von S_0 oder von S_P) *nur* einen Namen habe. Ein einfaches Schema für die Konstruktion von Gegenbeispielen lautet: E_1 sei Name von E_2. Dann hat die Norm von E_2 mindestens zwei Namen, nämlich: $\ulcorner NE_1 \urcorner$ (nach R2) und $\ulcorner *E_2*E_2** \urcorner$ (nach R1, denn dieser Ausdruck ist die Quotierung der Norm von E_2).

Korollar zu Th. 13.2   *Die Ausdrucksmenge P, für die G ein Tarski-Satz ist, kann nicht identisch sein mit der Menge aller falschen (d. h. nicht wahren) Sätze von S_P; noch kann P identisch sein mit der Menge der Ausdrücke von S_P (bzw. von S_0), die keine wahren Sätze von S_P sind* [4].

In beiden Fällen würde nämlich der Beweis des Theorems mit der *widerspruchsvollen* Feststellung schließen, daß unser Tarski-Satz G wahr in S_P ist gdw G im Komplement der Menge der wahren Sätze von S_P liegt (nämlich in diesem Komplement *bezüglich der Menge der Sätze von* S_0: erster Fall, oder in diesem Komplement *bezüglich der Menge aller Ausdrücke von* S_0: zweiter Fall). $\square$

Anmerkung 3. Der Leser überlege sich zur Übung, daß der oben benützte Tarski-Satz G die Formalisierung des in **13.0,** (*I*) auf intuitiver Basis gebildeten Tarski-Satzes (5) innerhalb unseres Minimalsystems S_P darstellt. ‚N‘ ist dabei die symbolische Abkürzung von ‚die Norm von‘ und ‚Φ‘ die Abkürzung von ‚M enthält‘.

Vom Definierbarkeitsbegriff ist in Th. 13.2 noch gar kein Gebrauch gemacht worden. Dieses Theorem läßt sich aber zu einer geeigneten präziseren Fassung verschärfen. Wir holen die Formulierung und den Beweis nach, da wir beides später benötigen werden. Als Hilfsmittel benötigen wir den Begriff des Prädikates sowie die semantische Erfüllbarkeitsrelation.

Festlegung des Begriffs *Prädikat* (von S_0):

Ein *Prädikat* ist entweder das Zeichen ‚Φ‘ oder die Konkatenation von ‚Φ‘ und endlich vielen angefügten Zeichen ‚N‘.

Ein Ausdruck E *erfüllt* ein Prädikat H (in S_P) gdw die Konkatenation von H und der Quotierung $\ulcorner *E* \urcorner$ von E in S_P wahr ist.

Ein Prädikat H *definiert* die (S_0-)Ausdrucksmenge M (in S_P) gdw H von den Elementen von M, und nur von diesen, erfüllt wird. Eine Menge M von Ausdrücken von S_0 ist *definierbar* (in S_P) gdw es ein Prädikat gibt, das die Menge M definiert.

---

4   Die zweite Menge ist wesentlich größer als die erste; denn sie enthält außer den falschen Sätzen *sämtliche Ausdrücke, die überhaupt keine Sätze sind.*

Hilfssatz 1 *Es sei H ein Prädikat und E_1 ein Name, der E designiert. Dann gilt: E erfüllt H in $\mathbf{S}_P$ gdw $\ulcorner HE_1 \urcorner$ ist wahr in $\mathbf{S}_P$.*

Beweis: durch Induktion nach der Anzahl n der Vorkommnisse von ‚N‘ in H (die Wendung ‚in $\mathbf{S}_P$‘ lassen wir gelegentlich fort):

1. *Induktionsbasis:* $n = 0$. Dann ist H identisch mit ‚Φ‘.
   Es gilt:
   E erfüllt H gdw E erfüllt ‚Φ‘

      gdw $\ulcorner \Phi * E * \urcorner$ ist wahr in $\mathbf{S}_P$ (nach Definition von ‚erfüllt‘)

      gdw $E \in P$ (nach R3)

      gdw $\ulcorner \Phi E_1 \urcorner$ ist wahr in $\mathbf{S}_P$ (nach R3 sowie der Voraussetzung, daß E_1 Name von E ist)[5]

      gdw $\ulcorner HE_1 \urcorner$ ist wahr in $\mathbf{S}_P$.

2. *Induktionsschritt:* Die Behauptung gelte bereits für $n = k$ (I.V.). Es sei H identisch mit ‚ΦN^{k+1}‘[6].
   Es gilt:
   E erfüllt H gdw E erfüllt ‚ΦN^{k+1}‘

      gdw $\ulcorner \Phi N^{k+1} * E * \urcorner$ ist wahr in $\mathbf{S}_P$ (nach Def. von ‚erfüllt‘)

      gdw $\ulcorner \Phi N^k N * E * \urcorner$ ist wahr in $\mathbf{S}_P$ (nach Def. von ‚N^k‘)

      gdw $\ulcorner E * E * \urcorner$ erfüllt ‚ΦN^k‘ (nach I.V. und R2, da $\ulcorner N * E * \urcorner$ die Norm von E, also $\ulcorner E * E * \urcorner$, designiert)

      gdw $\ulcorner \Phi N^k N E_1 \urcorner$ ist wahr in $\mathbf{S}_P$ (nach Def. von ‚erfüllt‘ und wegen der Tatsache, daß $\ulcorner N E_1 \urcorner$ die Norm von E, also $\ulcorner E * E * \urcorner$, designiert)

      gdw $\ulcorner HE_1 \urcorner$ ist wahr in $\mathbf{S}_P$. $\square$

In diesem Beweis wird Gebrauch von der in Anm. 3 erwähnten Tatsache gemacht, daß ein Ausdruck mehrere Namen haben kann: $\ulcorner N E_1 \urcorner$ sowie $\ulcorner N * E * \urcorner$ sind zwei verschiedene Namen der Norm von E, also von $\ulcorner E * E * \urcorner$.

Für eine Ausdrucksmenge M sei $\eta(M)$ die Menge derjenigen Ausdrücke, deren Norm in M ist. Es gilt das wichtige

Lemma 13.3 *Falls die Menge M definierbar in $\mathbf{S}_P$ ist, so ist auch $\eta(M)$ in $\mathbf{S}_P$ definierbar.*

Beweis: H sei das Prädikat, welches M definiert. Wir behaupten, daß $\ulcorner HN \urcorner$ die Menge $\eta(M)$ definiert. In der Tat:

---

5 Bereits in der Induktionsbasis wird also davon Gebrauch gemacht, daß ‚$* E *$‘ sowie E_1 Namen *ein und desselben* Ausdruckes E sind!

6 ‚N^{k+1}‘ ist eine Abkürzung für die Konkatenation von $k+1$ Zeichen ‚N‘.

E erfüllt $\ulcorner HN \urcorner$ gdw $\ulcorner HN*E* \urcorner$ ist wahr in S_P (nach Def. von ‚erfüllt')
gdw $\ulcorner E*E* \urcorner$ erfüllt H (nach Hilfssatz 1, da $\ulcorner N*E* \urcorner$
Name von $\ulcorner E*E* \urcorner$ ist)
gdw $\ulcorner E*E* \urcorner \in M$ (nach Voraussetzung, da H die
Menge M definiert)
gdw $E \in \eta(M)$ (nach Def. von $\eta(M)$). $\quad\square$

Das folgende Theorem kann als eine Verschärfung von Th. 13.2 angesehen werden:

Th. 13.4 *Für jede Menge M, die in S_P definierbar ist, existiert ein Tarski-Satz für M in S_P, d.h. ein Satz X, für den gilt:*

X ist wahr in S_P gdw $X \in M$.

Beweis: M sei in S_P definierbar; dann ist nach Lemma 13.3 auch $\eta(M)$ definierbar. H sei das Prädikat, welches $\eta(M)$ definiert. Also gilt für alle Ausdrücke E:

$\ulcorner H*E* \urcorner$ ist wahr in S_P gdw $E \in \eta(M)$ (nach Voraussetzung über H
und Def. von ‚definiert' und ‚erfüllt')
gdw $\ulcorner E*E* \urcorner \in M$ (nach Def. von $\eta(M)$).

Durch Wahl von H für E erhält man:
$\ulcorner H*H* \urcorner$ ist wahr in S_P gdw $\ulcorner H*H* \urcorner \in M$. Der Satz $\ulcorner H*H* \urcorner$ erfüllt somit die Bedingung des gesuchten Tarski-Satzes X. $\quad\square$

Korollar zu Th. 13.4 *Weder die Menge der falschen Sätze von S_P noch das Komplement der Menge der wahren Sätze von S_P (bezüglich der Menge aller Ausdrücke von S_0)[7] ist definierbar in S_P.*

Der Beweis ist vollkommen analog zu dem des Korollars zu Th. 13.2.

13.2 Miniaturfassungen der Theoreme von Tarski und Gödel

Um das Theorem von TARSKI zu gewinnen, erweitern wir die Systeme S_P durch Hinzufügung des Negationszeichens und der zugehörigen semantischen Regel zu Systemen S'_P.

Der Satzbegriff von S'_P wird gegenüber dem von S_0 dadurch erweitert, daß mit einem Satz X von S'_P auch $\ulcorner \neg X \urcorner$ ein Satz von S'_P sein soll.

---

7 Dieses Komplement enthält also außer den falschen Sätzen auch alle Ausdrücke, die keine Sätze sind.

Entsprechend verallgemeinern wir den Wahrheitsbegriff auf negierte Sätze:

R¬. $\ulcorner\neg X\urcorner$ ist wahr in $\mathbf{S}'_P$ gdw X nicht wahr ist in $\mathbf{S}'_P$.

Wir setzen dabei voraus, daß die Menge der Ausdrücke von $\mathbf{S}'_P$ geeignet erweitert wurde und daß die Prädikate von $\mathbf{S}'_P$ die Form $\ulcorner\Phi N^m\urcorner$ oder die Form $\ulcorner\neg\Phi N^m\urcorner$ haben.

Th. 13.5 (Miniaturform des Theorems von Tarski) *Die Menge der wahren Sätze von $\mathbf{S}'_P$ ist nicht in $\mathbf{S}'_P$ definierbar.*

Wir geben den *Beweis* in zwei Varianten. Die erste *Variante* besteht in der Zurückführung auf das Korollar zu Th. 13.4, wobei wir bedenken, daß sich der dortige Beweis wörtlich auf $\mathbf{S}'_P$ überträgt. $\mathbf{S}'_P$ hat die zusätzliche Eigenschaft, daß das Komplement jeder in $\mathbf{S}'_P$ definierbaren Menge selbst in $\mathbf{S}'_P$ definierbar ist. Denn falls H die Menge M definiert, so definiert $\ulcorner\neg H\urcorner$ das Komplement $\bar{M}$ von M (da ja für alle Ausdrücke E von $\mathbf{S}'_P$ gilt:

$E \in \bar{M}$ gdw $E \notin M$
    gdw E erfüllt nicht H
    gdw $\ulcorner H*E*\urcorner$ ist falsch in $\mathbf{S}'_P$
    gdw $\ulcorner\neg H*E*\urcorner$ ist wahr in $\mathbf{S}'_P$
    gdw $\ulcorner\neg H\urcorner$ definiert $\bar{M}$.)

Es sei nun $\mathbf{W}$ die Menge der wahren Sätze von $\mathbf{S}'_P$. Angenommen, sie sei definierbar; dann also auch ihr Komplement. Nach dem Korollar zu Th. 13.4 ist dieses Komplement nicht definierbar. ↯ □

Für die *zweite Beweisvariante* konstruieren wir, in Analogie zur Bildung eines Tarski-Satzes, einen Satz, der unsere formale Übersetzung der Behauptung ist: ‚ich bin kein Element von $\mathbf{W}$‘. Dabei sei $\mathbf{W}$ wieder die Menge der wahren Sätze von $\mathbf{S}'_P$.

Als unseren Satz wählen wir $\ulcorner\neg\Phi N*\neg\Phi N*\urcorner$.

Es gilt:

$\ulcorner\neg\Phi N*\neg\Phi N*\urcorner \in \mathbf{W}$ gdw $\ulcorner\neg\Phi N*\neg\Phi N*\urcorner$ ist wahr in $\mathbf{S}'_P$
    gdw $\ulcorner\Phi N*\neg\Phi N*\urcorner$ ist nicht wahr in $\mathbf{S}'_P$ (nach R¬)
    gdw $\ulcorner\neg\Phi N*\neg\Phi N*\urcorner \notin \mathbf{W}$ (nach R3, da
    $\ulcorner N*\neg\Phi N*\urcorner$ nach R2 und R1 den Satz
    $\ulcorner\neg\Phi N*\neg\Phi N*\urcorner$ designiert.)

Der Schlüssel für dieses Resultat liegt im Th. 13.4. Danach gilt für jede in einem System $\mathbf{S}_P$ definierbare Menge, daß sie entweder einige Wahrheiten enthält oder einige Falschheiten nicht enthält. Durch Übergang zum Komplement, der in jedem System $\mathbf{S}'_P$ möglich ist, erhält man

in Anwendung auf die Menge der wahren Sätze, daß sie im Falle der Definierbarkeit einige Falschheiten enthält (was nicht sein dürfte) oder einige Wahrheiten nicht enthält (was ebenfalls nicht sein dürfte).

Die Schritte, welche von S_0 über S_P zu S'_P führten, machen deutlich, daß es sich bei S'_P um *Systeme einfachster Art* handelt, für welche *die Menge der wahren Sätze nicht innerhalb des Systems definierbar* ist. Analoges gilt für S_P bezüglich der *Falschheit*. Wir sprechen von einer *Erweiterung* eines dieser Systeme, wenn neue Zeichen und Regeln hinzugefügt werden, während die alten Regeln, nach entsprechender Verallgemeinerung des Ausdrucksbegriffs, beibehalten werden. Dann gelten die Undefinierbarkeitssätze auch *für jede Erweiterung* dieser Systeme. Im Einklang mit der am Ende von Kap. 12 eingeführten Terminologie könnte man sagen, daß die Menge der falschen Sätze in jedem System S_P und die Menge der wahren Sätze in jedem System S'_P *wesentlich undefinierbar* ist.

Anmerkung 5. MANIN nennt in [1], S. 73, die Sprache, welche genau die Systeme S'_P umfaßt, *SELF*. Diese Bezeichnung enthält einen partiell selbstreferentiellen Witz; denn ‚SELF' ist eine Abkürzung für ‚Smullyan's *Easy Language For Self*-Reference'.

Um die Miniaturform des Theorems von TARSKI zu erhalten, gingen wir von den primitiven Systemen S_P aus und verstärkten diese semantisch durch Einführung der Negation zu den Systemen S'_P. Um die Miniaturfassung des Gödel-Theorems zu gewinnen, wählen wir abermals die Systeme S_P als Ausgangspunkt, nehmen aber diesmal *keine* semantische Verstärkung vor, sondern *ergänzen* S_P durch ein *syntaktisches System* oder einen *Kalkül* **K**, indem wir Axiome und Schlußregeln hinzufügen. Das geordnete Paar $(S_P, \mathbf{K})$ werde der *interpretierte Kalkül* oder das *semantisch-syntaktische System* $S_P^{\mathbf{K}}$ genannt. **W** sei die Menge der wahren Sätze von S_P, auch die wahren Sätze von $S_P^{\mathbf{K}}$ genannt. *Th* sei die Menge der Theoreme von **K**; sie mögen auch Theoreme von $S_P^{\mathbf{K}}$ heißen. Was immer in S_P definierbar ist, heiße *semantisch definierbar* in $S_P^{\mathbf{K}}$.

Aufgrund des Korollars zu Th. 13.4 wissen wir bereits, daß das Komplement $\overline{\mathbf{W}}$ von **W** (bezüglich der Menge aller Ausdrücke) nicht in $S_P^{\mathbf{K}}$ semantisch definierbar ist.

Wie steht es, wenn wir das Komplement $\overline{Th}$ statt $\overline{\mathbf{W}}$ betrachten? Die Menge $\overline{Th}$ *könnte* in $S_P^{\mathbf{K}}$ semantisch definierbar sein. Aus Th. 13.4 folgt jedoch direkt (nach Wahl von $\overline{Th}$ für das dortige M)[8]:

Th. 13.6 (Miniaturform des Theorems von Gödel) *Wenn die Menge* $\overline{Th}$ *in* $S_P^{\mathbf{K}}$ *semantisch definierbar ist, dann gibt es entweder wahre Sätze in* $S_P^{\mathbf{K}}$*, die in* $S_P^{\mathbf{K}}$ *nicht beweisbar sind, oder es gibt falsche Sätze in* $S_P^{\mathbf{K}}$*, die in* $S_P^{\mathbf{K}}$ *beweisbar sind.*

---

8 Vgl. die inhaltliche Umschreibung unmittelbar nach dem zweiten Beweis von Th. 13.5!

Ein System, das einen Satz enthält, der wahr und unbeweisbar ist, wird *semantisch unvollständig* genannt; ein System, das einen Satz enthält, der nicht wahr und beweisbar ist, heißt *semantisch inkonsistent*. Die Miniaturfassung des Gödel-Theorems läßt sich daher auch so formulieren: *Jedes System S_P^K mit semantisch definierbarem $\overline{Th}$ ist entweder semantisch unvollständig oder semantisch inkonsistent.*

Eine *effektive* Konstruktion eines Systems S_P^K, welches die Voraussetzung von Th. 13.6, daß $\overline{Th}$ semantisch definierbar ist, erfüllt, kann nach diesem Schema erfolgen: Die (auf unendlich viele Weisen wählbare) Menge P wird zunächst überhaupt nicht festgelegt. Vielmehr wird im ersten Schritt ein beliebiger Kalkül K aufgebaut, der allein der Bedingung genügt, daß nur Sätze von S_0 in K beweisbar sind. In einem zweiten Schritt wird als Ausdrucksmenge P das Komplement der Menge der in K beweisbaren Sätze, also die Menge $\overline{Th}$ bezüglich K, gewählt. Dann definiert das Prädikat ‚Φ‘ selbst bereits semantisch die Menge $\overline{Th}$ unseres interpretierten Kalküls S_P^K (gemäß R3 sowie der Bedeutungserklärung von ‚erfüllt‘ und ‚definiert‘ bzw. ‚definiert semantisch‘). Der im Beweis von Th. 13.2 verwendete Tarski-Satz G, nämlich ‚$\Phi N * \Phi N *$‘, ist jetzt unser *Gödel-Satz* für S_P^K, der in diesen Systemen wahr ist gdw er darin nicht beweisbar ist. (Ein besonders einfacher Unterfall wäre der folgende: Man wähle einen Kalkül K, der endlich viele Ausdrücke von S_0 als Axiome und *überhaupt keine Schlußregeln* aufweist. Die obige Wahl von P hätte dann zur unmittelbaren Folge, daß G, sofern G ein Axiom ist, *eben deshalb* falsch wird, während G, sofern es kein Axiom ist, *eben deshalb* wahr wird.)

Da die Systeme S_P' und S_P^K jeweils in einfachstmöglicher Weise aus S_P hervorgehen, handelt es sich bei ihnen tatsächlich um *Minimalsysteme* für die Theoreme von TARSKI und von GÖDEL.

Anmerkung 6. Man könnte die Frage aufwerfen, wieso die einfache Methode SMULLYANs nicht bereits früher entdeckt worden ist. Die folgende Antwort liegt nahe: Die üblichen formalen Sprachen gestatten für alle wohlgeformten Ausdrücke eine eindeutige Zerlegung in Primelemente, d. h. die Terme, Formeln und Sätze sind nur auf *eine* Weise lesbar. Für die vorliegenden Sprachen gilt dies nicht. So ist z. B. der Ausdruck ‚$****$‘ von S_0 auf folgende drei verschiedene Arten lesbar: erstens als Quotierung von ‚$**$‘, zweitens als Norm von ‚$*$‘ und drittens als Konkatenation der Norm des leeren Zeichens mit sich selbst (‚$**$‘ kann nämlich als Norm des leeren Zeichens aufgefaßt werden).

13.3 Vorbereitung für höhere Systeme: Normbildung mittels Gödel-Entsprechungen und semantische Normalität

Es soll jetzt der abstrakte Rahmen für die Übersetzung der vorangehenden Resultate auf höhere Systeme geschildert werden.

In den bislang betrachteten, primitiven Sprachen spielten bestimmte Zeichenfolgen, die Namen, die Rolle der üblichen konstanten Individuenterme. Bestimmte andere Zeichenfolgen, nämlich die von der Gestalt ‚ΦN^k', übernahmen die Funktion von Prädikaten. In allen herkömmlichen formalen Sprachen, insbesondere auch in allen im weiteren Verlauf betrachteten *semantischen Systemen* **S**, sind bestimmte Ausdrücke als *Prädikate* und andere als *Individuenkonstanten* ausgezeichnet. (Beide Ausdrucksmengen können abzählbar unendlich sein.) Darüber hinaus wird für die folgenden Überlegungen die Existenz einer *injektiven* Abbildung *aller* Ausdrücke von **S** auf eine (echte oder unechte) Teilmenge der Menge der Individuenkonstanten vorausgesetzt. Eine derartige Abbildung von **S** nennen wir *Gödel-Entsprechung g* und bezeichnen die Werte $g(E)$ dieser Funktion g für Argumente (Ausdrücke) E als *Gödel-Korrelate* (von E). Im folgenden Abschnitt werden die Gödel-Korrelate $g(E)$ von Ausdrücken E Ziffern sein. Gegenwärtig spielt die besondere Natur der Individuenkonstanten noch keine Rolle.

Die Gödel-Entsprechung wird benützt, um den Begriff der *Norm eines Ausdrucks* E in neuartiger Weise zu definieren: Es soll dies die Konkatenation von E mit $g(E)$, geschrieben: $Eg(E)$, sein. Häufig bezeichnen wir das Gödel-Korrelat $g(E)$ von E mit ‚$\overset{\circ}{E}$'. Damit ist die Norm von E dasselbe wie $E\overset{\circ}{E}$. (Der Leser beachte die Abhängigkeit des Normbegriffs von der Funktion g: Mit einer Änderung von g ändert sich im allgemeinen für einen Ausdruck E der Wert $g(E)=\overset{\circ}{E}$ und damit auch die Bedeutung von ‚$E\overset{\circ}{E}$'.)

Es ist wichtig, klar zu sehen, was sich gegenüber dem früheren Vorgehen geändert hat und was gleichgeblieben ist. Während wir in den primitiven Sprachen von 13.1 und 13.2 zum Zweck der Normbildung Ausdrücke mittels ihrer Quotierungen eindeutig charakterisierten, geschieht dies jetzt durch deren Gödel-Korrelate. *Im übrigen aber bleibt das Verfahren der Normbildung unverändert.* Dies bedeutet insbesondere: Die grundlegende Operation für die Konstruktion der Norm eines Ausdruckes bleibt nach wie vor die *Konkatenation*.

Die semantischen Hilfsbegriffe ‚erfüllt' und ‚definiert' werden mit Benützung des neuen Normbegriffs wörtlich so definiert wie früher: Ein Ausdruck E *erfüllt* ein Prädikat H (in **S**) gdw $H\overset{\circ}{E}$ (in **S**) wahr ist. H *definiert* die (**S**-)Ausdrucksmenge M gdw H von den Elementen von M, und nur von diesen, erfüllt wird (d. h. also gdw für alle Ausdrücke E gilt: $E \in M \Leftrightarrow H\overset{\circ}{E}$ ist wahr). Eine Menge M ist *definierbar* gdw es ein Prädikat gibt, das sie definiert.[9]

Des weiteren werden wir das formale Analogon zu der bereits für das Lemma 13.3 benötigten Funktion η benützen: Für eine gegebene Menge

---

9 Man beachte, daß diese drei semantischen Begriffe ‚erfüllt', ‚definierbar' und ‚definiert' nur *relativ auf die jeweilige Gödel-Entsprechung* definiert sind.

M bildet $\eta(M)$ die Menge derjenigen Ausdrücke, deren Norm in M liegt. Semantische Systeme, für die das wörtliche Analogon zum Lemma 13.3 gilt (daß aus der Definierbarkeit einer Menge M die Definierbarkeit von $\eta(M)$ folgt), sollen *semantisch normal*[10], kurz: *normal*, genannt werden.

Schließlich wird auch der Begriff des Tarski-Satzes wörtlich von früher übernommen. Es gilt das wichtige

Th. 13.7 *M sei eine Ausdrucksmenge von* **S**. *Dann ist die Definierbarkeit von $\eta(M)$ eine hinreichende Bedingung für die Existenz eines Tarski-Satzes für M.*

Beweis: $\eta(M)$ sei in **S** definierbar. Dann gibt es ein Prädikat H, so daß für jeden Ausdruck E gilt:

$$H\overset{\circ}{E} \text{ ist wahr gdw } E \in \eta(M)$$
$$\text{gdw } E\overset{\circ}{E} \in M$$

Da dies für *beliebiges* E gilt, können wir für E auch H selbst wählen und erhalten:

$$H\overset{\circ}{H} \text{ ist wahr gdw } H\overset{\circ}{H} \in M. \quad \square$$

Es sei **F** die Menge der nicht wahren Sätze von **S** und $\bar{\mathbf{W}}$ die Menge der Ausdrücke von **S**, die keine wahren Sätze sind. Wir erhalten unmittelbar das

Korollar 1 zu Th. 13.7 *Weder $\eta(\bar{\mathbf{W}})$ noch $\eta(\mathbf{F})$ ist in* **S** *definierbar.*

Der *Beweis* ergibt sich aus dem Theorem in Analogie zum Folgesatz zu Th. 13.2: Wäre $\eta(\bar{\mathbf{W}})$ oder $\eta(\mathbf{F})$ definierbar, so könnten wir nach Th. 13.7 einen Tarski-Satz für $\bar{\mathbf{W}}$ oder für **F** konstruieren. Dies wäre ein Satz, der genau dann wahr ist, wenn er kein wahrer Satz ist.

In vollkommener Analogie zur Ableitung der Miniaturform des Gödel-Theorems Th. 13.6 aus Th. 13.4 erhält man aus Th. 13.7 das

Korollar 2 zu Th. 13.7 *Das semantische System* **S** *werde zu einem semantisch-syntaktischen System (einem interpretierten Kalkül)* $\mathbf{S}^{\mathbf{K}}$ *ergänzt. Falls $\eta(\overline{Th})$ in* **S** *semantisch definierbar ist, so ist* $\mathbf{S}^{\mathbf{K}}$ *entweder semantisch unvollständig oder semantisch inkonsistent.*

Um diesen Folgesatz anzuwenden, muß man nach einem normalen System **S** suchen, in dem die Menge $\overline{Th}$, bezogen auf den **S** zugeordneten

---

10 Man beachte, daß sich die Relativierung auf eine bestimmte Gödel-Entsprechung g vom Normbegriff auf die semantische Normalität überträgt.

Die primitiven Systeme $\mathbf{S}_P$ von 13.1 und 13.2 sind mit der Absicht eingeführt worden, die in Lemma 13.3 ausdrücklich festgehaltene Normalität in möglichst einfacher Weise zu zeigen. Die Gödel-Entsprechung bestand dort in der Abbildung eines Ausdrucks auf seine Quotierung.

Kalkül **K**, definierbar ist. Wir fassen die wichtigsten Resultate im folgenden Lehrsatz zusammen:

Th. 13.8 S *sei semantisch normal.*
Dann gilt:
(1) *Für jede in* S *definierbare Menge M existiert ein Tarski-Satz.*
(2) *Weder die Menge* **F** *noch die Menge* **W̄** *ist in* S *definierbar.*
(3) *Wenn die Menge* *T̄h* *der Nicht-Theoreme von* **K** *in* S *definierbar ist, so ist* **S^K** *semantisch unvollständig oder semantisch inkonsistent.*

Beweis: (1) Wegen der Normalität folgt aus der Definierbarkeit von *M* die von $\eta(M)$. Damit wird Th. 13.7 anwendbar.

(2) Dies ergibt sich aus der Normalität und dem Korollar 1 zu Th. 13.7.

(3) Dies folgt analog aus dem Korollar 2 zu Th. 13.7. □

13.4 Das arithmetische System SAr
und die arithmetische Undefinierbarkeit
der arithmetischen Wahrheit

Das im folgenden beschriebene System der Arithmetik **SAr** ist einer als Theorie erster Stufe aufgebauten Arithmetik inhaltlich sehr ähnlich. Insbesondere enthält **SAr** die Junktoren (mittels des Junktors ‚↓‘ für ‚weder ... noch – – –‘ definiert), Ziffern, numerische Variable, die Identität sowie die beiden arithmetischen Operationen · (Multiplikation) und ↑ (Exponentiation).

Im Unterschied zu Sprachen erster Stufe enthält **SAr** *Abstraktionsterme*, die Mengen von natürlichen Zahlen designieren. *F* sei eine Formel, in der eine Variable, etwa ‚*x*‘, frei vorkommt. Dann ist ⌜*x(F)*⌝ ein Abstraktionsterm mit der intendierten Bedeutung ‚die Menge der *x*, so daß *F*‘; dieser Term ist ein Name für die Menge $\{x \mid Fx \text{ ist wahr}\}$.

Aus Abstraktionstermen können auf zwei Weisen Formeln gewonnen werden: (*a*) Die Wendung ‚die Menge der *x*, so daß F_1, ist identisch mit der Menge der *x*, so daß F_2‘ wird wiedergegeben durch ⌜$x(F_1) = x(F_2)$⌝. (*b*) Wenn *k̄* eine Ziffer ist, so wird die Aussage ‚*k* ist ein Element der Menge der *x*, so daß *F*‘ wiedergegeben durch ⌜*x(F)k̄*⌝.

Reicht **SAr** einerseits wegen der darin vorkommenden Abstraktionsterme über Ausdrucksmöglichkeiten der Systeme erster Stufe hinaus, so ist dieses arithmetische System auf der anderen Seite *scheinbar* ausdrucksschwächer als eine Theorie erster Stufe, da es unter den Grundzeichen *keine Quantoren* enthält. Diesem Pseudomangel ist jedoch durch definitorische Zurückführung des Allquantors auf die Klassenabstrak-

tion abzuhelfen: $\ulcorner \wedge x(F) \urcorner$ diene als Abkürzung von $\ulcorner x(F) = x(x = x) \urcorner$, wodurch die semantische Intuition der Allquantifikation adäquat wiedergegeben wird, da dann die Klasse der x, für die F wahr ist, übereinstimmt mit der Klasse derjenigen x, für die etwas logisch Wahres wahr ist, also *aller x.*

Die formale Beschreibung von **SAr** erfolge in zwei Schritten. Im ersten Schritt werden die Zeichen des Systems angegeben. Es wird sich wegen der üblichen Dezimaldarstellung als praktisch erweisen – jedoch als prinzipiell irrelevant (vgl. MANIN, [1], S. 80, Kap. II, 11.5 und Kap. VII, 3.2) –, daß *genau neun* Zeichen vorkommen und daß das letzte dieser Zeichen die Ziffer $\bar{1}$ ist, welche die Zahl 1 designiert. (Die Reihenfolge der übrigen Zeichen ist an sich gleichgültig; wesentlich ist nur, daß eine gewählte Reihenfolge festgehalten wird.) Im zweiten Schritt werden die Form-, Designations- und Wahrheitsregeln formuliert.

I. Zeichen von **SAr**:

$x, ', (,), \cdot, \uparrow, =, \downarrow, \bar{1}$. (Das Zeichen ,'' dient nur dazu, um die potentiell unendliche Liste von Variablen: $x, x', x'', \ldots$ zu gewinnen.) Diese Zeichen mögen die Namen ,S_1', ,S_2', …, ,S_9' bekommen. Das Zeichen ,'' werde ,Akzent' genannt.

II. Form-, Designations- und Wahrheitsregeln von **SAr**:

(Die wichtigsten der definierten Begriffe sollen kursiv gedruckt werden.)

1. Eine Ziffer der Länge n ist eine Kette von n Zeichen $\bar{1}$; sie designiert die positive ganze Zahl n. (Die Ziffern des Systems sind also in „Steinzeitnotation" geschriebene Zahlzeichen mit $\bar{1}$ als Grundsymbol.)

2. ,x', allein oder gefolgt von einer Kette von Akzenten, ist eine Variable.
   (Statt $\bar{1}\ldots\bar{1}$ mit k aufeinanderfolgenden Ziffern $\bar{1}$ schreiben wir $\bar{k}$; und statt $x'\ldots'$ mit m Akzenten schreiben wir x_m.)

3. Jede Ziffer und jede Variable ist ein *numerischer Term.*

4. Wenn t_1 und t_2 numerische Terme sind, so sind auch $\ulcorner (t_1) \cdot (t_2) \urcorner$ und $\ulcorner (t_1) \uparrow (t_2) \urcorner$ *numerische Terme.* Sofern weder t_1 und t_2 Variable enthalten und t_1 die (positive ganze) Zahl n_1 und t_2 die Zahl n_2 designiert, so designieren diese beiden neuen Terme die Zahlen $n_1 \times n_2$ und $n_1^{n_2}$.

5. Wenn t_1 und t_2 numerische Terme sind, so ist $\ulcorner t_1 = t_2 \urcorner$ eine Formel, und zwar eine *Atomformel.* Alle Vorkommnisse von Variablen in einer Atomformel sind freie Vorkommnisse. Kommen in ihr überhaupt keine Variablen vor, so ist $\ulcorner t_1 = t_2 \urcorner$ ein *Satz,* der genau dann *wahr* ist, wenn t_1 und t_2 dieselbe Zahl n designieren.

6. Wenn F eine Formel und α eine Variable ist, dann ist $\ulcorner\alpha(F)\urcorner$ ein *Abstraktionsterm*. Kein Vorkommnis von α in $\ulcorner\alpha(F)\urcorner$ ist frei. (Ein Vorkommnis einer Variablen, das kein freies Vorkommnis ist, kann auch *gebundenes* Vorkommnis genannt werden. Doch wird dies nicht gebraucht.) Wenn also β eine von α verschiedene Variable ist, dann sind die freien Vorkommnisse von β in $\ulcorner\alpha(F)\urcorner$ identisch mit denen in F. Falls F keine von α verschiedene Variable enthält, wird $\ulcorner\alpha(F)\urcorner$ als *Abstraktion von F* bezeichnet. Genau die Abstraktionen von Formeln sollen *Prädikate* heißen.

7. Wenn H_1 und H_2 Abstraktionsterme sind, dann ist $\ulcorner H_1 = H_2\urcorner$ eine *Formel*. Die freien Vorkommnisse einer Variablen α in dieser Formel sind die freien Vorkommnisse von α in H_1 sowie die freien Vorkommnisse von α in H_2.

8. Wenn F_1 und F_2 Formeln und α sowie β Variable sind und wenn $\ulcorner\alpha(F_1) = \beta(F_2)\urcorner$ keine Variablen enthält, dann ist diese Formel ein *Satz*. Er ist genau dann *wahr*, wenn für jede Ziffer $\bar{k}$ das Ergebnis $F_1(\bar{k})$ der Ersetzung aller freien Vorkommnisse von α in F_1 durch $\bar{k}$ sowie das Ergebnis $F_2(\bar{k})$ der Ersetzung aller freien Vorkommnisse von β in F_2 durch $\bar{k}$ denselben Wahrheitswert haben.

9. Für jedes Prädikat (im Sinn von 6.) $\ulcorner\alpha(F)\urcorner$ und jede Ziffer $\bar{k}$ ist der Ausdruck $\ulcorner\alpha(F)\bar{k}\urcorner$ eine *Formel* und zwar ein *Satz*, der genau dann *wahr* ist, wenn das Ergebnis $F(\bar{k})$ der Ersetzung aller freien Vorkommnisse von α in F durch $\bar{k}$ wahr ist.

10. Wenn F_1 und F_2 Formeln sind, dann ist $\ulcorner(F_1){\downarrow}(F_2)\urcorner$ eine *Formel*. In ihr sind die freien Vorkommnisse einer Variablen genau diejenigen in F_1 sowie diejenigen in F_2. Sofern F_1 und F_2 Sätze sind, ist $\ulcorner(F_1){\downarrow}(F_2)\urcorner$ ein *Satz*, der genau dann wahr ist, wenn weder F_1 noch F_2 wahr ist.

Die (in 8. und 9. verwendete) Schreibweise ‚$F(\bar{k})$' soll für beliebige numerische Terme t benützt werden. $\ulcorner F(t)\urcorner$ soll also das Ergebnis der Ersetzung der freien Variablen von F durch t sein.

Die *Gödelisierung* besteht in der Zuordnung einer Zahl zu einem beliebigen Ausdruck E von **SAr**. Und zwar erfolgt dies nach folgender mechanischer Regel: Es sei $\sigma(E)$ die Konkatenation arabischer Ziffern, die dadurch entsteht, daß in E das Symbol S_1 durch die arabische Ziffer ‚1', S_2 durch ‚2', ..., S_9 durch ‚9' ersetzt wird. Das Resultat $\sigma(E)$ dieser Verkettung ist *ein Zahlausdruck in unsererer üblichen Dezimalnotation*, der eine Zahl bezeichnet, die wir $g_0(E)$ nennen. Als *Gödelzahl $g(E)$* von E wird die um 1 größere Zahl genommen, also $g(E) = g_0(E) + 1$. (Diese etwas umständliche Beschreibung drückt folgendes aus: Wir beschließen einfach, mittels Ersetzung der Zeichen durch arabische Ziffern einen Ausdruck E als Dezimalbezeichnung einer Zahl zu lesen. Die um 1 größere Zahl ist die Gödelzahl von E.)

Eine Ziffer von **SAr**, welche die Gödelzahl $g(E)$ von E designiert, nennen wir *Gödelziffer* $\bar{g}(E)$ oder $\overset{\circ}{E}$. ($\overset{\circ}{E}$ ist eine Folge von Ziffern $\bar{1}$ von der Länge $g(E)$.)

Es ist scharf zwischen *drei* Entitäten zu unterscheiden: den *Zahlen*, ferner den in unserer Metasprache für ihre Bezeichnung dienenden *Zahlausdrücken in Dezimalnotation* und den *formalen Ziffern* des Systems **SAr** (in Steinzeitnotation).

Die *Norm von E* sei $E\overset{\circ}{E}$, also der Ausdruck E, gefolgt von seiner (formalen) Gödelziffer. (Die Gödelziffern übernehmen jetzt die Aufgabe der Quotierungen in den früheren primitiven Systemen.)

Die Arithmetisierung der Syntax schrumpft diesmal auf die *Arithmetisierung der Normfunktion* zusammen, die durch die einfache Regel gegeben wird:

$$norm(\mathrm{y}) := \mathrm{y} \cdot 10^{\mathrm{y}}.$$

Dies ist so zu verstehen: Wenn y die Gödelzahl von E ist, so ist $\mathrm{y} \cdot 10^{\mathrm{y}}$ die Gödelzahl der Norm von E. Der Sachverhalt läßt sich durch ein Diagramm veranschaulichen:

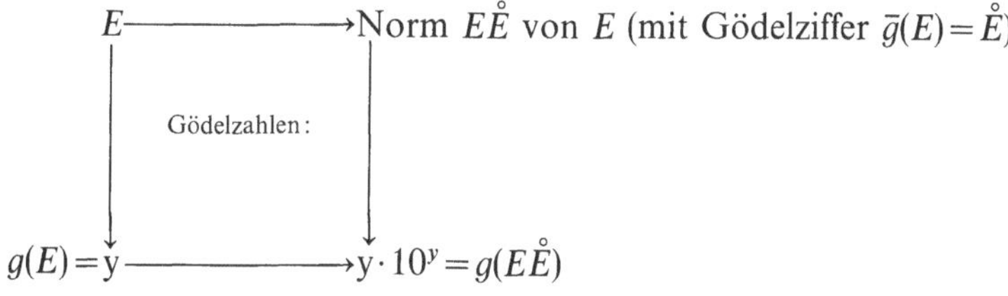

Man beachte die folgende *iterierte* Anwendung der Gödelisierung: Die Zahl y links unten ist die Gödelzahl $g(E)$ von E. Diese Zahl wird durch die (formale) *Ziffer* $\bar{g}(E)=\overset{\circ}{E}$ in **SAr** ausgedrückt und zur Bildung der Norm von E dem Ausdruck E unmittelbar angefügt. Dadurch entsteht der Ausdruck $E\overset{\circ}{E}$ rechts oben. Davon wird nun abermals die Gödelzahl $g(E\overset{\circ}{E})$ $(=g(Eg(E)))!)$ gebildet. Daß diese Zahl unter der Voraussetzung $y=g(E)$ den Wert $\mathrm{y} \cdot 10^{\mathrm{y}}$ hat, ist erst zu beweisen. (An dieser Stelle werden die beiden Festsetzungen wesentlich, daß die formale Ziffer $\bar{1}$ stets durch die arabische Ziffer ‚9' ersetzt wird sowie daß $g(E)$ um 1 größer ist als $g_0(E)$.)

Hilfssatz 2 *Wenn y die Gödelzahl von E ist, so ist $\mathrm{y} \cdot 10^{\mathrm{y}}$ die Gödelzahl der Norm von E.*

Für den *Beweis* genügt als Hinweis die Erläuterung an einem sehr einfachen Beispiel. Wir betrachten den Ausdruck ‚(=', also $S_3 S_7$. Seine Gödelzahl ist $g_0(S_3 S_7)+1=37+1=38$. Die Norm von $S_3 S_7$ ist daher:

$$S_3 S_7 \underbrace{S_9 S_9 \ldots S_9}_{38},$$

nämlich 38mal das Zeichen S_9 an den Ausdruck selbst angefügt. Die Gödelzahl *dieser Norm* ist:

$$3799\ldots9 + 1 = 3800\ldots0$$
$$\underbrace{}_{38} \qquad \underbrace{}_{38}$$
$$= 38 \cdot 10^{38}. \qquad \square$$

Um den abstrakten Rahmen von Abschn. 13.3 anwendbar zu machen, ist die semantische Normalität von **SAr** zu zeigen. Dafür benötigen wir die Begriffe der Erfüllung und der Definierbarkeit. Eine prima-facie-Schwierigkeit entsteht dadurch, daß wir *zwei* Definitionen von ‚erfüllt‘ erhalten.

Es sei H ein *Prädikat* von **SAr**. Wir sagen, daß ein Ausdruck E das Prädikat H (relativ zur *jetzigen* „arithmetischen" Fassung der Gödel-Entsprechung g) in **SAr** *erfüllt* gdw $H\mathring{E}$ wahr ist. Das Prädikat H *definiert* die Ausdrucksmenge M in **SAr** gdw die Elemente von M, und nur diese, H erfüllen.

Der zweite Erfüllungsbegriff arbeitet mit Formeln. Es sei F eine *Formel* mit genau einer freien Variablen. Der Ausdruck E *erfüllt* F (in **SAr**) gdw $F(\mathring{E})$ wahr ist. Die Formel F *definiert* (in **SAr**) die Menge M derjenigen Ausdrücke E, die F erfüllen.

Hier wird es bedeutsam, *daß in **SAr** die Klassenabstraktion statt der Allquantifikation als grundlegende Operation benützt wird.* Die beiden Erfüllungs- und Definitionsbegriffe erweisen sich nämlich als gleichwertig!

Hilfssatz 3 *Definierbarkeit durch ein Prädikat und Definierbarkeit durch eine Formel sind in **SAr** äquivalent (beides bezüglich der obigen Gödel-Entsprechnung g).*

Es genügt, die Äquivalenz der beiden Erfüllungsbegriffe zu zeigen. Dies kann aus dem folgenden stärkeren Beweis gefolgert werden: H sei ein Prädikat. Dann ist nach Bestimmung II.6. H die Abstraktion $\ulcorner\alpha(F)\urcorner$ einer Formel F. Für F gilt:

E erfüllt H gdw E erfüllt F.

In der Tat:

E erfüllt H gdw E erfüllt $\ulcorner\alpha(F)\urcorner$
         gdw $\ulcorner\alpha(F)\mathring{E}\urcorner$ ist wahr (in **SAr**) (erste Def. von ‚erfüllt‘)
         gdw $\ulcorner F(\mathring{E})\urcorner$ ist wahr (in **SAr**) (nach Regel II.9.)
         gdw E erfüllt F (zweite Def. von ‚erfüllt‘)

Die durch $H = \ulcorner\alpha(F)\urcorner$ definierte Menge ist somit identisch mit der durch F definierten Menge.

(Statt mit einem Prädikat zu beginnen, hätten wir oben auch von einer Formel mit genau einer freien Variablen ausgehen können, um aus ihr das zugehörige Prädikat durch Abstraktion zu bilden.) $\square$

Wieder sei $\eta(M)$ für gegebenes M die Menge der Ausdrücke, deren Norm in M liegt; und die *semantische Normalität* eines Systems bestehe darin, daß aus der Definierbarkeit von M die Definierbarkeit von $\eta(M)$ folgt. Eine Formel F_N werde *Normalisator* der genau eine Variable enthaltenden Formel F genannt, wenn F_N von genau denjenigen Ausdrücken erfüllt wird, deren Norm F erfüllt. Es gilt der

Hilfssatz 4   *Wenn die Formel F die Menge M definiert, dann definiert der Normalisator F_N von F die Menge $\eta(M)$.*

Beweis: F definiere M. Dann gilt:

E erfüllt F_N gdw $F_N(\mathring{E})$ ist wahr (nach Def. von ‚erfüllt‘)
　　　　　gdw $F(g(E\mathring{E}))$ ist wahr (nach Def. von F_N, da $E\mathring{E}$ die
　　　　　　　Norm von E ist)
　　　　　gdw $E\mathring{E}$ erfüllt F (nach Def. von ‚erfüllt‘)
　　　　　gdw $E\mathring{E}\in M$ (nach Vorauss., da F die Menge M definiert)
　　　　　gdw $E\in\eta(M)$ (nach Def. von $\eta(M)$)

Also wird $\eta(M)$ durch F_N definiert.
Wir kommen jetzt zum entscheidenden

Th. 13.9   *Relativ zur obigen Gödelisierung g ist* **SAr** *semantisch normal.*

Beweis: Nach Definition von ‚normal‘ und infolge des Hilfssatzes 4 genügt es, zu zeigen, *daß jede Formel F einen Normalisator F_N hat.*
Dazu knüpfen wir an die Feststellung an, daß $y\cdot 10^y$ die Gödelzahl der Norm von E ist, falls y die Gödelzahl von E ist. Wir ersetzen in F die Variable α durch das formale Gegenstück zu $\alpha\cdot 10^\alpha$, d.h. durch $\ulcorner(\alpha)\cdot((\overline{1111111111})\uparrow(\alpha))\urcorner$ (oder kürzer: $\ulcorner(\alpha)\cdot(\overline{10})\uparrow(\alpha))\urcorner$). Das Ergebnis dieser Ersetzung wählen wir als F_N.
Wir haben oben die Zahlenfunktion *norm* definiert. Mit ‚$g(E)$‘ als Abkürzung für ‚die Gödelzahl von E‘ (und ‚$\bar{g}(E)$‘ für ‚die Gödelziffer von E‘) lieferte uns diese Funktion: wenn $y=g(E)$, dann $norm(y)=g(E\mathring{E})$. Wir ordnen jetzt dieser Funktion *norm* eine Funktion $\bar{n}$ zu, welche die erstere in die „Ziffernsprache“ übersetzt: wenn $\bar{k}=\bar{g}(E)$, dann $\bar{n}(\bar{k})=\bar{g}(E\mathring{E})$.
Es gilt: Für jede Ziffer $\bar{k}$ haben die beiden Formeln $F_N(\bar{k})$ und $F(\bar{n}(\bar{k}))$ dieselben Wahrheitswerte; denn falls $\bar{k}$ die Gödelziffer eines Ausdruckes ist, so ist $\bar{n}(\bar{k})$ die Gödelziffer der Norm dieses Ausdruckes.

Insgesamt erhalten wir:

E erfüllt F_N gdw $F_N(\mathring{E})$ ist wahr (nach Def. von ‚erfüllt')

        gdw $F(\bar{n}(\mathring{E}))$ ist wahr (nach Def. von $\bar{n}$, vgl. vorigen Absatz)

        gdw die Norm von E erfüllt F (da $\bar{n}(\mathring{E}) = \bar{g}(E\mathring{E})$ die Gödelziffer der Norm von E ist)

F_N wird also genau von denjenigen Ausdrücken erfüllt, deren Norm F erfüllt. Somit ist F_N ein Normalisator von F. $\square$

Th. 13.10 (1) *Zu jeder in* **SAr** *definierbaren Menge existiert ein Tarski-Satz.*

(2) *Weder die Menge* **F** *der falschen Sätze von* **SAr** *noch das Komplement der Menge der wahren Sätze* $\overline{\mathbf{W}}$ *von* **SAr** *ist in* **SAr** *(relativ zu g) definierbar.*

(3) *Die Menge* **W** *der wahren Sätze ist (relativ zu g) in* **SAr** *nicht definierbar.*

(4) *Jede vorgeschlagene Axiomatisierung von* **SAr**, *für welche die Menge der Theoreme (relativ zu g) in* **SAr** *definiert werden kann, ist semantisch unvollständig oder semantisch inkonsistent.*

Beweis: (1) und (2) folgen direkt aus Th. 13.9 und Th. 13.8, (1) und (2). Da in **SAr** die Negation mittels ‚↓' definierbar ist, gilt auch (3) (vgl. die Beweismethode von Th. 13.5) und (4) (wegen Th. 13.8, (3)). $\square$

Wie sieht ein Tarski-Satz für eine Menge M, die durch die Formel F definiert wird, in **SAr** aus? Antwort: Man bilde den Normalisator F_N von F (nach der Methode im Beweis von Th. 13.9); dann nehme man die Abstraktion H von F_N (Regel II.6.); schließlich füge man an H die Ziffer an, welche die Gödelzahl von H designiert. Der *Tarski-Satz für M* ist also *die Norm der Abstraktion des Normalisators derjenigen Formel, die M definiert.*

Anmerkung 7. Wie wir oben feststellten, ist **SAr** keine Theorie erster Stufe. Daß die darin als Grundoperation vorkommende Klassenabstraktion die fehlende Quantifikation *genau kompensiert*, ist zunächst bloß eine intuitive Plausibilitätsvermutung. Es kann jedoch *streng bewiesen* werden, daß **SAr** mit einem geeigneten arithmetischen System erster Stufe äquivalent ist. Dieser Beweis findet sich bei MANIN, [1], auf S. 77f.

Anhang 1

Henkin-Sätze und semantische Konsistenz

Wir kehren nochmals zu den primitiven Systemen $\mathbf{S}_p$ von 13.1 und 13.2 zurück. Um Th. 13.6 (Miniaturform des Theorems von GÖDEL) zu

gewinnen, ergänzten wir S_P mittels **K** zu einem interpretierten Kalkül und konstruierten einen Tarski-Satz für die Menge $\overline{Th}$ der Nicht-Theoreme. (Dieser Satz bildete unseren Gödel-Satz, der genau im Fall seiner Nichtbeweisbarkeit wahr ist.)

Was geschieht, wenn wir als P die Menge Th der *Theoreme*, also der in **K** *beweisbaren* Sätze, wählen? Dann wird der Tarski-Satz G zu dem, was SMULLYAN den *Henkin-Satz für* das System $S_P^\mathbf{K}$ nennt. ($S_P^\mathbf{K}$ ist hier nach Definition dasselbe wie $S_{Th}^\mathbf{K}$ mit $Th = \{X \mid \vdash_\mathbf{K} X\}$!) G ist in diesem System wahr gdw G in ihm bewiesen werden kann. Ist also G wahr in $S_P^\mathbf{K}$ oder nicht? Nun: dies hängt davon ab, wie **K** gewählt wurde. Ein (trivialer) Extremfall wäre der, wo $Th = \emptyset$, da die Menge der Axiome als leere Menge gewählt wurde: G ist hier *falsch und unbeweisbar*. Bei Wahl von G als einem der Axiome hätten wir den umgekehrten und ebenfalls trivialen Extremfall der *Wahrheit und Beweisbarkeit*.

Ein nicht ganz trivialer Fall wäre folgender: **K** enthalte als Axiom A_1 nur ‚$\Phi * \Phi N * \Phi N * *$' und als Schlußregel R nur: „Wenn zwei Namen E_1 und E_2 in S_0 dasselbe designieren, dann ist $\ulcorner \Phi E_2 \urcorner$ unmittelbar ableitbar aus $\ulcorner \Phi E_1 \urcorner$'. Diese Regel ist sinnvoll, da sie wahrheitskonservierend ist, d. h. die Wahrheit von der Prämisse auf die Konklusion überträgt. (Denn: $\ulcorner \Phi E_1 \urcorner$ ist wahr in S_P gdw das Designat von E_1 in P liegt gdw das Designat von E_2 in P liegt gdw $\ulcorner \Phi E_2 \urcorner$ wahr ist in S_P.)

G sei derselbe Satz, der im Beweis von Th. 13.2 gewählt wurde, also ‚$\Phi N * \Phi N *$'. Für *diesen* Satz kann man vernünftigerweise fragen, ob er wahr ist in $S_P^\mathbf{K}$. Da er wahr ist, *falls* er beweisbar ist, sind wir auf die Frage zurückverwiesen: Ist G in $S_P^\mathbf{K}$ beweisbar? Die Antwort lautet: *Ja*. Die beiden Namen ‚$N * \Phi N *$' und ‚$* \Phi N * \Phi N * *$' designieren dasselbe, nämlich: ‚$\Phi N * \Phi N *$'. Also ist nach der Regel R der Ausdruck ‚$\Phi N * \Phi N *$' unmittelbar ableitbar aus ‚$\Phi * \Phi N * \Phi N * *$'. Dies aber ist gerade das Axiom A_1. Also ist G beweisbar; also *ist* G wahr.

Wir behaupten: $S_P^\mathbf{K}$ *ist semantisch konsistent*. Da die einzige Regel R von **K** wahrheitskonservierend ist, genügt es, zu untersuchen, ob A_1 wahr ist. Wir wenden R3 von S_P an (vgl. 13.1) und erhalten: A_1 ist wahr gdw der durch ‚$* \Phi N * \Phi N * *$' designierte Ausdruck, also G (denn ‚$\Phi N * \Phi N *$' *ist* dieser Ausdruck!) in P, also in Th, liegt, also beweisbar ist. Also ist A_1 wahr gdw G beweisbar ist. Da letzteres der Fall ist, wissen wir, daß A_1 wahr ist. (Wir haben uns sowohl von der Wahrheit von G als auch von der von A_1 über die Beweisbarkeit von G überzeugt.)

Diese kurze Betrachtung lehrt, *daß man über die Konstruktion von Henkin-Sätzen zum Beweis der semantischen Konsistenz interpretierter Kalküle gelangen kann.*

Um diese Methode auf höhere Systeme anzuwenden, muß man sich zunächst davon überzeugt haben, daß alle Schlußregeln wahrheitskonservierend sind. Wenn es dann außerdem gelingt, die Wahrheit der

Axiome auf die Beweisbarkeit gewisser Henkin-Sätze zurückzuführen, deren Wahrheit feststeht (da sie beweisbar *sind*), so haben wir das Ziel erreicht. Denn dann folgt die Wahrheit aller Axiome und damit die Wahrheit aller Theoreme.

Anhang 2

Diagonalisierung versus Normbildung

In 13.0 ist hervorgehoben worden, daß der Hauptgrund für die große Vereinfachung, die SMULLYAN bei den Beweisen der Theoreme von TARSKI und von GÖDEL erzielte, auf der systematischen Benützung der *Normfunktion* beruht, die nur die Operation der *Konkatenation* voraussetzt (während die herkömmlichen Verfahren die *Diagonalisierungsfunktion* benützen, welche auf der komplizierten *Substitutionsoperation* beruht).

Nun verhält es sich jedoch nicht so, daß die Diagonalisierungsmethode auf die primitiven Systeme von 13.1 und 13.2 unanwendbar wäre. Vielmehr kann man sowohl dort als auch auf intuitiver Ebene mit der Diagonalisierung arbeiten. Dies soll hier kurz skizziert werden, zumal sich dadurch die Art der Vereinfachung, die man mittels der Normfunktion erzielt, veranschaulichen läßt.

Wir verwenden ,z' als Variable der Umgangssprache. Unter der *Diagonalisierung* eines Ausdrucks E verstehen wir das Ergebnis der Einsetzung (Substitution) der Anführung von E für alle Vorkommnisse von ,z' in E. Zum Zwecke der Vereinfachung werde ,e' als ein Name von ,z' gewählt. Wir betrachten folgenden Ausdruck A: ,Das Ergebnis der Einsetzung der Anführung von z für e in z ist nicht wahr'[11] und bilden seine Diagonalisierung, nämlich:

> (6) Das Ergebnis der Einsetzung der Anführung von ,das Ergebnis der Einsetzung der Anführung von z für e in z ist nicht wahr' für e in ,das Ergebnis der Einsetzung der Anführung von z für e in z ist nicht wahr' ist nicht wahr.

(6) enthält eine Konstruktionsvorschrift und eine Behauptung. Die erste verlangt die Anführung von A für e, also für ,z'(!), in A selbst einzusetzen. Dadurch entsteht gerade (6). Die Behauptung besagt, daß das Konstruktionsergebnis nicht wahr ist. Also besagt (6), daß (6) falsch ist.

Der Vergleich lehrt, daß (6) auf dasselbe hinausläuft wie die Behauptung (4) von 13.0, (I). Allerdings ist (6) erheblich komplizierter als (4). Der

---

11 Die Wendung ,Anführung von' habe genau dieselbe Bedeutung wie in 13.0.

Grund ist sofort angebbar: Während in (4) von 13.0 die *Konkatenation* benützt wird, setzt die in (6) verwendete Diagonalisierung *die Einsetzung für eine Variable* voraus.

Eine ähnliche Zusatzkomplikation entsteht, wenn wir die Diagonalisierung zur Konstruktion eines Tarski-Satzes für M verwenden. Dann tritt an die Stelle von (5) aus 13.0, (I) der Satz Z:

(7) M enthält die Diagonalisierung von ‚M enthält die Diagonalisierung von z'.

Analog zu (5) von 13.0 gilt, daß Z wahr ist gdw $Z \in M$.

Bilden wir nun die Analogie zu den primitiven Systemen von 13.1. S_0 wird verdrängt durch L_0, welches *vier* Zeichen enthält: Φ, $*$, D, x; den Platz von S_p nehmen die Systeme L_p ein. Der Begriff der *Quotierung* sei genau so definiert wie dort. ‚*Name*' ist derart erklärt, daß die Quotierung eines Ausdrucks ein Name ist und daß mit E auch $\ulcorner DE \urcorner$ ein Name ist.

Die Designationsregel R1 wird wörtlich übernommen; an die Stelle von R2 tritt die Regel

R2': Wenn der Ausdruck E_1 den Ausdruck E_2 designiert, dann designiert $\ulcorner DE_1 \urcorner$ die Diagonalisierung von E_2 (d. h. das Ergebnis der Einsetzung der formalen Quotierung von E_2 für jedes Vorkommnis von ‚x' in E_2).

Wenn E ein Name ist, so sei $\ulcorner \Phi E \urcorner$ ein Satz von L_0. Und wenn E_1 ein Name von E_2 ist, so ist $\ulcorner \Phi E_1 \urcorner$ wahr in L_p gdw $E_2 \in P$ (Regel R3').

Auch jetzt läßt sich ein logischer Kern L_0^L mit den drei Zeichen ‚$*$', ‚D' und ‚x' herausdestillieren, in welchem ein selbstreferentieller Ausdruck vorkommt, nämlich ‚$D*Dx*$'. (‚$D*Dx*$' ist, da ‚$*Dx*$' Name von ‚Dx' ist, ein Name der Diagonalisierung von ‚Dx', also ein Name von sich selbst.) Zum Nachweis für das Analogon von Th. 13.2 wird als Tarski-Satz G für die Menge P in L_p der Satz gebildet: ‚$\Phi D*\Phi D*$'. (Der Beweis verläuft so wie der von Th. 13.2, wobei diesmal die Tatsache benützt wird, daß ‚$D*\Phi Dx*$' *Name eben dieses Satzes* ist.)

Das weitere Vorgehen ist durch das in 13.1 und 13.2 beschriebene vorgezeichnet, mit einer Ausnahme: An die Stelle der in Lemma 13.3 benützten Menge $\eta(M)$ der Ausdrücke, deren Norm in M liegt, tritt jetzt die Menge $D(M)$ der Ausdrücke, deren *Diagonalisierung* in M liegt. Sobald das Analogon zum Lemma 13.3 verfügbar ist, verläuft alles so wie früher. (Denn dann erhält man das Analogon zu Th. 13.4, aus dem mittels semantischer Erweiterung von L_p durch die Negation zu L_p' die Miniaturfassung des Theorems von TARSKI und mittels Ergänzung von L_p durch einen Kalkül K zu L_p^K die Miniaturform des Theorems von GÖDEL gewonnen wird.)

Statt diese Schritte für die primitiven Systeme im einzelnen nachzuzeichnen, geben wir nur ein paar Andeutungen über den Rahmen für höhere Systeme.

Die Sprache **L** enthalte Ausdrücke, Sätze, wahre Sätze und Individuenkonstante. Wesentlich ist, daß es auch Formeln, Variable und freie Vorkommnisse von Variablen in Formeln gibt, wobei die Ersetzung aller freien Variablen in einer Formel durch Individuenkonstante Sätze erzeugt. *Die Rolle der früheren Prädikate wird jetzt vollkommen von den Formeln mit genau einer freien Variablen übernommen*[12]. Gödel-Entsprechungen, die jedem Ausdruck E genau eine Individuenkonstante $\mathring{E}$ zuordnen, sollen wie früher existieren. (Auch jetzt gilt: daß $\mathring{E}$ eine Ziffer ist, wird zwar häufig zweckmäßig sein, ist aber nicht essentiell.) Für eine beliebige Formel F mit genau einer freien Variablen α und einen beliebigen Ausdruck E wird $F(E)$ erklärt als das Ergebnis der Ersetzung aller freien Vorkommnisse von α in F durch $\mathring{E}$. Wir sagen dann auch, daß E die Formel F *erfüllt*.

An die Stelle der früheren Norm $E\mathring{E}$ eines Ausdrucks E tritt die *Diagonalisierung* $F(F)$ einer Formel F. Die *durch F definierte Menge* enthält alle Ausdrücke E, so daß $F(E)$ wahr ist, also alle F erfüllenden Ausdrücke. Unter $D(M)$ werde *die Menge aller Formeln* verstanden, *deren Diagonalisierung in M liegt*. Das jetzige Analogon zu Th. 13.7 lautet, daß die Definierbarkeit von $D(M)$ eine hinreichende Bedingung für die Existenz eines Tarski-Satzes für M darstellt. $D(\overline{\mathbf{W}})$ sowie $D(\mathbf{F})$ sind daher nicht definierbar (Analogon von Kor. 1 zu Th. 13.7); ebenso gilt das Analogon von Kor. 2 zu Th. 13.7 (unter der Bedingung, daß $D(\overline{Th})$, statt des dortigen $\eta(\overline{Th})$, definierbar ist). Unter der *semantischen Normalität* der Sprache **L** werde jetzt verstanden, daß aus der Definierbarkeit von M die von $D(M)$ folgt. Damit kann das zusammenfassende Resultat Th. 13.8 wörtlich übernommen werden.

Wie das Operieren mit der Diagonalisierung in bezug auf ein spezielles System in Standardformalisierung aussieht, ist in Kap. 12 gezeigt worden. Allerdings ist das dortige Vorgehen mit dem jetzigen nicht direkt vergleichbar; denn erstens ist das System N wesentlich schwächer als **SAr** und zweitens ist die Tarski-Methode nur auf semantisch beschriebene Sprachen anwendbar, während das Vorgehen in Kap. 12 ein rein syntaktisches war.

Wollte man das eben beschriebene Analogon zu Abschn. 13.3 auf ein spezielles System in Standardformalisierung anwenden, so müßte man

---

12 Der Begriff der Diagonalisierung läßt sich allerdings auch für Formeln mit mehreren freien Variablen definieren. Falls E außer α die freien Variablen $\beta_1 \ldots \beta_n$ enthält, ist die Wendung ‚Diagonalisierung von E‘ durch ‚Diagonalisierung von E bezüglich α‘ zu ersetzen.

statt mit dem Normalisator von Abschn. 13.4 mit dem Diagonalisator arbeiten. Der *Diagonalisator* F_D einer Formel F wäre einzuführen als eine Formel, welche genau durch diejenigen Ausdrücke erfüllt wird, deren Diagonalisierung F erfüllt. Falls M durch F definiert wird und ein Diagonalisator F_D von F existiert, dann wäre die Diagonalisierung von F_D, also $F_D(F_D)$, ein Tarski-Satz für M. (Denn unter der genannten Voraussetzung definiert F_D die Menge $D(M)$, so daß für eine beliebige Formel E gilt: $F_D(E)$ ist wahr gdw $E \in D(M)$ gdw $E(E) \in M$. Die Einsetzung von F_D für E liefert: $F_D(F_D)$ ist wahr gdw $F_D(F_D) \in M$.) Der damit zu erkaufende Nachteil ist der, daß die Konstruktion eines Diagonalisators wesentlich komplizierter ist als die eines Normalisators. Darin spiegelt sich nur die Tatsache wider, daß die Arithmetisierung der Substitution viel größere Mühe bereitet als die Arithmetisierung der Konkatenation.

Kapitel 14

Abstrakte Semantik: Semantische Strukturen und ihre Isomorphie-Arten

14.0 Vorbemerkung

Dieses Kapitel dient einem doppelten Zweck. Erstens enthält es verschiedene Details, die sich nur im Rahmen der abstrakten Semantik präzise darstellen lassen, wie z. B. die Definitionslehre und gewisse Aspekte der algebraischen Behandlungsweise der Logik. Zweitens wird darin ein großer Teil desjenigen Materials zusammengestellt, das wir für den Beweis der beiden (in Kap. 15 behandelten) Sätze von LINDSTRÖM benötigen. Dadurch wird der Inhalt dieses Kapitels zwangsläufig etwas heterogen und es gewinnt mehr oder weniger den Charakter eines „Nachschlageteils“.

Aus diesem Grund verzichten wir diesmal auf eine durchlaufende Numerierung der Definitionen und Sätze und ziehen es vor, die definierten Begriffe sowie die wichtigeren Lemmata und Sätze durch hervorstechende und möglichst einprägsame Bezeichnungen zu charakterisieren.

14.1 Abstrakte Bewertungs- und Interpretationssemantik

14.1.1 Motivation und intuitive Einführung. Die verschiedenen Versionen der Bewertungs- und Interpretationssemantik, die im ersten Teil dieses Buches sowie in den Vorbemerkungen zu Kap. 9 betrachtet worden sind, werden wir von jetzt an unter der Bezeichnung ‚*Intuitive Semantik*‘ zusammenfassen. Dieser intuitiven Semantik, deren Präzisionsgrad für unsere bisherigen Zwecke ausreichend war, stellen wir in diesem Abschnitt eine Methode, Semantik zu betreiben, gegenüber, die den Namen ‚*Abstrakte Semantik*‘ erhalten soll.

Der wesentliche Unterschied zwischen intuitiver und abstrakter Semantik sei hier wie folgt angedeutet: Während man in der ersteren von einer Semantik bzw. von einem semantischen System in informeller Weise spricht, führt man in der abstrakten Semantik solche Systeme als präzise charakterisierbare formale Objekte ein. Diese Objekte heißen *semantische Strukturen.*

Wir wollen uns zunächst klarmachen, warum es wünschenswert und
für gewisse Zwecke sogar notwendig ist, solche Entitäten explizit einzuführen.

Betrachten wir dazu als Beispiel die Formel φ:

$$\bigvee x \bigvee y (Rxy \wedge \bigwedge v \wedge z(((v \neq x \wedge v \neq y) \vee (z \neq x \wedge z \neq y)) \rightarrow \neg Rvz)).$$

φ besagt inhaltlich: ‚Es gibt Objekte, die in der Relation R zueinander
stehen, und zwar höchstens zwei.‘ Man kann ohne Mühe neun verschiedene Interpretationen angeben, die φ wahr machen und in einem leicht
erkennbaren Sinn untereinander nicht gleichwertig, also „prinzipiell
verschieden" sind, während sich alle weiteren Interpretationen als mit
einer dieser neun Interpretationen gleichwertig erweisen. (Der Leser
führe zur Übung diese Überlegung durch.) Die φ wahr machenden
Interpretationen lassen sich somit in neun Äquivalenzklassen unterteilen.
Jede einzelne Äquivalenzklasse enthält „prinzipiell gleichwertige" Interpretationen. Wie ist diese prinzipielle Gleichwertigkeit genau zu deuten?

Es gibt eine Disziplin, in der – bereits lange vor der Entstehung der
moderner Modelltheorie – die strukturelle Gleichwertigkeit oder *Isomorphie* mathematischer Gebilde systematisch untersucht worden ist,
nämlich die Algebra. Zu dem dort herausgearbeiteten Begriff des Isomorphismus kann man ein perfektes Analogon einführen, um den Begriff der
semantischen Gleichwertigkeit zu präzisieren. Auch der Name wird
beibehalten.

Um das Relationsprädikat ‚*ist isomorph mit*‘ auf algebraische Gebilde
(wie Gruppen, Ringe, Vektorräume) anwenden zu können, müssen diese
Gebilde absolut präzise beschrieben worden sein. Ebenso benötigen wir
für eine Aussage, die das Bestehen eines Isomorphismus zwischen
semantischen Systemen behauptet, eine Präzisierung des Begriffs eines
semantischen Systems als eines quasi-algebraischen Gebildes. Die exakte
Einführung des metatheoretischen Prädikates ‚*ist eine semantische Struktur*‘ liefert eine solche Präzisierung.

Die bisherigen Andeutungen dürften genügen, um zu zeigen, daß der
Begriff der semantischen Struktur für gewisse semantische Gleichwertig-
keitsbetrachtungen wertvoll und nützlich ist. Sie genügen nicht, um zu
begründen, daß ein derartiger Begriff für gewisse Studien sogar unerläß-
lich ist.

Es gibt solche Studien; sie machen in ihrer Gesamtheit die *algebraische Behandlung der Logik* aus. Einen wichtigen Satz aus diesem For-
schungsgebiet werden wir benötigen – wenn auch nur als Mittel zum
Beweis des ersten Satzes von LINDSTRÖM in Kap. 15 –, nämlich das
Theorem von FRAISSÉ. Zum besseren Verständnis machen wir am Ende
dieser Einleitung ein paar Andeutungen über seinen Inhalt. Vorläufig sei
darüber nur so viel gesagt: Es wird darin behauptet, daß unter bestimm-

ten Voraussetzungen eine genau charakterisierbare modelltheoretische Beziehung zwischen semantischen Strukturen logisch äquivalent damit ist, daß diese Strukturen *endlich isomorph* sind. Während sich die erste Beziehung noch innerhalb der intuitiven Semantik einführen ließe, gilt dies für den Begriff der endlichen Isomorphie nicht mehr: Seine Definition setzt den Grundbegriff der abstrakten Semantik, also den der semantischen Struktur, als gegeben voraus.

Die meisten Leser, die mit den verschiedenen Formen von „struktureller Gleichwertigkeit" in der reinen Algebra vertraut sind, nicht jedoch mit deren Gegenstücken in der Logik, werden noch nicht auf den Begriff der endlichen Isomorphie gestoßen sein. Der Grund dafür liegt darin, daß zwar in beiden Fällen der Begriff des Isomorphismus den Ausgangspunkt bildet, die Verallgemeinerungen jedoch in verschiedene Richtungen verlaufen. Während man in der Algebra die starke Voraussetzung einer Bijektion zwischen den abgebildeten Grundmengen zu einer ein-mehrdeutigen Funktion abschwächt und dadurch zum allgemeineren Begriff des Homomorphismus gelangt, geht es in der Logik darum, auch bloß „bruchstückhafte" Isomorphismen zu betrachten, an denen nur gewisse Elemente der aufeinander abgebildeten Mengen beteiligt sind. Diese „Isomorphismusbruchstücke" sollen *präpartielle Isomorphismen* heißen. Da die Erhaltung der Gültigkeit quantorenlogischer Formeln in semantischen Strukturen unter präpartiellen Isomorphismen davon abhängt, ob diese Bruchstücke (auf größere Definitions- und Wertebereiche) fortsetzbar sind, geht es im weiteren Verlauf darum, solche Fortsetzungsmöglichkeiten systematisch zu studieren. Dabei stößt man auf die drei grundlegenden Begriffe *m-isomorph* (für beliebiges, aber festes $m \in \omega$), *endlich isomorph* und *partiell isomorph*. In Abschn. 4 werden diese Begriffe zunächst definiert und dann in ihren wechselseitigen Beziehungen charakterisiert.

Als nächstes geben wir einen kurzen Vorblick auf den Begriff der *semantischen Struktur*. Sie besteht aus zwei Komponenten. Die erste Komponente ist mit dem identisch, was wir in der intuitiven Semantik *Gegenstandsbereich* oder *Universum* nannten und was jetzt häufig auch als *Trägermenge* (oder kurz: *Träger*) der semantischen Struktur bezeichnet wird. Die zweite Komponente besteht aus einer Funktion, nämlich der *Designations-*, *Denotations-* oder *Interpretationsfunktion*, welche Zeichen als Argumente nimmt und diesen als Werte „kategoriengerecht" bestimmte *Designate* oder *Denotate* zuordnet (im Fall von Prädikaten auch *Extensionen* genannt).

Um den Argumentbereich der Designationsfunktion genau zu umgrenzen, empfiehlt es sich, in Abweichung vom bisherigen Vorgehen das Alphabet einer Sprache erster Stufe zu unterteilen in das *feste Alphabet*, das allen diesen Sprachen gemeinsam ist, und das *variierende Alphabet*,

auch *Symbolmenge* genannt, in bezug auf welches sich die Sprachen dieser
Art unterscheiden können. Das feste Alphabet besteht insbesondere aus
den Variablen, den Junktoren, den Quantoren sowie dem Gleichheitszeichen. Eine Symbolmenge kann *Prädikate, Funktionszeichen* und *Konstanten* enthalten. Die Designationsfunktion ist jeweils auf einer vorgegebenen Symbolmenge S definiert und ordnet den Prädikaten (Mengen
und) Relationen über dem Träger der semantischen Struktur, den
Funktionszeichen Funktionen über diesem Träger und den Konstanten
Elemente des Trägers zu. Die Struktur selbst muß daher auf die
vorgegebene Symbolmenge S relativiert werden und ist genauer als
semantische S-Struktur zu bezeichnen.

Innerhalb der intuitiven Semantik haben wir uns im Wesentlichen auf
geschlossene Formeln oder Sätze beschränkt. Die eben skizzierten semantischen Strukturen enthalten dieselbe Beschränkung im Rahmen der
abstrakten Semantik. Bisweilen erweist sich, zum Unterschied von dieser
Beschränkung auf ein „*geschlossenes Variablensystem*" („closed variable
system"), die Verwendung eines sogenannten *offenen Variablensystems*
(„open variable system") als angemessener – insbesondere häufig für
beweistechnische Zwecke. Darin werden außer Sätzen auch Formeln mit
freien Variablen interpretiert. Dies setzt voraus, daß die Designationsfunktion durch eine zusätzliche Funktion, genannt *Variablenbelegung*
(über dem Träger der Struktur) erweitert wird. Semantische Strukturen
der zuerst beschriebenen Art, also solche ohne Variablenbelegung,
werden wir auch *gewöhnliche semantische Strukturen* nennen, während
Strukturen mit Variablenbelegungen *volle semantische Strukturen* heißen
sollen.

Jetzt können wir eine etwas genauere, wenn auch natürlich noch
immer vorläufige Schilderung des Theorems von FRAISSÉ geben. Sofern
zwei semantische Strukturen nicht durch einen Satz erster Stufe zu
trennen sind, sollen sie elementar äquivalent heißen. Das fragliche
Theorem besagt, daß für eine endliche Symbolmenge S die elementare
Äquivalenz zweier semantischer S-Strukturen logisch gleichwertig ist mit
der endlichen Isomorphie dieser Strukturen. Während das erste, rein
modelltheoretische Glied dieses Theorems, in dem von elementarer
Äquivalenz die Rede ist, prinzipiell im Rahmen der intuitiven Semantik
reproduzierbar ist, gilt dies für das zweite Glied nicht mehr. Um das
algebraische Prädikat ‚endlich isomorph' anwenden zu können, müssen
die „Anwendungsobjekte" dieses Prädikates, also die semantischen
Strukturen im Sinn der abstrakten Semantik, zur Verfügung stehen.

In den folgenden Teilen dieses Kapitels werden alle Begriffe zusammengestellt, die für das Theorem von FRAISSÉ sowie für das letzte Kapitel
benötigt werden. Der Rest von Abschn. 14.1 enthält die Formulierung
der abstrakten Semantik; Abschn. 14.2 ist der Definitionstheorie im

Rahmen der abstrakten Semantik gewidmet: Abschn. 14.3 behandelt verschiedene Arten von Einschränkungen und Erweiterungen semantischer Strukturen; in Abschn. 14.4 sind die verschiedenen Isomorphiebegriffe geschildert; und Abschn. 14.5 beinhaltet eine Formulierung und Beweisskizze des Theorems von FRAÏSSÉ.

14.1.2 Symbolmengen und Sprachen erster Stufe im Rahmen der abstrakten Semantik. In einem ersten Schritt ist ein exakter Begriff der Sprache erster Stufe einzuführen, der sich für die modelltheoretischen Betrachtungen dieses und des folgenden Kapitels eignet. Als Vorbereitung dazu führen wir den Begriff des Alphabetes ein.

Unter einem Alphabet A versteht man eine nichtleere Menge von *Zeichen*. Endliche lineare Folgen von Zeichen eines Alphabetes A sollen *Wörter* über A heißen. A^* bezeichne die Menge aller Wörter über A.

Es erweist sich als zweckmäßig, das Alphabet einer Sprache erster Stufe als aus zwei Teilen bestehend aufzufassen. Den einen Teil nennen wir das *feste Alphabet* und bezeichnen nur diesen von nun an mit A. Und zwar verstehen wir unter A die Vereinigung der folgenden Mengen:

(1) die Menge der Individuenvariablen oder kurz Variablen (wir denken uns die Variablen in einer normierten Folge gegeben: $v_0, v_1, v_2, \ldots$);

(2) die Menge der Junktoren;

(3) die Menge der Quantoren;

(4) die Einermenge, die (nur) das Gleichheitszeichen enthält;

(5) die Menge, welche genau die beiden Klammerzeichen enthält: (,).

Die Bezeichnung ‚festes Alphabet' ist dadurch gerechtfertigt, daß das Alphabet sämtlicher Sprachen erster Stufe A als Teilalphabet enthält. Die Menge der Variablen werden wir mit *Var* abkürzen.

Der zweite Teil werde *variierendes Alphabet* oder *Symbolmenge* S genannt. S ist eine Vereinigung von Mengen folgender Art:

(i) eine Menge, welche für jedes $n \geq 1$ eine (möglicherweise leere) Menge von n-stelligen Prädikaten als Teilmenge enthält, aber keine anderen Elemente;

(ii) eine Menge, welche für jedes $m \geq 1$ eine (möglicherweise leere) Menge von m-stelligen Funktionszeichen enthält, aber keine anderen Elemente;

(iii) eine (möglicherweise leere) Menge von Konstanten.

Die in (i) angeführte Menge werde die Menge Pr_S der S-*Prädikate*, die in (ii) angeführte die Menge Fu_S der S-*Funktionszeichen*, und die in (iii) angegebene die Menge Ko_S der S-*Konstanten* genannt. Auch die ganze Menge S darf leer sein. (Wir betrachten nur Sprachen mit Identität.)

Die Bezeichnung ‚variierendes Alphabet' ist dadurch gerechtfertigt, daß sich verschiedene Sprachen erster Stufe nur durch Art und Umfang von S unterscheiden.

Die beiden Alphabete müssen ferner die folgenden Bedingungen erfüllen:

(*a*) Die Teilmenge (1) von $\mathbb{A}$ muß abzählbar unendlich viele Elemente enthalten.

(*b*) Die Teilmengen (2) und (3) von $\mathbb{A}$ werden für alle Alphabete von Sprachen erster Stufe simultan festgelegt, wobei lediglich die Forderung erfüllt sein muß, daß sich mit ihnen ein vollständiges Junktorensystem mit All- und Existenzquantor definieren läßt.

(*c*) Sämtliche Mengen (1) bis (5) von $\mathbb{A}$ und (i) bis (iii) von S müssen untereinander paarweise disjunkt sein und dürfen keine n-Tupel als Elemente enthalten.

Die Vereinigung von $\mathbb{A}$ und S heiße das *(zu S gehörige) Gesamtalphabet* einer Sprache erster Stufe; es legt, wie wir sehen werden, diese Sprache eindeutig fest.

Eine der grundlegenden Aufgaben der formalen Semantik besteht darin, semantische Systeme als Entitäten bestimmter Art zu konstruieren, die als Objekte präziser metalogischer und algebraischer Aussagen fungieren können. Wir werden zwei Sorten solcher Entitäten einführen: *semantische Strukturen* und *volle semantische Strukturen*. In beiden Fällen wird es sich als erforderlich erweisen, eine Relativierung auf Symbolmengen vorzunehmen. Dies kann den verständlichen Wunsch erzeugen, bereits den Begriff des variierenden Alphabetes bzw. der Symbolmenge selbst in exakter Weise als Objekt bestimmter Art zu charakterisieren. Da die obige Art der Einführung des Begriffs dieses Desiderat nicht erfüllt, tragen wir eine solche präzise Definition nach. Sie ist insofern etwas ungewöhnlich, als darin eine Symbolmenge überhaupt nicht als eine *Menge*, sondern als ein Gebilde anderer Art eingeführt wird und zwar in folgender Form:

Eine *Symbolmenge* S (einer Sprache erster Stufe) ist ein geordnetes Paar $\langle S^0, \gamma \rangle$, wobei S ein Tripel $\langle Pr_S, Fu_S, Ko_S \rangle$ und γ eine Funktion $\gamma: Pr_S \cup Fu_S \to \omega$ ist. Die drei Glieder Pr_S, Fu_S und Ko_S des Tripels sind Mengen; kein Element ihrer Vereinigung $\hat{S} := Pr_S \cup Fu_S \cup Ko_S$ darf ein n-Tupel sein und die drei Mengen Pr_S, Fu_S, Ko_S müssen paarweise disjunkt sein.

Wenn S eine Symbolmenge ist, so heißt Pr_S die Menge der S-Prädikate, Fu_S die Menge der S-Funktionszeichen und Ko_S die Menge der S-Konstanten. γ wird die Stellenzahlfunktion für S genannt. Ist $P \in Pr_S$ und $\gamma(P) = n$, so heißt P ein n-stelliges S-Prädikat; für $f \in Fu_S$ und $\gamma(f) = m$ nennt man f ein *m*-stelliges S-Funktionszeichen. $\hat{S}$ heißt Menge der S-Symbole.

Für die Mitteilung kann man sich an folgende Konventionen halten: Die Menge $\hat{S}$ der S-Symbole werde einfachheitshalber mit S identifiziert. Die in γ enthaltene Information werde durch Angabe der Stelligkeit als oberer Index vermittelt: sofern $\gamma(P) = n$ gilt, schreiben wir ‚P^n‘ statt ‚P‘; und sofern $\gamma(f) = m$ gilt, schreiben wir ‚f^m‘ für ‚f‘.

Zwecks Unterscheidung von der früheren „intuitiven" Definition der Symbolmenge soll eine Symbolmenge im soeben formal präzisierten Sinn mit **S** bezeichnet werden und die Menge der S-Symbole mit $\hat{\mathbf{S}}$.

Bei Zugrundelegung des formal präzisierten Begriffs der Symbolmenge ist das Gesamtalphabet $\mathbb{A} \cup \hat{\mathbf{S}}$. Wir kürzen dieses Gesamtalphabet durch $\mathbb{A}_S$ ab. ‚$\mathbb{A}$‘ bezeichnet den festen, der untere Index ‚S‘ den variierenden Teil. Wir verzichten für diesen Index auf Fettdruck, da es für die folgenden Betrachtungen irrelevant ist, ob man die mehr intuitive oder die präzisierte Fassung des Begriffs der Symbolmenge zugrunde legt. (Die einzige Ausnahme bildet die Einführung des Begriffs der Sprache erster Stufe.)

Ein *S-Term* ist ein Element aus $(\mathbb{A}_S)^*$, also ein Wort über $\mathbb{A}_S$, das man durch endlichmalige Anwendung der folgenden Bestimmungen gewinnen kann:

(T_1) Jede Variable ist ein S-Term.

(T_2) Jede Konstante aus S ist ein S-Term.

(T_3) Sind die Wörter $t_0, \ldots, t_{m-1}$ S-Terme und ist f ein m-stelliges Funktionszeichen aus S, so ist $f t_0 \ldots t_{m-1}$ ein S-Term.

Eine *S-Formel* ist ein Element aus $(\mathbb{A}_S)^*$, das man durch endlichmalige Anwendung der folgenden Bestimmungen gewinnen kann:

(F_1) Sind t_0 und t_1 S-Terme, so ist $t_0 = t_1$ eine S-Formel.

(F_2) Sind $t_0, \ldots, t_{n-1}$ S-Terme und ist P ein n-stelliges Prädikat, so ist $P t_0 \ldots t_{n-1}$ eine S-Formel.

(F_3) Wenn φ eine S-Formel ist, so ist $\neg \varphi$ eine S-Formel.

(F_4) Wenn φ und ψ S-Formeln sind, so sind $(\varphi \wedge \psi)$, $(\varphi \vee \psi)$ und $(\varphi \rightarrow \psi)$ S-Formeln.

(F_5) Wenn φ eine S-Formel und x eine Variable ist, so sind $\wedge x \varphi$ und $\vee x \varphi$ S-Formeln.

Gemäß dieser letzten Bestimmung sind leere Quantoren zugelassen (z. B. ist $\wedge x P y a$ für $a \in S$ eine S-Formel).

Jetzt können wir definieren: Eine *Sprache erster Stufe* L ist ein Tripel $\langle \mathbf{S}, \mathbf{T}, \mathbf{F} \rangle$, wobei **S** eine Symbolmenge, **T** die Menge der S-Terme und **F** die Menge der S-Formeln ist.

In allen Fällen, wo es dienlich ist, die Relativierung auf die Symbolmenge explizit zu machen, schreiben wir $\mathbf{T}_S$ für die Menge der S-Terme und $\mathbf{F}_S$ für die Menge der S-Formeln.

In Kap. 12 hatten wir einen exakten Begriff der Sprache erster Stufe eingeführt, der auf die beweistheoretischen Zwecke jenes Kapitels zugeschnitten war. Der eben eingeführte Begriff der Sprache erster Stufe ist für die modelltheoretische Charakterisierung der Begriffe und Resultate dieses und des folgenden Kapitels geeigneter.

14.1.3 Gewöhnliche und volle semantische Strukturen. Eine *semantische Struktur für die Symbolmenge* S, kurz: *semantische S-Struktur*, ist ein Paar $\mathfrak{A} = \langle A, \mathfrak{a} \rangle$, für das gilt:

(1) A ist eine nicht-leere Menge; sie wird *Gegenstandsbereich* oder *Universum von* $\mathfrak{A}$, auch *Trägermenge* (oder kurz: *Träger*) *von* $\mathfrak{A}$ genannt.

(2) $\mathfrak{a}$ ist eine Funktion, die S-Symbolen als Argumenten im folgenden Sinn passende Denotate in A zuordnet:

    (*a*) Für jedes n-stellige Prädikat P^n aus S ist $\mathfrak{a}(P^n)$ eine Menge geordneter n-Tupel von Elementen aus A.

    (*b*) Für jedes m-stellige Funktionszeichen f^m aus S ist $\mathfrak{a}(f^m)$ eine n-stellige Funktion über A, d. h. $\mathfrak{a}(f^m) : A^m \to A$.

    (*c*) Für jede Konstante c aus S ist $\mathfrak{a}(c)$ ein Element aus A.

$\mathfrak{a}$ wird die *Designationsfunktion von* $\mathfrak{A}$ (oder auch die *Denotationsfunktion von* $\mathfrak{A}$ bzw. die *Interpretationsfunktion von* $\mathfrak{A}$) genannt. Unter stärkerer Verwendung mengentheoretischer Symbole ließe sich die Designationsfunktion folgendermaßen definieren:

(a_1) $D_I(\mathfrak{a}) = \hat{S}$.

(b_1) $\mathfrak{a}|_{Pr_s} : Pr_S \to \bigcup \{Pot(A^n) \mid n \in \mathbb{Z}^+\}$
$\qquad\qquad P^n \mapsto \mathfrak{a}(P^n) \in Pot(A^n)$

(b_2) $\mathfrak{a}|_{Fu_s} : Fu_S \to \bigcup \{A^{(A^m)} \mid m \in \mathbb{Z}^+\}$
$\qquad\qquad f^m \mapsto \mathfrak{a}(f^m) \in A^{(A^m)}$ (d. h. $\mathfrak{a}(f^m) : A^m \to A$)

(b_3) $\mathfrak{a}|_{Ko_s} : Ko_S \to A$.

Da wir in diesem wie im nächsten Kapitel keine weiteren Strukturen außer semantischen Strukturen betrachten werden, lassen wir gewöhnlich das Adjektiv ‚semantisch' fort und sprechen einfach von S-Strukturen. Wenn entweder aus dem Kontext klar hervorgeht, welche Symbolmenge S gemeint ist, oder die Natur dieser Menge keine Rolle spielt, lassen wir auch das ‚S' fort, so daß nur mehr über Strukturen geredet wird. Analoge Konventionen zur sprachlichen Vereinfachung gelten auch für den folgenden Begriff der vollen semantischen S-Struktur.

Dafür benötigen wir einen Hilfsbegriff: Eine *Variablenbelegung über (einer Menge)* A sei eine Funktion $\eta : Var \to A$, die Variablen Elemente aus A zuordnet.

Eine *volle semantische S-Struktur* ist ein Paar $\mathfrak{A}^* = \langle A, \mathfrak{a}^* \rangle$, für das gilt:

(1) A ist eine nicht-leere Menge; die Bezeichnungen seien analog gewählt wie in der vorigen Definition.

(2) $\mathfrak{a}^*$ ist die Vereinigung zweier Funktionen $\mathfrak{a}$ und η, also $\mathfrak{a}^* = \mathfrak{a} \cup \eta$; dabei ist $\mathfrak{a}$ eine Designationsfunktion im Sinne der vorigen Definition (und zwar zu der Struktur $\langle A, \mathfrak{a} \rangle$), während η eine Variablenbelegung über A ist.

Eine präzisere Fassung von (2) würde folgendermaßen lauten:

(2*) $\mathfrak{a}^*$ ist eine Funktion, so daß:

    (a) $D_1(\mathfrak{a}^*) = \hat{S} \cup Var$;

    (b) $\langle A, \mathfrak{a}^*|_{\hat{S}} \rangle$ ist eine S-Struktur;

    (c) $\eta := \mathfrak{a}^*|_{Var}$ ist eine Variablenbelegung über A.

$\mathfrak{a}^*$ wird die *volle Designationsfunktion von* $\mathfrak{A}^*$ bzw. die *volle Interpretationsfunktion von* $\mathfrak{A}^*$ genannt.

Kommt es in einem Zusammenhang bei einer vollen Struktur nicht auf die Belegung der Variablen durch die volle Designationsfunktion an, so sprechen wir von dieser *vollen* Struktur nur als von einer Struktur und schreiben gelegentlich ‚die Struktur $\mathfrak{A}$' für eine volle Struktur $\mathfrak{A}^*$. Sofern wir ausdrücklich betonen wollen, daß eine Struktur keine volle Struktur ist, nennen wir sie eine *gewöhnliche* Struktur.

Wir bezeichnen eine gewöhnliche bzw. eine volle Struktur als *endlich*, *abzählbar* oder *unendlich*, je nachdem, ob ihre Trägermenge endlich, abzählbar oder unendlich ist.

14.1.4 Abstrakte Bewertungssemantik. Modellbeziehung und logische Folgerung. Für die Einführung von Bewertungsfunktionen werden wir den wichtigen Hilfsbegriff der Strukturvariante benötigen, den wir bereits jetzt einführen.

Es sei $\mathfrak{A}^* = \langle A, \mathfrak{a}^* \rangle$ eine volle Struktur; ferner sei $x \in Var$ und $a \in A$. Wir definieren zunächst die Funktion

$$\mathfrak{a}^{*a}_{\,x} := (\mathfrak{a}^* \setminus \{\langle x, \mathfrak{a}^*(x) \rangle\}) \cup \{\langle x, a \rangle\}.$$

$\mathfrak{a}^{*a}_{\,x}$ ist also diejenige Funktion, die x den Wert a zuordnet und im übrigen mit $\mathfrak{a}^*$ identisch ist. Wir wollen die Funktion $\mathfrak{a}^{*a}_{\,x}$ die $\langle x, a \rangle$-*Abwandlung von* $\mathfrak{a}^*$ nennen.

Die volle Struktur $\mathfrak{A}^{*a}_{\,x} := \langle A, \mathfrak{a}^{*a}_{\,x} \rangle$ werde die $\langle x, a \rangle$-*Strukturvariante von* $\mathfrak{A}^*$ genannt.

Die *volle Bewertungsfunktion* $V_{\mathfrak{A}^*}$ von $\mathfrak{A}^*$ führen wir in zwei Schritten ein[1]: In einem Schritt erweitern wir die Designationsfunktion $\mathfrak{a}^*$ auf solche Weise, daß auch sämtlichen komplexen Termen eindeutig Denotate

---

1 Das Symbol ‚V' ist der erste Buchstabe des englischen Synonyms ‚Valuation' für ‚Bewertung'.

zugeordnet werden. Im zweiten Schritt definieren wir die Bewertungsfunktion im eigentlichen Sinn und zwar zunächst für atomare und dann für komplexe Formeln: Für atomare Formeln wird sie durch die gerade erwähnte Interpretationserweiterung eindeutig induziert; für junktorenlogisch komplexe Formeln werden die Regeln für Boolesche Bewertungen übernommen; und für quantifizierte Formeln erfolgt die Definition mit Hilfe des eben eingeführten Begriffs der Strukturvariante.

Eigentlich sollten wir zu diesem Zweck drei verschiedene Zeichen einführen: Neben der Bezeichnung für die ursprüngliche volle Designationsfunktion ein neues Symbol zur Bezeichnung der „Interpretationserweiterung" dieser Funktion auf beliebige Terme und schließlich einen Namen für die Bewertungsfunktion i.e.S., die Formeln Wahrheitswerte zuordnet. Um eine derartige Inflation an Bezeichnungen zu vermeiden, beschließen wir einfach, die Funktion $V_{\mathfrak{A}*}$ alle diese drei Rollen übernehmen zu lassen; insbesondere soll sie die Funktion $\mathfrak{a}*$ einschließen. Dementsprechend führen wir $V_{\mathfrak{A}*}$ in drei Schritten ein:

(I) *Erster Schritt:* Für die Zeichen der Symbolmenge und die freien Variablen sei $V_{\mathfrak{A}*}$ mit $\mathfrak{a}*$ identisch.

(II) *Zweiter Schritt:* Für komplexe Terme definieren wir $V_{\mathfrak{A}*}$ als sogenannten Applikationshomomorphismus, d. h. wir identifizieren den Wert eines Terms von der Gestalt $f^m t_1 \ldots t_m$ mit dem Designat von f^m bei $V_{\mathfrak{A}*}$ (d. h.: bei $\mathfrak{a}*$), angewandt auf die Werte $V_{\mathfrak{A}*}(t_i)$. Genauer:

Für $m \in \omega$, $f^m \in Fu_S^m$ und $t_1, \ldots, t_m \in \mathbf{T}_S$ ist

$$V_{\mathfrak{A}*}(f^m t_1 \ldots t_m) := V_{\mathfrak{A}*}(f^m)(V_{\mathfrak{A}*}(t_1), \ldots, V_{\mathfrak{A}*}(t_m)).$$

(III) *Dritter Schritt:* Für Formeln soll $V_{\mathfrak{A}*}$ eine quantorenlogische Bewertungsfunktion sein, genauer:

(1) (*a*) Für $n \in \omega$, $P^n \in Pr_S^n$ und $t_1, \ldots, t_n \in \mathbf{T}_S$ ist

$$V_{\mathfrak{A}*}(P^n t_1 \ldots t_n) = \mathbf{w} \;\Leftrightarrow\; \langle V_{\mathfrak{A}*}(t_1), \ldots, V_{\mathfrak{A}*}(t_n)\rangle \in V_{\mathfrak{A}*}(P^n).$$

(*b*) Für $t_1, t_2 \in \mathbf{T}_S$ ist

$$V_{\mathfrak{A}*}(t_1 = t_2) = \mathbf{w} \;\Leftrightarrow\; V_{\mathfrak{A}*}(t_1) = V_{\mathfrak{A}*}(t_2).$$

(2) $V_{\mathfrak{A}*}(\neg\Phi)$ sowie $V_{\mathfrak{A}*}(\Phi j \Psi)$ mit $\Phi, \Psi \in \mathbf{F}_S$ und beliebigem zweistelligen Junktor j wird gemäß den üblichen Regeln für Boolesche Bewertungen definiert.

(3) (*a*) Es habe $\Phi \in \mathbf{F}_S$ die Gestalt $\wedge x\Psi$.
   Dann ist

$$V_{\mathfrak{A}*}(\Phi) = \mathbf{w} \;\Leftrightarrow\; (\text{für alle } a \in A \text{ und alle } \langle x, a\rangle\text{-Strukturvarianten } \mathfrak{A}*_x^a \text{ von } \mathfrak{A}* \text{ gilt}:$$
$$V_{\mathfrak{A}*_x^a}(\Psi) = \mathbf{w}).$$

(b) Es habe $\Phi \in \mathbf{F}_S$ die Gestalt $\bigvee x \Psi$.

Dann ist

$V_{\mathfrak{A}*}(\Phi) = \mathbf{w} \Leftrightarrow$ (es gibt $a \in A$, so daß für die $\langle x, a \rangle$-Strukturvariante von $\mathfrak{A}*$ gilt: $V_{\mathfrak{A}*\frac{a}{x}}(\Psi) = \mathbf{w}$).

(Gemäß (3)(a) und (b) ist also eine all- bzw. existenzquantifizierte Formel bei der vollen Bewertungsfunktion $V_{\mathfrak{A}*}$ genau dann wahr, wenn sich bei jeder bzw. bei mindestens einer Abwandlung der vollen Designationsfunktion an der Stelle der quantifizierten Variablen der Wert *wahr* für den hinter dem Quantor stehenden Formelteil ergibt.)

Entsprechend der obigen Ankündigung übernimmt $V_{\mathfrak{A}*}$ im ersten Schritt die Aufgaben der vollen Designationsfunktion $\mathfrak{a}*$. Im zweiten Schritt wird diese Aufgabe auf solche Weise erweitert, daß auch beliebigen komplexen Termen eindeutig ein Element der Trägermenge A zugeordnet wird.

Bei diesem zweiten Schritt handelt es sich um eine rekursive Zuordnung von Werten für komplexe Terme. Dieses Zuordnungsverfahren ist zulässig, da die Terme $t_1, \ldots, t_m$, auf deren Werte $V_{\mathfrak{A}*}(t_1), \ldots, V_{\mathfrak{A}*}(t_m)$ zurückgegriffen wird, jeweils kürzer als $f^m t_1 \ldots t_m$ sind (und $V_{\mathfrak{A}*}(f^m)$ nach dem ersten Schritt mit $\mathfrak{a}*(f^m)$ identisch ist).

Erst im dritten Schritt wird $V_{\mathfrak{A}*}$ als Bewertungsfunktion i.e.S. eingeführt, die für Formeln definiert ist. Dabei ist zwar der Teilschritt (III)(1) interpretationssemantisch formuliert, die Teilschritte (2) und (3) hingegen verfahren rein bewertungssemantisch. (Weiter unten wird diesem Vorgehen ein rein interpretationssemantisches gegenübergestellt, bei dem überhaupt keine Bewertungsfunktion Verwendung findet.) Auch in diesem Schritt handelt es sich um ein zulässiges rekursives Vorgehen, da ausschließlich auf die Bewertung kürzerer Formeln zurückgegriffen wird sowie auf die nach dem zweiten Schritt festliegenden Werte komplexer Terme und die nach dem ersten Schritt vorgegebenen Denotate von Prädikaten.

Jetzt können wir die wichtigsten metalogischen Begriffe einführen und im Zusammenhang damit gewisse terminologische Vereinbarungen treffen. Grundlegend für alles Weitere ist die sogenannte *Modellbeziehung*, die zwischen einer vollen Struktur $\mathfrak{A}*$ und einer Formel φ genau dann besteht, „wenn $\mathfrak{A}*$ ein φ erfüllendes Modell bildet". Diese Beziehung läßt sich mittels der durch $\mathfrak{A}*$ eindeutig festgelegten vollen Bewertungsfunktion $V_{\mathfrak{A}*}$ sofort definieren:

S sei eine Symbolmenge. Dann ist *die zu S gehörige Modellbeziehung* Mod_S eine zweistellige Relation zwischen der Klasse der vollen Strukturen und $\mathbf{F}_S$, der Klasse der S-Formeln mit:

$Mod_S(\mathfrak{A}*, \varphi)$: gdw $V_{\mathfrak{A}*}(\varphi) = \mathbf{w}$, wobei $\mathfrak{A}*$ eine volle S-Struktur und $\varphi \in \mathbf{F}_S$ ist.

Wir lesen ‚$Mod_S(\mathfrak{A}^*, \varphi)$‘ als: ‚$\mathfrak{A}^*$ *ist ein* S-*Modell von* φ‘. Zwei andere übliche Lesarten lauten: ‚$\mathfrak{A}^*$ *erfüllt* φ‘ bzw. ‚φ *gilt in* (der vollen Struktur) $\mathfrak{A}^*$‘. Gewöhnlich werden wir die erste Lesart bevorzugen. Falls man die dritte Leseweise wählt, ist folgendes zu beachten: Wenn man zwecks Vereinfachung die Erwähnung der Struktur unterläßt, da diese aus dem Zusammenhang hervorgeht, so besteht die Gefahr, daß man eine Zweideutigkeit erzeugt: Die „Gültigkeit" einer Formel φ kann je nach Kontext entweder das Gelten von φ in einer (nicht explizit erwähnten) Struktur, also die *Erfüllbarkeit* von φ, oder die *logische Gültigkeit* von φ bedeuten. Wir werden daher diese Redeweise nur sehr selten und nur auf solche Weise benützen, daß keine Mehrdeutigkeitsgefahr auftritt.

Wenn es in einem bestimmten Zusammenhang irrelevant ist, welches S gemeint ist, so schreiben wir statt ‚Mod_S‘ einfach ‚Mod‘. Falls es auf die Art der Variablenbelegung nicht ankommt, verwenden wir die Ausdrucksweise ‚volle Bewertungsfunktion‘, ‚Strukturvariante‘ und ‚Modellbeziehung‘ auch dann, wenn wir uns nur auf gewöhnliche Strukturen beziehen. In diesem Sinn werden wir, wenn eine *beliebige* Erweiterung der gewöhnlichen Struktur $\mathfrak{A}$ zu einer vollen Struktur Modell von φ ist, auch ‚$Mod(\mathfrak{A}, \varphi)$‘ schreiben und entsprechend $V_{\mathfrak{A}}$ als die Restriktion der Funktion $V_{\mathfrak{A}^*}$ auf Sätze auffassen.

In einigen Fällen werden wir, wie dies heute vielfach üblich ist, ‚$\mathfrak{A}^* \models \varphi$‘ statt ‚$Mod(\mathfrak{A}^*, \varphi)$‘ schreiben.

Die Modellbeziehung läßt sich auch auf Formel*mengen* verallgemeinern: Ist M eine Menge von S-Formeln und $\mathfrak{A}^*$ eine volle S-Struktur, so soll ‚$Mod_S(\mathfrak{A}^*, M)$‘ bzw. ‚$\mathfrak{A}^* \models M$‘ (sprich: ‚$\mathfrak{A}^*$ *ist Modell von* M‘) dasselbe besagen wie: ‚Für alle $\varphi \in M$ gilt $Mod_S(\mathfrak{A}^*, \varphi)$‘.

Der Begriff der logischen Folgerung kann nun auf die Modellbeziehung zurückgeführt werden:

Es sei S eine Symbolmenge, ferner sei $M \subseteq \mathbf{F}_S$ und $\psi \in \mathbf{F}_S$ (d. h. M sei eine Menge von S-Formeln und ψ eine S-Formel). Dann sagen wir:

Aus M *folgt logisch*$_S$ ψ (kurz: $M \Vdash_S \psi$): gdw

$$\bigwedge \mathfrak{A}^* (Mod_S(\mathfrak{A}^*, M) \Rightarrow Mod_S(\mathfrak{A}^*, \psi))$$

(d. h.: jede (volle) S-Struktur $\mathfrak{A}^*$, die Modell von M, d. h. Modell sämtlicher Elemente von M ist, erfüllt auch ψ).

Statt ‚$\{\varphi\} \Vdash \psi$‘ bzw. ‚$\{\varphi_1, ..., \varphi_n\} \Vdash \psi$‘ schreiben wir abkürzend auch ‚$\varphi \Vdash \psi$‘ bzw. ‚$\varphi_1, ..., \varphi_n \Vdash \psi$‘.

Weitere metatheoretische Begriffe lassen sich jetzt wie üblich einführen.

$\varphi \in \mathbf{F}_S$ heißt *logisch gültig* oder *allgemeingültig* (kurz: $\Vdash \varphi$): gdw $\emptyset \Vdash \varphi$. (Dies steht mit der Intuition im Einklang, daß jede volle Struktur φ erfüllt; denn jede volle Struktur ist trivialerweise Modell aller Elemente von $\emptyset$, da $\emptyset$ keine Elemente enthält.)

$\varphi \in \mathbf{F}_S$ heißt *erfüllbar*: gdw $\bigvee \mathfrak{A}^* (Mod_S(\mathfrak{A}^*, \varphi))$.

Ferner wird eine Menge $M \subseteq \mathbf{F_S}$ *erfüllbar* genannt gdw $\bigvee \mathfrak{A}*(Mod_S(\mathfrak{A}*, M))$.

Für die Einführung des Begriffs der logischen Äquivalenz stehen uns drei Möglichkeiten zur Verfügung, die aufgrund der bisher eingeführten Begriffe leicht als gleichwertig erkennbar sind (Übungsaufgabe):

Wir sagen, daß φ und ψ, mit $\varphi, \psi \in \mathbf{F_S}$, *logisch äquivalent* sind gdw eine der drei folgenden Bedingungen erfüllt sind:

(a) $\Vdash \varphi \leftrightarrow \psi$;
(b) für alle vollen Strukturen $\mathfrak{A}*$: $Mod_S(\mathfrak{A}*, \varphi) \Leftrightarrow Mod_S(\mathfrak{A}*, \psi)$;
(c) $\varphi \Vdash \psi \Leftrightarrow \psi \Vdash \varphi$.

Anmerkung zur Terminologie. Leider gibt es bei der Verwendung semantischer Begriffe erhebliche terminologische Abweichungen. Wir erwähnen kurz die wichtigsten Varianten zu dem hier verwendeten Sprachgebrauch.

Für die Formulierung ,(die Struktur) $\mathfrak{A}$ *ist Modell von* φ' finden sich häufig die folgenden drei Wendungen: ,φ *ist wahr in* (der Struktur) $\mathfrak{A}$', ,φ *gilt in* $\mathfrak{A}$' (oder: ,φ *ist gültig in* $\mathfrak{A}$') bzw. ,$\mathfrak{A}$ *erfüllt* φ'. Die letzten beiden Fassungen werden auch wir gelegentlich gebrauchen. Bei Verwendung des Wortes ,gültig' ist, wie bereits erwähnt, besondere Vorsicht geboten: Einige Autoren verzichten auf die explizite Erwähnung einer Struktur, wenn diese aus dem Zusammenhang erschlossen werden kann. In einem solchen Fall wird ,φ ist gültig' zweideutig und kann zu Mißverständnissen führen: Diese Wendung kann dann entweder bedeuten ,φ ist *logisch* gültig' oder ,φ ist gültig *in einer bestimmten* Struktur' (die nicht genannt, da aus dem Kontext erschließbar ist); letzteres ist natürlich synonym mit logischer *Erfüllbarkeit.*

Eine stärkere Abweichung von unserem Sprachgebrauch liegt vor, wenn Autoren (semantische) Strukturen als *Modelle* (engl. ,models') bezeichnen. (Bei uns sind Modelle im Sinne dieser Autoren bloß mögliche Modelle; denn jede Struktur ist mögliches Modell von etwas, nämlich von jedem Satz ihrer – bekanntlich nicht leeren – semantischen Theorie.) Die Modellbeziehung in unserem Sinn kann dann, zwecks Vermeidung einer Äquivokation, nicht mehr mit Hilfe der Wendung ,Modell von' ausgedrückt werden. Meist wird dabei auf eine der drei oben erwähnten Alternativen zurückgegriffen und z. B. von den einen Satz wahrmachenden oder ihn erfüllenden Modellen gesprochen.

Abweichungen ergeben sich auch in bezug auf die Verwendung von ,*Interpretation*'. Wenn $\mathfrak{A} = \langle A, \mathfrak{a} \rangle$ eine Struktur (in unserem Sinn) ist, so nennen wir $\mathfrak{a}$ wahlweise eine Designations-, Denotations- oder Interpretationsfunktion. Manche Autoren sprechen hier einfach von „der Interpretation". Andere wiederum reservieren den Interpretationsbegriff für spezielle Strukturen, so etwa diejenigen, welche gewöhnliche Strukturen (in unserem Sinn) *Modelle* und volle Strukturen (in unserem Sinn) *Interpreta-*

tionen nennen. Bei diesem letzten Wortgebrauch überlagern sich drei Bedeutungen von ‚Interpretation': Erstens wird die ganze Struktur so bezeichnet. Zweitens enthält diese Struktur als eine Komponente die „Interpretation" der Konstanten, d. h. die Designationsfunktion $\mathfrak{a}$. Und drittens kommt darin noch eine „Interpretation" der Variablen vor, nämlich das, was wir die Variablenbelegung η nennen.

14.1.5 Das Lemma über Kontextfreiheit (Koinzidenzlemma). Es gibt zwei grundlegende Lemmata der abstrakten Semantik. Das erste ist das Lemma über Kontextfreiheit. Es beinhaltet den intuitiv einleuchtenden Sachverhalt, daß es bei der Interpretation einer Formel durch volle Strukturen nur auf die Deutung der in der Formel vorkommenden Symbole (nicht-logischen Konstanten) und freien Variablen ankommt (negativ formuliert: Die Deutung der in einer Formel nicht vorkommenden Symbole und freien Variablen ist für die Interpretation dieser Formel ohne jede Relevanz). Das zweite ist das Isomorphielemma, welches die Gleichwertigkeit von Strukturen bezüglich der Modellbeziehung mittels des Isomorphiebegriffs zu charakterisieren hilft. Während wir den Beweis des letzteren auf Abschn. 4 verschieben müssen, da der Isomorphiebegriff erst dort präzisiert wird, kann das erste Lemma bereits hier als gültig erwiesen werden.

Lemma über Kontextfreiheit (Koinzidenzlemma) *Für beliebige Symbolmengen* S_1 *und* S_2 *sei* $\mathfrak{A}_1^* = \langle A_1, \mathfrak{a}_1^* \rangle$ *eine volle* S_1-*Struktur mit* $\mathfrak{a}_1^* = \mathfrak{a}_1 \cup \eta_1$ *(Variablenbelegung* η_1*) und* $\mathfrak{A}_2^* = \langle A_2, \mathfrak{a}_2^* \rangle$ *eine volle* S_2-*Struktur mit* $\mathfrak{a}_2^* = \mathfrak{a}_2 \cup \eta_2$ *(Variablenbelegung* η_2*). Die beiden Träger seien identisch,* d. h. $A_1 = A_2$. *Ferner sei* S *eine Symbolmenge mit* $S \subseteq S_1 \cap S_2$.

(I) *Es sei* t *ein S-Term. Falls die beiden vollen Bewertungsfunktionen* $V_{\mathfrak{A}_1^*}$ *und* $V_{\mathfrak{A}_2^*}$ *den in* t *vorkommenden Symbolen aus* S *und Variablen dieselben Werte zuordnen, gilt:*

$$V_{\mathfrak{A}_1^*}(t) = V_{\mathfrak{A}_2^*}(t).$$

(II) *Es sei* φ *eine S-Formel. Falls die beiden vollen Bewertungsfunktionen* $V_{\mathfrak{A}_1^*}$ *und* $V_{\mathfrak{A}_2^*}$ *den in* φ *vorkommenden Symbolen aus* S *und freien Variablen dieselben Werte zuordnen, gilt:*

$$Mod_{S_1}(\mathfrak{A}_1^*, \varphi) \Leftrightarrow Mod_{S_2}(\mathfrak{A}_2^*, \varphi).$$

Beweis: Durch Induktion über den Aufbau der Terme und Formeln.

(I) t sei eine Variable x oder eine Konstante $c \in S$. Dann gilt nach Voraussetzung:

$$V_{\mathfrak{A}_1^*}(t) = V_{\mathfrak{A}_2^*}(t).$$

t habe die Gestalt $f\,t_1\dots t_m$.
Dann gilt:

$$V_{\mathfrak{A}_1^*}(t) = V_{\mathfrak{A}_1^*}(f)(V_{\mathfrak{A}_1^*}(t_1), \dots, V_{\mathfrak{A}_1^*}(t_m))$$
$$= V_{\mathfrak{A}_2^*}(f)(V_{\mathfrak{A}_2^*}(t_1), \dots, V_{\mathfrak{A}_2^*}(t_m)) \quad \text{(nach I.V. für die } t_i, \text{ sowie}$$
$$\text{für } f, \text{ da } f \in S \text{ nach Vor-}$$
$$\text{aussetzung)}$$
$$= V_{\mathfrak{A}_2^*}(t)\,.$$

(II) Für Formeln greifen wir einen atomaren Fall sowie den Existenzfall heraus (der andere atomare Fall ist analog zu behandeln und
die junktorenlogischen Fälle sind trivial).

(a) φ sei identisch mit $P^n t_1\dots t_n$ mit $P^n \in S$ und S-Termen $t_1, \dots, t_n$.
Es gilt:

$$Mod_S(\mathfrak{A}_1^*, \varphi) \quad \text{gdw} \quad V_{\mathfrak{A}_1^*}(t_1), \dots, V_{\mathfrak{A}_1^*}(t_n)\rangle \in V_{\mathfrak{A}_1^*}(P^n) \quad \text{(nach Def. von } V_{\mathfrak{A}_1^*}$$
$$\text{sowie nach Def. der}$$
$$\text{Modellbeziehung)}$$
$$\text{gdw} \quad \langle V_{\mathfrak{A}_2^*}(t_1), \dots, V_{\mathfrak{A}_2^*}(t_n)\rangle \in V_{\mathfrak{A}_1^*}(P^n) \quad \text{(nach I.V.)}$$
$$\text{gdw} \quad \langle V_{\mathfrak{A}_2^*}(t_1), \dots, V_{\mathfrak{A}_2^*}(t_n)\rangle \in V_{\mathfrak{A}_2^*}(P^n) \quad \text{(da für } P^n \in S \text{ die vol-}$$
$$\text{len Bewertungsfunk-}$$
$$\text{tionen übereinstim-}$$
$$\text{men)}$$

$$\text{gdw} \quad Mod_S(\mathfrak{A}_2^*, \varphi)\,.$$

(b) φ sei identisch mit $\bigvee x\psi$. Es gilt:

$$Mod_S(\mathfrak{A}_1^*, \varphi) \quad \text{gdw es gibt } a \in A_1, \text{ so daß } Mod_S(\mathfrak{A}_{1x}^{*a}, \psi)$$
$$\text{gdw es gibt } a \in A_2, \text{ so daß } Mod_S(\mathfrak{A}_{2x}^{*a}, \psi)$$

(nach I.V., angewandt auf ψ, $\mathfrak{A}_{1x}^{*a}$ und $\mathfrak{A}_{2x}^{*a}$ sowie wegen
der Voraussetzung $A_1 = A_2$ und der Tatsache, daß die
freien Variablen von ψ aus den freien Variablen von φ
und x bestehen)

$$\text{gdw} \quad Mod_S(\mathfrak{A}_2^*, \varphi)\,. \quad \square$$

14.1.6 Das Substitutionslemma. Wir führen noch einen für gewisse
Beweiszwecke förderlichen Hilfssatz an, der die simultane Substitution
von Variablen durch Terme betrifft. Dabei sei der Ausdruck

$$\varphi\begin{pmatrix} t_1\dots t_r \\ x_1\dots x_r \end{pmatrix}$$

für paarweise verschiedene Variable $x_1, \dots, x_r$ als die simultane Substitution der x_i durch t_i (für $i = 1, \dots, r$) in $\varphi \in F_S$ induktiv definiert. Zur
Verhinderung unzulässiger „Neubindungen" in $\varphi\begin{pmatrix} t_1\dots t_r \\ x_1\dots x_r \end{pmatrix}$ sei zuvor jede

in φ auftretende gebundene Variable durch eine in $t_1, \ldots, t_r$ nicht auftretende Variable ersetzt. (Analog für $t \in \mathbf{T}_S$ statt φ.)

Für $\varphi := \bigvee x\psi$ z. B. muß der Schritt in der induktiven Definition lauten:

$$\varphi\begin{pmatrix} t_1 \ldots t_r \\ x_1 \ldots x_r \end{pmatrix} := \begin{cases} \bigvee w\psi\begin{pmatrix} t_1 \ldots t_r \; w \\ x_1 \ldots x_r \; x \end{pmatrix}, \text{ falls } x \neq x_1, \ldots, x \neq x_r; \\[2ex] \bigvee w\psi\begin{pmatrix} t_1 \ldots t_{i-1} \; t_{i+1} \ldots t_r \; w \\ x_1 \ldots x_{i-1} \, x_{i+1} \ldots x_r \; x \end{pmatrix}, \text{ falls } x = x_i; \end{cases}$$

dabei ist w *die erste in* $x_1, \ldots, x_r, x, \varphi, t_1, \ldots, t_r$ *nicht auftretende Variable.*

Anmerkung. Man beachte, daß im allgemeinen $\varphi\begin{pmatrix} t \\ x \end{pmatrix}\begin{matrix} t' \\ x' \end{matrix}$ verschieden ist von $\varphi\begin{pmatrix} t \; t' \\ x \; x' \end{pmatrix}$. Es sei etwa φ identisch mit fxx', t sei x' und t' sei x'' mit paarweise verschiedenen x, x', x''. Dann ist $\varphi\begin{pmatrix} t \\ x \end{pmatrix}\begin{matrix} t' \\ x' \end{matrix} = (fx'x')\begin{matrix} t' \\ x' \end{matrix} = fx''x''$, hingegen $\varphi\begin{pmatrix} t \; t' \\ x \; x' \end{pmatrix} = fx'x''$.

Das Substitutionslemma besagt inhaltlich: ‚Das Denotat eines Terms bzw. der Wahrheitswert einer Formel in einer Struktur bei Ersetzung von paarweise verschiedenen freien Variablen $x_1, \ldots, x_r$ durch beliebige Terme $t_1, \ldots, t_r$ ist gleich dem Denotat des Terms bzw. dem Wahrheitswert der Formel in der r-fachen Strukturvariante, bei der jeweils x_i das Denotat von t_i in der ursprünglichen Struktur zugeordnet erhält.' Hier erweist sich die oben erwähnte Vorsichtsmaßnahme gegen Neubindungen als wesentlich.

Substitutionslemma (oder: **Regularitätslemma**)   *Es sei* $\varphi \in \mathbf{F}_S$; $\mathfrak{A}^*$ *eine volle S-Struktur;* $x_1, \ldots, x_r$ *seien paarweise verschiedene Variablen und* $t_1, \ldots, t_r$ *beliebige S-Terme. Dann gilt für alle* $t \in \mathbf{T}_S$ *und* $\varphi \in \mathbf{F}_S$:

(i) $V_{\mathfrak{A}^*}\left(t\begin{pmatrix} t_1 \ldots t_r \\ x_1 \ldots x_r \end{pmatrix}\right) = V_{\mathfrak{A}^{*\prime}}(t)$;

(ii) $V_{\mathfrak{A}^*}\left(\varphi\begin{pmatrix} t_1 \ldots t_r \\ x_1 \ldots x_r \end{pmatrix}\right) = \mathbf{w}$ gdw $V_{\mathfrak{A}^{*\prime}}(\varphi) = \mathbf{w}$

mit $\mathfrak{A}^{*\prime}$ als r-facher $\langle x_i, V_{\mathfrak{A}^*}(t_i)\rangle$-Strukturvariante von $\mathfrak{A}^*$.

Der Beweis erfolgt durch Induktion über den Aufbau der Terme und Formeln unter Benützung des Koinzidenzlemmas.

14.1.7 Reine Interpretationssemantik. Für den Aufbau der abstrakten Semantik haben wir eine Variante der Bewertungssemantik gewählt. In den Vorbemerkungen von Kap. 9 ist gezeigt worden, daß die intuitive Bewertungs- und Interpretationssemantik gleichwertig sind. Dabei wurde allerdings ein Kunstgriff von SMULLYAN benützt, wonach erstens eine Interpretation eindeutig eine atomare Bewertung induziert (und umge-

kehrt) und zweitens eine atomare Bewertung bereits die gesamte Bewertung eindeutig festlegt. Die dortige „Interpretationssemantik" war somit im Grunde eine *Mischform*, in welcher noch immer der bewertungssemantische Aspekt das Übergewicht hatte. Wir wollen noch kurz der Frage nachgehen, wie im gegenwärtigen Rahmen eine von solcher „Mischung" befreite, reine Interpretationssemantik aussieht. Dies ist außer von systematischem auch von historischem Interesse, da die erstmals von A. TARSKI formulierte Semantik eine reine Interpretationssemantik war.

Unter einer *reinen Interpretationssemantik* versteht man gewöhnlich einen solchen Aufbau der Semantik, der überhaupt keine Bewertungsfunktion benützt, sondern unmittelbar eine Definition der Modellbeziehung durch Induktion nach der Formelkomplexität liefert. Wir geben eine solche Definition, wobei wir im voraus darauf hinweisen, daß der Unterschied zu der soeben eingeführten Fassung so gering gehalten werden soll, daß man fast von einer bloß *notationellen Variante* derselben Semantik sprechen könnte.

Ist $\mathfrak{A}^* = \langle A, \mathfrak{a} \cup \eta \rangle$ mit $\mathfrak{a}^* = \mathfrak{a} \cup \eta$ eine volle S-Struktur, so definieren wir für beliebige S-Terme t die Relation ‚$\mathfrak{A}^*$ *ordnet* t *kanonisch* $\alpha \in A$ *als Denotat zu*‘ und für beliebige S-Formeln φ die Relation ‚$\mathfrak{A}^*$ *erfüllt* φ‘ induktiv nach dem Aufbau von t bzw. von φ wie folgt:

(I) (1) $\mathfrak{A}^*$ ordnet $x \in Var$ kanonisch $\mathfrak{a}^*(x) = \eta(x) \in A$ als Denotat zu;

(2) $\mathfrak{A}^*$ ordnet $c \in Ko_S$ kanonisch $\mathfrak{a}^*(c) = \mathfrak{a}(c) \in A$ als Denotat zu;

(3) $\mathfrak{A}^*$ ordnet $f^n t_1 \ldots t_n$ (für $f^n \in Fu_S^n$ und $t_1, \ldots, t_n \in T_S$) kanonisch $(\mathfrak{a}(f^n)(a_1, \ldots, a_n)) \in A$ als Denotat zu, wobei (für i$=1, \ldots,$n) a_i das durch $\mathfrak{A}^*$ dem Term t_i kanonisch zugeordnete Denotat ist.

(II) (1) $\mathfrak{A}^*$ erfüllt $P^n t_1 \ldots t_n$ (für $P^n \in Pr_S^n$ und $t_1, \ldots, t_n \in T_S$) gdw das n-Tupel der durch $\mathfrak{A}^*$ den Termen $t_1, \ldots, t_n$ kanonisch zugeordneten Denotate Element von $\mathfrak{a}(P^n)$ ist;

(2) $\mathfrak{A}^*$ erfüllt $t_1 = t_2$ (für $t_1, t_2 \in T_S$) gdw $\mathfrak{A}^*$ den Termen t_1 und t_2 dasselbe Denotat kanonisch zuordnet;

(3) $\mathfrak{A}^*$ erfüllt $\neg \varphi$ (für $\varphi \in F_S$) gdw $\mathfrak{A}^*$ nicht φ erfüllt;

(4) $\mathfrak{A}^*$ erfüllt $\varphi \wedge \psi$ (für $\varphi, \psi \in F_S$) gdw $\mathfrak{A}^*$ erfüllt φ und $\mathfrak{A}^*$ erfüllt ψ;

(5), (6) ‚$\mathfrak{A}^*$ erfüllt $\varphi \vee \psi$‘ bzw. ‚$\mathfrak{A}^*$ erfüllt $\varphi \rightarrow \psi$‘ analog;

(7) hat φ die Gestalt $\wedge x \psi$ (für $\psi \in F_S$, $x \in Var$), dann:
$\mathfrak{A}^*$ erfüllt φ gdw für alle $a \in A$ und alle $\langle x, a \rangle$-Strukturvarianten von $\mathfrak{A}^*$ gilt:
$\mathfrak{A}^{*a}_x$ erfüllt ψ;

(8) ‚$\mathfrak{A}^*$ erfüllt $\vee x \psi$‘ analog.

Die Bestimmungen (I) entsprechen fast unmittelbar den definitorischen Bestimmungen der vollen Bewertungsfunktion $V_{\mathfrak{A}^*}$ für komplexe

Terme. Für ein auf der Grundlage der Relation ,$\mathfrak{A}^*$ ordnet t kanonisch α als Denotat zu' eingeführtes $V_{\mathfrak{A}^*}$ hätte man sich lediglich von der *Funktionalität* dieser Relation in bezug auf Terme als Argumente zu überzeugen sowie von der Zulässigkeit des rekursiven Vorgehens (ganz ähnlich wie zuvor bei der Einführung von $V_{\mathfrak{A}^*}$).

Die Bestimmungen (II) entsprechen ebenfalls fast unmittelbar der Definition der vollen Bewertungsfunktion $V_{\mathfrak{A}^*}$ für Formeln als Argumente. Zwecks definitorischer Zurückführung auf diese Bestimmungen hätte man bloß $V_{\mathfrak{A}^*}$ als *charakteristische Funktion* der Erfüllungsrelation (mit $\mathfrak{A}^*$ als festgehaltenem ersten Argument) zu wählen und für die Zuordnung des Wahrheitswertes **f** die Bestimmung (II)(3) zu verwenden.

Sobald man sich von dieser Gleichwertigkeit überzeugt hat, weiß man, daß diese Erfüllungsrelation identisch ist mit der Modellbeziehung. Statt ,$\mathfrak{A}^*$ erfüllt φ' können wir daher wieder $Mod(\mathfrak{A}^*, \varphi)$ schreiben.

14.2 Elemente der abstrakten Definitionstheorie

14.2.1 Definitionen bezüglich Satzmengen. S sei eine Symbolmenge, M eine Menge von S-Sätzen. P sei ein n-stelliges Prädikat; f sei ein m-stelliges Funktionszeichen und c eine Konstante; keines dieser Zeichen komme in S vor, d. h. $P \notin S$, $f \notin S$, $c \notin S$. ,$\varphi(v_0, ..., v_n)$' sei ein Mitteilungszeichen für eine S-Formel, in der höchstens die Variablen $v_0, ..., v_n$ frei vorkommen.

(*I*) Jede Formel der Gestalt

$$\bigwedge v_0 ... \bigwedge v_{n-1}(Pv_0...v_{n-1} \leftrightarrow \varphi(v_0, ..., v_{n-1}))$$

heißt eine S-*Definition von P* oder auch S-*Definition von P bezüglich M* mit beliebigem M.

(Die beiden Alternativen in der Formulierung ergeben sich daraus, daß bei Prädikaten die Relativierung auf eine Satzmenge M keine Rolle spielt, da hier keine Eindeutigkeitsbedingungen benötigt werden. In den beiden nächsten Fällen verhält sich dies anders.)

Wir nennen $\varphi(v_0, ..., v_{n-1})$ das S-*Definiens von P.*

(*II*) Jede Formel der Gestalt

$$\bigwedge v_0 ... \bigwedge v_{m-1} \bigwedge v_m(fv_0...v_{m-1} = v_m \leftrightarrow \varphi(v_0, ..., v_{m-1}, v_m)$$

heißt eine S-*Definition von f bezüglich M* genau dann, wenn gilt:

$$(*) \quad M \Vdash \bigwedge v_0 ... \bigwedge v_{m-1} \bigvee !v_m \varphi(v_0, ..., v_{m-1}, v_m).$$

Wir nennen $\varphi(v_0, \ldots, v_{m-1}, v_m)$ das S-*Definiens von* f und (∗) die *Eindeutigkeitsbedingung für das* S-*Definiens von* f *bezüglich* M;

$$\bigwedge v_0 \ldots \bigwedge v_{m-1} \bigvee !v_m \varphi(v_0, \ldots, v_{m-1}, v_m)$$

heiße die *Eindeutigkeitsformel* ψ_f *für das* S-*Definiens von* f.

(*III*) Jede Formel der Gestalt

$$\bigwedge v_0(c = v_0 \leftrightarrow \varphi(v_0))$$

heißt eine S-*Definition von* c *bezüglich* M genau dann, wenn gilt:

(+) $\quad M \Vdash \bigvee !v_0 \varphi(v_0)$.

Wir nennen $\varphi(v_0)$ das S-*Definiens von* c und (+) die *Eindeutigkeitsbedingung für das* S-*Definiens von* c *bezüglich* M; $\bigvee !v_0 \varphi(v_0)$ heiße die *Eindeutigkeitsformel* ψ_c *für das* S-*Definiens von* c.

Erläuterung: In allen drei Falltypen ist die Definition ein allquantifiziertes Bikonditional; das Definiens ist eine Formel, welche höchstens die links im Definiendum vorkommenden Variablen frei enthält.

Gegenüber der intuitiven Auffassung von Definitionen ergeben sich folgende Besonderheiten:

(*a*) Die S-Definition eines m-stelligen Funktionszeichens ist auf eine Menge M von S-Sätzen zu relativieren: Um den Funktionscharakter zu gewährleisten, muß das Definiendum für die letzte in ihm vorkommende Variable funktional (eindeutig) in Modellen von M sein, d. h. die Existenz- und Eindeutigkeitsbedingung muß sich, wie in (∗) angegeben, aus M folgern lassen.

(*b*) Konstanten werden wie 0-stellige Funktionszeichen aufgefaßt. Daher erfolgt auch hier die Relativierung auf eine Menge M von S-Sätzen. Der Wert der Konstante wird festgelegt durch eine S-Formel mit genau einer freien Variablen, die in Modellen von M durch genau einen Wert erfüllt wird (Bedingung (+)).

(*c*) Während man auf intuitiver Ebene nur zwischen drei sprachlichen Ausdrücken unterscheidet, nämlich dem Definiendum, dem Definiens und der (die letzteren beiden verknüpfende) Definition, muß hier eine sechsfache Unterscheidung getroffen werden:

(i) das zu definierende neue Zeichen;
(ii) die S-Definiendum-Formel;
(iii) das S-Definiens;
(iv) die S-Definition;

sowie bei Funktionszeichen und Konstanten:

(v) die Eindeutigkeitsbedingung und
(vi) die Eindeutigkeitsformel.

Was mit diesen Bezeichnungen genau gemeint ist, kann der folgenden Tabelle entnommen werden. Die darin vorkommenden Zeichen und Ausdrücke sind dieselben wie in den obigen Bestimmungen *(I)* bis *(III)* (bei den zu definierenden Prädikat- und Funktionszeichen wird die Stellenzahl durch einen oberen Index angegeben):

Zu definierendes Zeichen	*S-Definiendum (-Formel)*	*S-Definiens*	*S-Definition*	*Eindeutigkeits-bedingung bezüglich M mit ψ_i als Eindeutigkeitsformeln*
P^n	$P v_0 \ldots v_{n-1}$	$\varphi(v_0, \ldots, v_{n-1})$	allquantifizier-tes Bikonditional von der in (I) angegebenen Gestalt	—
f^m	$f v_0 \ldots v_{m-1} = v_m$	$\varphi(v_0, \ldots, v_{m-1}, v_m)$	allquantifizier-tes Bikonditional von der in (II) angegebenen Gestalt	Bedingung (∗) von (II): $M \Vdash \psi_f$
c	$c = v_0$	$\psi(v_0)$	allquantifizier-tes Bikonditional von der in (III) ange-gebenen Gestalt	Bedingung (+) von (III): $M \Vdash \psi_c$

Im Rahmen intuitiver Charakterisierungen von Definitionen wird gewöhnlich nicht klar zwischen (i) und (ii), also zwischen der ersten und der zweiten Spalte, unterschieden; beides: zu definierendes Zeichen und Definiendum-Formel, wird unterschiedslos unter der Bezeichnung ‚Definiendum' zusammengefaßt.

14.2.2 Definitionsmengen. Die eindeutige Existenz von Definitionserweiterungen.

Es sei S eine Symbolmenge, M eine Menge von S-Sätzen und S' eine Symbolmenge mit $S' \supseteq S$. Ferner sei Δ eine Menge von S-Definitionen bezüglich M, die zu jedem $\xi \in S' \setminus S$ *genau eine* S-Definition für ξ bezüglich M enthält. Ein derartiges Δ soll *S-Definitionsmenge von $S' \setminus S$ bezüglich M* heißen.

Für $P \in Pr^n_{S' \setminus S}$ sei $\varphi_P(v_0, \ldots, v_{n-1})$ das eindeutig bestimmte S-Definiens der S-Definition von P^n aus Δ; analog $\varphi_f(v_0, \ldots, v_{m-1}, v_m)$ für $f \in Fu^m_{S' \setminus S}$ und $\varphi_c(v_0)$ für $c \in Ko_{S' \setminus S}$. Dann können wir die Definitionsmenge Δ von

$S' \backslash S$ bezüglich M wie folgt anschreiben:

$$\Delta = \{ \bigwedge v_0 \dots \bigwedge v_{n-1}(Pv_0 \dots v_{n-1} \leftrightarrow \varphi_P(v_0, \dots, v_{n-1})) \mid P \in Pr^n_{S' \backslash S} \wedge n \in \mathbb{Z}^+ \}$$
$$\cup \{ \bigwedge v_0 \dots \bigwedge v_m(fv_0 \dots v_{m-1} = v_m \leftrightarrow \varphi_f(v_0, \dots, v_m)) \mid f \in Fu^m_{S' \backslash S} \wedge m \in \mathbb{Z}^+ \}$$
$$\cup \{ \bigwedge v_0(c = v_0 \leftrightarrow \varphi_c(v_0)) \mid c \in Ko_{S' \backslash S} \}.$$

Die eindeutige Existenz von Definitionserweiterungen halten wir in einem eigenen Lemma fest. Dieses formulieren wir zunächst umgangssprachlich und dann formaler unter Verwendung der eben getroffenen Vereinbarungen sowie der folgenden zusätzlichen Abkürzungen: ‚*Symb*(S)‘ für ‚S ist eine Symbolmenge‘, ‚S-*Str*($\mathfrak{A}$)‘ für ‚$\mathfrak{A}$ ist eine S-Struktur‘, ‚S-*Defm*(Δ, S'\S; M)‘ für ‚Δ ist eine S-Definitionsmenge von S'\S bezüglich M‘, L^S_0 für die Menge der S-Sätze und L^S_n für die Menge der Formeln mit höchstens n freien Variablen $v_0, \dots, v_n$.

Außerdem müssen wir an dieser einen (und einzigen) Stelle eine einfache Definition des folgenden Abschnittes antizipieren (der mit diesem Begriff noch nicht vertraute Leser mache sich die Motivation durch einen Vorgriff auf Abschn. 14.3 klar): Es seien S und S' Symbolmengen mit $S \subseteq S'$; $\mathfrak{A} = \langle A, \mathfrak{a} \rangle$ sei eine S-Struktur und $\mathfrak{A}' = \langle A', \mathfrak{a}' \rangle$ eine S'-Struktur. $\mathfrak{A}$ wird ein *Redukt von* $\mathfrak{A}'$ bzw. *das S-Redukt von* $\mathfrak{A}'$ genannt genau dann, wenn erstens die beiden Träger dieselben sind, also $A = A'$, und zweitens die beiden Designationsfunktionen auf S übereinstimmen, also $\mathfrak{a}'|_S = \mathfrak{a}$. In diesem Fall wird $\mathfrak{A}'$ auch als eine *Expansion von* $\mathfrak{A}$ bzw. als *die S'-Expansion von* $\mathfrak{A}$ bezeichnet. Im Falle von vollen Strukturen $\mathfrak{A}^*$ und $\mathfrak{A}'^*$ soll $\mathfrak{A}^*$ das S-Redukt von $\mathfrak{A}'^*$ und $\mathfrak{A}'^*$ eine S-Expansion von $\mathfrak{A}^*$ heißen, falls die entsprechenden Bedingungen für $\mathfrak{A}$ und $\mathfrak{A}'$ gelten und darüber hinaus die Variablenbelegungen η und η' von $\mathfrak{A}^*$ und $\mathfrak{A}'^*$ übereinstimmen.

Lemma über die eindeutige Existenz von Definitionserweiterungen:

1. Umgangssprachlich: *Es seien S und S' Symbolmengen mit $S' \supseteq S$; M sei eine Menge von S-Sätzen und Δ eine S-Definitionsmenge von S'\S bezüglich M. Dann existiert für jede (volle) Struktur $\mathfrak{A}$, die S-Modell von M ist, genau eine (volle) S'-Struktur $\mathfrak{A}'$, die S'-Modell von Δ ist und deren S-Redukt gerade $\mathfrak{A}$ ist.*

2. Formal: $\bigwedge S \bigwedge S' \bigwedge M \bigwedge \Delta((Symb(S) \wedge Symb(S') \wedge S \subseteq S' \wedge M \subseteq L^S_0$
$\wedge$ S-$Defm(\Delta, S' \backslash S; M)) \Rightarrow \bigwedge \mathfrak{A}(S\text{-}Str(\mathfrak{A}) \wedge Mod_S(\mathfrak{A}, M) \Rightarrow$
$\bigvee ! \mathfrak{A}'(S'\text{-}Str(\mathfrak{A}') \wedge Mod_S(\mathfrak{A}', \Delta) \wedge \mathfrak{A}' \upharpoonright S = \mathfrak{A})))$.

Inhaltlich besagt dieses Lemma, daß die Interpretation der Symbole aus S'\S durch die Menge Δ der Definitionen für diese Symbole in jedem Modell von M eindeutig festgelegt ist. (Man beachte, daß jedes Modell von M auch ein Modell der aus M folgenden Eindeutigkeitsformeln für das jeweilige S-Definiens der definierten Funktionszeichen und Konstanten aus S'\S ist.)

Beweisskizze: (I) Zunächst zeigen wir, daß es *höchstens eine* Expansion $\mathfrak{A}'$ von $\mathfrak{A}$ der angegebenen Art geben kann. S', S, M und $\varDelta$ mögen die Voraussetzung des Lemmas erfüllen. Es sei $\mathfrak{A} = \langle A, \mathfrak{a} \rangle$ mit $Mod_S(\mathfrak{A}, M)$. Ferner sei $\mathfrak{A}' = \langle A', \mathfrak{a}' \rangle$ mit $\mathfrak{A}' \restriction S = \mathfrak{A}$ und $Mod_{S'}(\mathfrak{A}', \varDelta)$. Sofern es sich bei den vorgegebenen Strukturen $\mathfrak{A}$ und $\mathfrak{A}'$ um *gewöhnliche* Strukturen handelt, sei $\mathfrak{a}$ und $\mathfrak{a}'$ jeweils mit derselben Variablenbelegung η zu einer vollen Designationsfunktion ergänzt. Die so gewählten Strukturen $\mathfrak{A}*$ und $\mathfrak{A}'*$ seien einfachheitshalber ebenfalls mit $\mathfrak{A}$ und $\mathfrak{A}'$ bezeichnet.

(1) Für beliebiges $n \in \mathbb{Z}^+$, $P \in Pr^n_{S'\setminus S}$, sowie für beliebige $a_0, ..., a_{n-1} \in A$ gilt[2]:

$$\langle a_0, ..., a_{n-1} \rangle \in \mathfrak{a}'(P) \;\Leftrightarrow\; Mod_{S'}(\mathfrak{A}'^{a_0}_{v_0}..._{v_{n-1}}^{a_{n-1}}, Pv_0...v_{n-1})$$
$$\text{(Nach Def. der Modellbeziehung)}$$

$$\Leftrightarrow\; Mod_{S'}(\mathfrak{A}'^{a_0}_{v_0}..._{v_{n-1}}^{a_{n-1}}, \varphi_P(v_0...v_{n-1}))$$
$$\text{(da } \bigwedge v_0... \bigwedge v_{n-1}(Pv_0...v_{n-1} \leftrightarrow$$
$$\varphi_P(v_0, ..., v_{n-1})) \in \varDelta \text{ und } Mod_{S'}(\mathfrak{A}', \varDelta)).$$

$$\Leftrightarrow\; Mod_S(\mathfrak{A}^{a_0}_{v_0}..._{v_{n-1}}^{a_{n-1}}, \varphi_P(v_0, ..., v_{n-1}))$$
$$\text{(da } \mathfrak{A}' \restriction S = \mathfrak{A} \text{ und } \varphi_P(v_0, ..., v_{n-1}) \in L^S_n).$$

Analog erhalten wir:

(2) Für beliebiges $f \in Fu^m_{S'\setminus S}$ und für beliebige $a_0, ..., a_{m-1}, a_m \in A$ gilt:

$$\mathfrak{a}'(f)(a_0, ..., a_{m-1}) = a_m \;\Leftrightarrow\; Mod_S(\mathfrak{A}^{a_0}_{v_0}..._{v_m}^{a_m}, \varphi_f(v_0, ..., v_m))$$

und

(3) Für beliebiges $c \in Ko_{S'\setminus S}$ und beliebiges $a_0 \in A$:

$$\mathfrak{a}'(c) = a_0 \;\Leftrightarrow\; Mod_S(\mathfrak{A}^{a_0}_{v_0}, \varphi_c(v_0)).$$

Damit ist die Eindeutigkeit der S'-Expansion $\mathfrak{A}'$ von $\mathfrak{A}$ gezeigt.

    (II) Die Existenz der S'-Expansion $\mathfrak{A}'$ von $\mathfrak{A}$ ergibt sich aus folgender Definition von $\mathfrak{A}'$:

Es sei:

(i) $A' = A$;

(ii) $\mathfrak{a}'|_S = \mathfrak{a}$;

(iii) $\mathfrak{a}'|_{Pr^n_{S'\setminus S}}$ sei durch (1) von (I) festgelegt;

(iv) $\mathfrak{a}'|_{Fu^m_{S'\setminus S}}$ sei durch (2) von (I) festgelegt;

(v) $\mathfrak{a}'|_{Ko_{S'\setminus S}}$ sei durch (3) von (I) festgelegt.

Daß es sich hierbei um eine korrekte Definition handelt, ist bezüglich (i) bis (iii) unmittelbar klar. Daß dies auch für (iv) zutrifft, folgt daraus, daß wegen $Mod_S(\mathfrak{A}, M)$ und der Eindeutigkeitsbedingung

$$M \Vdash\; \bigwedge v_0... \bigwedge v_{m-1} \bigvee !v_m \varphi_f(v_0, ..., v_{m-1})$$

---

2   ,$\mathfrak{A}'^{a_0}_{v_0}..._{v_{n-1}}^{a_{n-1}}$' steht für die n-fache Strukturvariante $(...(\mathfrak{A}'^{a_0}_{v_0})^{a_1}_{v_1})..._{v_{n-1}}^{a_{n-1}})$.

auch

$$Mod_S(\mathfrak{A}, \wedge v_0 \ldots \wedge v_{m-1} \vee !v_m \varphi_f(v_0, \ldots, v_{m-1}))$$

und damit die Funktionalität der so definierten m + 1-stelligen Relation gilt. Die Begründung für (v) lautet analog. $\square$

Es sei Δ eine S-Definitionsmenge von $S' \backslash S$ bezüglich M für geeignete S, S' und M; ferner sei $\mathfrak{A}$ eine (volle) Struktur, die S-Modell von M ist. Dann kann man wegen der Gültigkeit des eben bewiesenen Existenz- und Eindeutigkeitslemmas die durch die Definitionsmenge Δ eindeutig festgelegte Erweiterungsstruktur (oder S'-Expansion) $\mathfrak{A}'$ von $\mathfrak{A}$ mit

‚$\mathfrak{A}^\Delta$' (für volle Strukturen auch: ‚$\mathfrak{A}*^\Delta$')

bezeichnen. Und da auch S' durch Δ eindeutig festgelegt ist, kann man diese Symbolmenge mit

‚S^Δ'

bezeichnen. Nachdrücklich sei darauf hingewiesen, daß diese Schreibweisen, im Gegensatz zum Usus mancher Autoren, erst *nach erfolgtem Beweis des Lemmas* zulässig sind.

14.2.3 Das Theorem über Eliminierbarkeit und Nichtkreativität. Die oben genannten Bedingungen für Δ und $\mathfrak{A}$ mögen erfüllt sein. Dann wollen wir für einen beliebigen S^Δ-Satz φ (der also definierte Symbole aus $S' \backslash S$ enthalten kann) unter φ^V einen S-Satz, d. h. einen Satz ohne definierte Symbole, verstehen, der in dem Sinn „mit φ gleichwertig" ist, daß er in der alten S-Struktur $\mathfrak{A}$ genau das „bedeutet", was φ in deren Expansion $\mathfrak{A}^\Delta$ ausdrückt. Der folgende Satz präzisiert diesen Zusammenhang. Die Beweisskizze enthält eine konstruktive Beschreibung dafür, wie bei gegebenem φ das φ^V zu finden ist. φ^V entspricht dem durch Elimination der definitorisch eingeführten Zeichen entstehenden Transformat im Sinn von Kap. 8.3.

Wir erinnern daran, daß L_n^S die Menge der S-Formeln ist, die höchstens $v_0, \ldots, v_{n-1}$ als freie Variablen enthalten.

Theorem über Definitionserweiterungen (Eliminierbarkeits- und Nichtkreativitätstheorem) *Für alle Symbolmengen S und S' mit $S \subseteq S'$ sowie für alle Mengen M von S-Sätzen und S-Definitionsmengen Δ von $S' \backslash S$ bezüglich M gibt es eine Abbildung V, die für beliebiges $n \in \omega$ einem $\varphi \in L_n^{S'}$ eine Formel $\varphi^V (:= V(\varphi)) \in L_n^S$ zuordnet, so daß:*

(1) *Für alle vollen S-Strukturen $\mathfrak{A}$ mit $Mod_S(\mathfrak{A}, M)$ gilt:*

$$Mod_{S'}(\mathfrak{A}^\Delta, \varphi) \Leftrightarrow Mod_S(\mathfrak{A}, \varphi^V)$$

(wobei $\mathfrak{A}^{\Delta}$ die gemäß dem vorigen Lemma durch die Definitionsmenge Δ bezüglich M eindeutig bestimmte Expansion der vollen S-Struktur $\mathfrak{A}$ ist);

(2) $M \cup \Delta \Vdash \varphi \leftrightarrow \varphi^{V}$.

Beweisskizze: V wird als Abbildung von $\mathbf{F}_{S'}$ nach $\mathbf{F}_{S}$ induktiv wie folgt definiert (wobei die leitende Idee darin besteht, daß die Elimination der neuen, durch Definition eingeführten Zeichen für komplexe Formeln auf die Teilformeln „zurückgespielt" wird);

$$(\neg \varphi)^{V} := \neg (\varphi^{V});$$
$$(\varphi_0 \vee \varphi_1)^{V} := \varphi_0^{V} \vee \varphi_1^{V};$$
$$(\vee x\varphi)^{V} := \vee x(\varphi^{V}).$$

Für atomares φ betrachten wir den Fall $\varphi := Pt_0...t_{n-1}$ (der Fall $\varphi := t = t'$ ist analog zu behandeln). Es erfolgt eine Induktion nach der Anzahl der in φ vorkommenden $S' \setminus S$-Symbole. $y_0, ..., y_{n-1}$ seien die ersten nicht in φ auftretenden Variablen. Wir unterscheiden zwei Fälle:

(a) $P \in S$. Dann ist:

$$\varphi^{V} := \vee y_0 ... \vee y_{n-1}((y_0 = t_0)^{V} \wedge ... \wedge (y_{n-1} = t_{n-1})^{V}$$
$$\wedge Py_0...y_{n-1}).$$

(b) $P \in S' \setminus S$. Dann ist:

$$\varphi^{V} := \vee y_0 ... \vee y_{n-1}((y_0 = t_0)^{V} \wedge ... \wedge (y_{n-1} = t_{n-1})^{V}$$
$$\wedge \varphi_P(\begin{smallmatrix} y_0 & & y_{n-1} \\ v_0 & ... & v_{n-1} \end{smallmatrix})),$$

wobei φ_P das S-Definiens der S-Definition von P bezüglich M in Δ ist.

Nun kann man durch einen relativ einfachen, im Prinzip „mechanisch" vollziehbaren Beweis (durch Induktion nach dem Formelaufbau) zeigen[3], daß die Behauptung (1) gilt und wegen

(i) $\bigwedge \varphi(\varphi \in L_n^{S'} \ \Rightarrow \ \varphi^{V} \in L_n^{S})$

daher auch:

(ii) $Mod_{S'}(\mathfrak{A}^{\Delta}, \varphi \leftrightarrow \varphi^{V})$.

Damit bereitet auch der Beweis von (2) keine Schwierigkeit mehr. Zu einer Formel φ, die definierte Symbole enthält, nennen wir φ^{V} ein *kanonisches Δ-Transformat* von φ. Es sei also $\mathfrak{B}$ eine volle S'-Struktur mit $Mod_{S'}(\mathfrak{B}, M \cup \Delta)$, d. h. $\mathfrak{B}$ ist sowohl für die Definitionsmenge Δ ein

---

3   Der interessierte Leser vgl. dazu EBBINGHAUS et al. [1], S. 155f.

Modell als auch Modell für die (aus M folgenden) Eindeutigkeitsbedingungen. Zu zeigen ist, daß in $\mathfrak{B}$ ein φ mit seinem kanonischen Transformat φ^V gleichbedeutend ist, d. h. daß gilt:

$$Mod_S(\mathfrak{B}, \varphi \leftrightarrow \varphi^V).$$

Wir definieren $\mathfrak{A} := \mathfrak{B} \restriction S$. Nach dem Lemma über die eindeutige Existenz von Definitionserweiterungen gilt: $\mathfrak{A}^\varDelta = \mathfrak{B}$. Die Behauptung folgt jetzt aus (ii). $\quad\square$

14.2.4 Informeller und abstrakter Definitionsbegriff. In einem gewissen Sinn ist der vorliegende *abstrakte* Definitionsbegriff konkreter als der in Kap. 8.3 eingeführte. Während nämlich dort nur die Forderungen angegeben werden, denen die definierenden Axiome genügen müssen, ist in 14.2.1 die syntaktische Form der Definitionen explizit festgelegt worden.

Ein zweiter Unterschied besteht in der jetzt erzielten Verallgemeinerung, nämlich in der Einführung von Mengen M von S-Sätzen, in bezug auf welche die Definitionen zu relativieren sind. Diese Verallgemeinerung gestattet es, den Gedanken der definitorischen Erweiterung *modelltheoretisch* zu präzisieren. Während es sich in Kap. 8.3 um die Erweiterung einer als Satzmenge charakterisierten Theorie handelte, geht es hier um die definitorische Erweiterung einer semantischen Struktur mittels einer Menge von Definitionen.

Zwei Aspekte sind dagegen beiden Behandlungen der Definitionstheorie gemeinsam. Erstens handelt es sich beide Male um die Einführung von sogenannten *Kontextdefinitionen*: Die Bedeutung der neuen Zeichen wird nicht explizit angegeben, sondern nur „im Kontext mit" anderen Zeichen festgelegt. Die Tabelle von 14.2.1 veranschaulicht diesen Sachverhalt: Das zu definierende neue Zeichen ist nicht mit dem in der Definition vorkommenden Definiendum identisch. Vielmehr enthält das letztere zusätzliche Zeichen (nämlich Variable und evtl. das Gleichheitszeichen).

Ein zweiter Punkt betrifft die Entscheidbarkeit. Während bei „expliziten" Definitionsbegriffen die Frage, ob eine vorgelegte Zeichenreihe eine Definition ist, im allgemeinen mechanisch entschieden werden kann, liegt der Fall hier anders. Ob z. B.

$$M \Vdash \wedge v_0 \ldots \wedge v_{n-1} \vee ! v_n \varphi(v_0, \ldots, v_{n-1}, v_n)$$

gilt, kann u. U. mechanisch unentscheidbar sein, und damit auch die Frage, ob

$$\wedge v_0 \ldots \wedge v_{n-1} \wedge v_n (f v_0 \ldots v_{n-1} = v_n \leftrightarrow \varphi(v_0, \ldots, v_{n-1}, v_n))$$

eine S-Definition von f bezüglich M ist.

Abschließend wenden wir uns nochmals den drei Grundforderungen zu, die an korrekte Definitionen gestellt werden, nämlich der Forderung nach (mechanischer) *Eliminierbarkeit* der definitorisch eingeführten Zei-

chen, der nach *Bedeutungsgleichheit* zwischen Ausdrücken, die definierte Zeichen enthalten, und ihren Transformaten, sowie der Forderung nach *Nichtkreativität*, wonach eine durch definitorische Erweiterungen entstehende Theorie keine „wesentlich neuen" Theoreme enthalten darf.

Vom Standpunkt der modelltheoretischen Präzisierung ist das Eliminierbarkeitsprinzip doppeldeutig. Darunter kann erstens *die konstruktive Angabe der Abbildung V* verstanden werden, die zu einer Formel φ mit definierten Zeichen ein – zum Unterschied von Kap. 8.3 *eindeutig* bestimmtes – Transformat φ^V ohne dieses Zeichen liefert. Bei Vorliegen eines solchen V sprechen wir von der Erfüllung der *Eliminierbarkeitsforderung i.e.S.* Zweitens kann damit *die Erfüllung der Äquivalenzforderung* gemeint sein – intuitiv: die nachweislich bestehende Bedeutungsgleichheit einer Formel φ mit ihrem Transformat φ^V. Wir sagen in diesem Fall, daß die Definition der *Eliminierbarkeitsforderung i.w.S.* genügt. In modelltheoretisch präzisierter Sprechweise besagt dies: Das φ mit seinem Transformat φ^V verknüpfende Bikonditional ist eine logische Folgerung der Definitionsmenge sowie der Eindeutigkeitsbestimmungen. Ein Blick auf das obige Theorem lehrt, daß dies gerade durch die Teilbehauptung (2) ausgedrückt wird.

Schließlich sagt die Nichtkreativitätsbedingung in modelltheoretischer Formulierung, daß für jede Formel φ, die in einer expandierten Struktur gilt, das Transformat φ^V in der ursprünglichen Struktur gilt. Offenbar wird dies genau durch die Teilbehauptung (1) unseres Theorems ausgedrückt.

Damit ist nachträglich auch die Bezeichnung ‚Eliminierbarkeits- und Nichtkreativitätstheorem' für den zuletzt bewiesenen Satz gerechtfertigt.

14.3 Substrukturen, Relativierungen, relationale Strukturen

14.3.1 S-Redukte und S-Expansionen. In den ersten beiden Unterabschnitten werden wir zwei Arten von Teilstrukturen (bzw. umgekehrt: von Strukturerweiterungen) gegebener semantischer Strukturen betrachten. Im einen Fall geht es um Weglassungen im linguistischen Bereich, d. h. um Verkleinerungen der Symbolmenge, im anderen Fall hingegen um Einschränkungen des Universums, das der Interpretation zugrunde gelegt wird, also um außersprachliche Beschränkungen. Zunächst behandeln wir den ersten Falltyp: Die Menge der Symbole wird verkleinert, während die Denotate der nichteliminierten Symbole und die Trägermenge unverändert bleiben.

Sei $\mathfrak{A} = \langle A, \mathfrak{a} \rangle$ für eine beliebige Symbolmenge S eine S-Struktur. Für ein S′ mit S′ ⊆ S heißt eine S′-Struktur $\mathfrak{A}' = \langle A', \mathfrak{a} \rangle$ ein *S′-Redukt von* $\mathfrak{A}$

genau dann, wenn

(1) $A = A'$

und

(2) $a' = a|_{S'}$ (d. h. wenn die beiden Interpretationsfunktionen auf S' übereinstimmen). Im Falle voller S- bzw. S'-Strukturen $\mathfrak{A}^*$ und $\mathfrak{A}'^*$ soll natürlich analog $a'^* = a^*|_{S'}$ gelten, woraus sofort $\eta = \eta'$ für die Variablenbelegungen von $\mathfrak{A}^*$ und $\mathfrak{A}'^*$ folgt.

Aus dieser Definition ergibt sich unmittelbar das folgende

Korollar *Zu jeder Teilmenge S' der Symbolmenge S gibt es für jede S-Struktur $\mathfrak{A}$ genau ein S'-Redukt von $\mathfrak{A}$.*

Dieses (für jedes S' mit $S' \subseteq S$) eindeutig bestimmte Redukt werde *das S'-Redukt der S-Struktur $\mathfrak{A}$* genannt und durch ‚$\mathfrak{A} \restriction S'$‘ mitgeteilt.

Gilt $\mathfrak{B} = \mathfrak{A} \restriction S'$ für eine S-Struktur $\mathfrak{A}$, so soll $\mathfrak{A}$ als eine *S-Expansion von $\mathfrak{B}$* bezeichnet werden. (Expansionen sind im allgemeinen nicht eindeutig bestimmt!)

14.3.2 S-abgeschlossene Träger, Substrukturen und Superstrukturen. Wir betrachten hier den Fall, in dem die Symbolmenge unverändert bleibt, während das „Interpretationsuniversum" verkleinert wird. Dieser Fall ist weniger trivial als der vorige. Die Einschränkung des Trägers einer Struktur führt nämlich nicht unbedingt wieder zu einer Struktur. Dies ist z. B. dann der Fall, wenn das Denotat eines Funktionszeichens Argumente aus dem verkleinerten Träger A' besitzt, für welche es Werte annimmt, die aus A' hinausführen (obwohl sie natürlich im ursprünglichen Träger A liegen). Der folgende Hilfsbegriff der S-Abgeschlossenheit dient dazu, die Bedingung zu präzisieren, unter der sich so etwas nicht ereignen kann. (Die danach gegebene Definition der Substruktur enthält diesen Hilfsbegriff nicht, da vom dortigen $\mathfrak{A}$ ausdrücklich verlangt wird, daß es *eine Struktur* ist; und die Trägermenge einer S-Struktur ist von selbst S-abgeschlossen.)

Es sei $\mathfrak{B} = \langle B, b \rangle$ eine S-Struktur. B' sei eine Teilmenge des Trägers B von $\mathfrak{B}$. Wir nennen B' *S-abgeschlossen in $\mathfrak{B}$* genau dann, wenn gilt:

(1) $B' \neq \emptyset$;

(2) die $\mathfrak{B}$-Denotate aller Konstanten aus S liegen in B', also:

$\bigwedge c \in S(b(c) \in B')$;

(3) die $\mathfrak{B}$-Denotate aller Funktionszeichen aus S liefern, angewandt auf Elemente von B', nur Werte, die wieder in B' liegen,[4] also:

$\bigwedge n \in \omega \quad \bigwedge_{f\,n\text{-stellig}} f \in S \bigwedge a_0, \ldots, a_{n-1} \in B'(b(f)(a_0, \ldots, a_{n-1}) \in B')$.

---

4 Daher rührt die Bezeichnung ‚S-abgeschlossen‘; denn es wird hier verlangt, daß die Menge B' bezüglich der Interpretation von S-Funktionszeichen in $\mathfrak{B}$ abgeschlossen ist, da sie nicht aus B' hinausführt.

$\mathfrak{A} = \langle A, \mathfrak{a} \rangle$ und $\mathfrak{B} = \langle B, \mathfrak{b} \rangle$ seien S-Strukturen für eine beliebige Symbolmenge S. Dann soll $\mathfrak{A}$ *Substruktur von* (genauer: *S-Substruktur von*) $\mathfrak{B}$ genannt werden genau dann, wenn

(*a*) $A \subseteq B$;

(*b*) für alle n-stelligen Prädikate $P^n \in S$ gilt:

$$\mathfrak{a}(P^n) = \mathfrak{b}(P^n) \cap A^n$$

(d. h. das Denotat von P^n in einer Substruktur mit dem Träger A soll genau diejenigen n-Tupel des $\mathfrak{B}$-Denotates von P^n enthalten, deren Glieder nur aus Elementen von A bestehen);

(*c*) für alle m-stelligen Funktionszeichen $f^m \in S$ ist

$$\mathfrak{a}(f^m) = \mathfrak{b}(f^m)|_{A^m}$$

(d. h.[5] $\mathfrak{a}(f^m)$: $A^m \to A$

$\qquad\qquad\qquad\qquad (a_0, \ldots, a_{m-1}) \mapsto \mathfrak{b}(f^m)(a_0, \ldots, a_{m-1}))$:

(*d*) für alle Konstanten $c \in S$ ist

$$\mathfrak{a}(c) = \mathfrak{b}(c).$$

Für den Fall, daß $\mathfrak{A}$ und $\mathfrak{B}$ volle Strukturen sind, ist zu (*a*)–(*d*) die folgende Bedingung hinzuzufügen:

(*e*) die Variablenbelegungen η von $\mathfrak{A}$ und η' von $\mathfrak{B}$ sind identisch.

Unmittelbar aus den Definitionen (vgl. insbesondere die Fußnote zu (*c*)) ergibt sich das folgende

Korollar 1   *Der Träger einer S-Substruktur von* $\mathfrak{B}$ *ist S-abgeschlossen in* $\mathfrak{B}$.

Da die Interpretation der Symbole in einer Substruktur durch die obigen Definitionsbedingungen (*b*) bis (*d*) eindeutig festgelegt wird, gilt außerdem folgendes

Korollar 2   *Zu einer Teilmenge des Trägers einer Struktur gibt es höchstens eine Substruktur mit dieser Teilmenge als Träger.*

Schließlich macht man sich leicht klar, daß es zu jeder S-abgeschlossenen Teilmenge A des Trägers einer Struktur $\mathfrak{B} = \langle B, \mathfrak{b} \rangle$ eine Substruktur mit A als Träger gibt. Gemäß (*b*)–(*d*) der Definition von ‚Substruktur' ist dann nämlich $\mathfrak{a}$ mit $\mathfrak{a}(P^n) = \mathfrak{b}(P^n) \cap A^n$, $\mathfrak{a}(f^m) = \mathfrak{b}(f^m)|_{A^m}$, $D_{II}(\mathfrak{a}(f^m)) \subseteq A$, und $\mathfrak{a}(c) = \mathfrak{b}(c)$ für P^n, f^m, $c \in S$ eine geeignete Designationsfunktion und daher $\langle A, \mathfrak{a} \rangle$ eine S-Substruktur von $\mathfrak{B}$. Zusammen mit den beiden Korollarien gewinnen wir somit den folgenden

---

5   Denn $D_{II}(\mathfrak{a}(f^m)) \subseteq A$, da $\mathfrak{A}$ nach Voraussetzung eine S-Struktur ist.

Satz *Für eine S-Struktur* $\mathfrak{B} = \langle B, \mathfrak{b} \rangle$ *und eine Menge* $A \subseteq B$ *sind die folgenden Aussagen äquivalent:*

(a) A ist S-abgeschlossen in $\mathfrak{B}$.

(b) Es gibt eine S-Substruktur von $\mathfrak{B}$ *mit dem Träger A.*

(c) Es gibt genau eine S-Substruktur von $\mathfrak{B}$ *mit dem Träger A.*

Es sei die Teilmenge A von B S-abgeschlossen in $\mathfrak{B} = \langle B, \mathfrak{b} \rangle$. Die eindeutig festgelegte Substruktur von $\mathfrak{B}$ mit dem Träger A soll künftig durch

$$[A]^{\mathfrak{B}}$$

mitgeteilt werden; sie werde auch *die von A in* $\mathfrak{B}$ *induzierte Substruktur* genannt. (Mittels der Verwendung von ‚$[A]^{\mathfrak{B}}$' wird im folgenden zugleich mitgeteilt, daß die S-Abgeschlossenheit von A im betreffenden Kontext vorausgesetzt wird.)

Wenn $\mathfrak{A}$ eine S-Substruktur von $\mathfrak{B}$ ist, so soll $\mathfrak{B}$ eine *S-Superstruktur von* $\mathfrak{A}$ genannt werden. (Zum Unterschied von der Konstruktion von Substrukturen ist die Bildung von Superstrukturen natürlich mehrdeutig!)

14.3.3 Die P-Relativierung einer Formel. Wenn wir von einer Struktur zu einer Substruktur übergehen, so interessieren wir uns häufig für die Frage, wie ein gegebener Satz möglichst einfach so umgeformt werden kann, daß die abgewandelte Form des Satzes in der ursprünglichen Struktur genau dann gilt, wenn die Substruktur den Satz selbst erfüllt. (Intuitiv gesprochen: Die abgewandelte Form des Satzes soll in der ursprünglichen Struktur gerade die Bedeutung des Satzes in der Substruktur wiedergeben.) Da der Übergang zu einer Substruktur im wesentlichen darin besteht, daß man eine (S-abgeschlossene) Teilmenge der Trägermenge wählt, ist es naheliegend, die gesuchte Umformung in der Weise vorzunehmen, daß man sämtliche Quantoren auf die Trägermenge der Substruktur einschränkt. Dies bildet die Motivation für die folgende Begriffsbildung.

S sei eine beliebige Symbolmenge, P sei ein einstelliges Prädikat, $P \notin S$. Dann definieren wir zu einer S-Formel ψ eine $S \cup \{P\}$-Formel ψ^P, genannt *P-Relativierung* von ψ, durch Induktion nach dem Formelaufbau wie folgt (die übrigen Junktoren und der Allquantor seien als definierte Zeichen aufgefaßt):

(i) ψ ist atomar $\Rightarrow \psi^P := \psi$;

(ii) $(\neg\psi)^P := \neg(\psi^P)$;

(iii) $(\psi \vee \varphi)^P := (\psi^P \vee \varphi^P)$;

(iv) $(\vee x\psi)^P := \vee x(Px \wedge \psi^P)$.

Entscheidend ist hierbei die letzte Bestimmung (iv). Sie liefert eine sogenannte *Bereichsbeschränkung des Existenzquantors*. Man erhält

daraus eine entsprechende Bereichsbeschränkung des Allquantors:

$$(\wedge x\psi)^P = (\neg \vee x \neg \psi)^P = \neg \vee x(Px \wedge \neg \psi^P).$$

Diese letzte Formel ist logisch äquivalent mit

$$\wedge x(Px \rightarrow \psi^P).$$

14.3.4 Das Relativierungstheorem. Wir knüpfen an den intuitiven Gedankengang von 14.3.3 an. Den intendierten Träger einer Substruktur können wir in der ursprünglichen Struktur über das Denotat eines einstelligen Prädikates P^1 festlegen. Die in der Substruktur geltenden Formeln können wir dann in der ursprünglichen Struktur durch P^1-Relativierungen beschreiben. Der folgende Satz präzisiert diesen Gedanken.

Relativierungstheorem *S sei eine Symbolmenge, $P^1 \in S$ ein einstelliges Prädikat, $\mathfrak{A} = \langle A, \mathfrak{a} \rangle$ eine S-Struktur und $\mathfrak{a}(P^1) = B$ sei eine S-abgeschlossene Teilmenge von A. Dann gilt für alle S-Sätze φ:*

$$Mod_S([B]^{\mathfrak{A}}, \varphi) \text{ gdw } Mod_S(\mathfrak{A}, \varphi^{P^1})$$

(man beachte, daß die linke Seite dasselbe besagt wie: $Mod_S([\mathfrak{a}(P^1)]^{\mathfrak{A}}, \varphi)$.)

(Umgangssprachlich: Die vom S-abgeschlossenen Denotat des einstelligen Prädikates P^1 in $\mathfrak{A}$ induzierte Substruktur erfüllt einen Satz genau dann, wenn die P^1-Relativierung des Satzes von der ursprünglichen Struktur $\mathfrak{A}$ erfüllt wird.)

Beweisskizze durch Induktion nach dem Aufbau des S-Satzes φ. Wir zeigen, daß für eine beliebige Variablenbelegung η über $\mathfrak{a}(P^1)$ gilt:

Die mittels η zur vollen S-Struktur erweiterte Struktur $[\mathfrak{a}(P^1)]^{\mathfrak{A}}$ ist genau dann S-Modell von φ, wenn die Struktur $\mathfrak{A}^* = \langle A, \mathfrak{a} \cup \eta \rangle$ S-Modell der P^1-Relativierung von φ ist. Wir setzen $\mathfrak{B} = \langle B, \mathfrak{b} \rangle := [\mathfrak{a}(P^1)]^{\mathfrak{A}}$, insbesondere also $B = \mathfrak{a}(P^1)$ und $\mathfrak{B}^* = \langle B, \mathfrak{b} \cup \eta \rangle$. Damit lautet diese Behauptung:

$$(*) \qquad Mod_S(\mathfrak{B}^*, \varphi) \text{ gdw } Mod_S(\mathfrak{A}^*, \varphi^{P^1}).$$

(Die Aussage des Relativierungstheorems folgt dann nach dem Koinzidenzlemma.) Wir zeigen $(*)$ induktiv:

(i) φ ist atomar. Dann ist $\varphi^{P^1} = \varphi$ und die Behauptung folgt sehr einfach.

(ii) φ hat die Gestalt $\neg \psi$ oder $\psi \vee \chi$. Dann folgt die Behauptung nach I.V.

(iii) φ hat die Gestalt $\vee x\psi$. Dann erhalten wir die folgende Kette äquivalenter Aussagen:

$Mod_S(\mathfrak{B}^*, \varphi) \Leftrightarrow$ es gibt $b \in B = \mathfrak{a}(P^1)$, so daß für die $\langle x, b \rangle$-Modellvariante $\mathfrak{B}^{*b}_x$ von $\mathfrak{B}^*$ gilt: $Mod_S(\mathfrak{B}^{*b}_x, \psi)$ (nach Def. der Modellbeziehung)

$\quad \Leftrightarrow$ es gibt $b \in B$ mit $Mod_S(\mathfrak{A}^{*b}_x, \psi^{P^1})$ (nach I.V., angewandt auf ψ)

$\quad \Leftrightarrow$ es gibt $b \in A$ mit $Mod_S(\mathfrak{A}^{*b}_x, P^1 x \wedge \psi^{P^1})$ (nach Def. der Modellbeziehung, da $\mathfrak{a}(P^1) = B \subseteq A$)

$\quad \Leftrightarrow Mod_S(\mathfrak{A}, \vee x(P^1 x \wedge \psi^{P^1}))$

$\quad \Leftrightarrow Mod_S(\mathfrak{A}^*, \varphi^{P^1})$ (nach Def. von φ^{P^1}). $\quad \square$

Anmerkung. Sub- und Superstrukturen können sich bisweilen auch als nützlich erweisen, wenn man die Invarianz der Erfüllung von All- bzw. von Existenzsätzen betrachtet. Ist nämlich χ eine quantorenfreie Formel und $\psi = \wedge x_1 \ldots \wedge x_n \chi$, bzw. $\varphi = \vee x_1 \ldots \vee x_n \chi$, so ist ψ in jeder Substruktur eines Modells von ψ erfüllt und φ in jeder Superstruktur eines Modells von φ. Der Beweis stützt sich auf die einfache Tatsache, daß Allaussagen auch für jede Untermenge des Trägers gültig bleiben und Existenzaussagen für jede Obermenge des Trägers.

14.3.5 Relationale Strukturen und das Relationalisierungstheorem.

Für bestimmte metatheoretische Untersuchungen – zu denen z. B. auch diejenigen gehören, welche zu den im nächsten Kapitel behandelten Sätzen von LINDSTRÖM führen – ist es nützlich, sich auf Strukturen beschränken zu können, die nur Symbole einer einzigen Kategorie enthalten. Da man für die atomaren Aussagen einer Sprache erster Stufe auf Prädikate nicht verzichten kann, bietet sich diese Klasse als die einzige mögliche „Reduktionsbasis" an. Falls wir zeigen können, daß für jede semantische S-Struktur $\mathfrak{A}$ mit beliebiger Symbolmenge S eine in präzisierbarem Sinn „gleichwertige" Struktur angebbar ist, die es nur mit Prädikaten zu tun hat, gewinnt die Untersuchung von Strukturen, die nur Prädikate interpretieren, allgemeineres Interesse. Diese Zurückführung gelingt tatsächlich, und zwar im wesentlichen über die bekannte syntaktische Umdeutung von Konstanten als 0-stellige Funktionszeichen und n-stelligen Funktionszeichen als (n + 1)-stellige Prädikate (also von Konstanten als einstellige Prädikate). Dieser Unterabschnitt dient der exakten Durchführung dieses eben intuitiv formulierten Zieles. Die technische Durchführung wird dadurch erheblich erleichtert, daß wir auf das grundlegende Theorem der Definitionstheorie aus 14.2.3 zurückgreifen.

S sei eine beliebige Symbolmenge. Wir denken uns alle Funktionszeichen und Konstanten aus S getilgt und durch geeignete Prädikate ersetzt. Die auf diese Weise entstehende Menge heiße *relationale Symbolmenge* S^r, da Prädikate häufig Relationszeichen genannt werden. Wir können uns die Ersetzung explizit durch eine *Relationalisierungsfunktion* **g** vollzogen denken: jedem $P \in S$ ordnet **g** wieder P zu, jedem $f^m \in S$ ein neues, d. h. in S nicht vorkommendes (m + 1)-stelliges Prädikat P_f und jeder Konstante c ein neues einstelliges Prädikat P_c. Zwecks größerer Anschaulichkeit

kürzen wir die Menge der bereits in S vorkommenden „alten" Prädikate
mit ‚$S^{r\text{alt}}$' (identisch mit ‚Pr_S') ab und die Menge der durch **g** neu eingeführ-
ten Prädikate vereinfachend durch ‚$S^{r\text{neu}}$'. Es ist $S^r = S^{r\text{alt}} \cup S^{r\text{neu}}$; $S^{r\text{alt}} \subseteqq S$;
S und $S^{r\text{neu}}$ sind disjunkt.

Im nächsten Schritt ordnen wir jeder S-Struktur $\mathfrak{A}$ eine *relationale
Struktur*, nämlich eine Sr-Struktur $\mathfrak{A}^r$ zu (wobei wir das **g**-Bild eines
Funktionszeichens $f \in S$ als P_f und das **g**-Bild einer Konstante c als P_c
anschreiben):

(i) $A^r := A$

(ii) $\mathfrak{a}^r(P) := \mathfrak{a}(P)$ für alle Prädikate $P \in Pr_S$;

(iii) für alle m-stelligen Funktionszeichen $f^m \in Fu_S$ und alle
$a_0, ..., a_n \in A$:

$$\langle a_0, ... a_{n-1}, a_n \rangle \in \mathfrak{a}^r(P_f): \text{ gdw } \mathfrak{a}(f)(a_0, ... a_{n-1}) = a_n;$$

(iv) für alle $c \in S$ und alle $a \in A$:

$$a \in \mathfrak{a}^r(P_c): \text{ gdw } \mathfrak{a}(c) = a.$$

Gelegentlich werden wir das so definierte $\mathfrak{A}^r$ als das *relationale
Korrelat* von $\mathfrak{A}$ bezeichnen.

Es wäre naheliegend, in einem dritten Schritt ein rekursives Verfahren
zu schildern, das jeder S-Formel φ eine „gleichbedeutende" Sr-Formel
zuordnet. Wir verzichten jedoch darauf; denn die präzise Definition von
φ^r wird im Beweis des folgenden Theorems mitgeliefert. Da dies über den
angekündigten Rückgriff auf die Definitionstheorie geschieht, sei der
dabei leitende intuitive Grundgedanke schon hier geschildert: Wir
wenden 14.2.2 und 14.2.3 auf die gegenwärtig betrachteten Symbolmengen an, indem die jetzt S^r genannte Symbolmenge die Rolle des dortigen
S und das jetzige $S \cup S^{r\text{neu}}$ die Stelle der dortigen (durch das Lemma von
14.2.2 eindeutig bestimmten) Symbolmenge S' übernimmt. Um das
Theorem aus 14.2.3 anwenden zu können, „tun wir so, als seien die
Funktionszeichen und Konstanten aus S zu definierende Symbole". Das
jeweilige Definiens besteht, wie nicht anders zu erwarten, aus einer
atomaren Formel, deren Prädikat das dem fraglichen Funktionszeichen
bzw. der fraglichen Konstanten durch die Relationalisierungsfunktion
zugeordnete (**g**-) Bild darstellt. Schließlich identifizieren wir die noch
benötigte, einer S-Formel φ entsprechende Sr-Formel φ^r mit dem
Transformat $\varphi^\triangledown$ von φ im Sinn des Theorems über Definitionserweiterungen.

Theorem über die Relationalisierung beliebiger Formeln *S sei eine
Symbolmenge und $\mathfrak{A}$ eine volle S-Struktur. S^r sei eine der Menge S mittels einer geeigneten Relationalisierungsfunktion zugeordnete relationa-
le Symbolmenge. $\mathfrak{A}^r$ sei die $\mathfrak{A}$ entsprechende relationale Sr-Struktur.*

Dann gibt es zu jeder S-Formel φ, die höchstens die freien Variablen $v_0, \ldots, v_{n-1}$ enthält, eine Sr-Formel φ^r, die ebenfalls höchstens diese freien Variablen enthält, so daß für jede volle S-Struktur $\mathfrak{A} = \langle A, \mathfrak{a} \rangle$ gilt:

(R) $Mod_S(\mathfrak{A}, \varphi) \rightarrow Mod_{S^r}(\mathfrak{A}^r, \varphi^r)$.

Beweis: Entsprechend der obigen Andeutung wählen wir zwecks Anwendung des Satzes von 14.2.3 die Menge $S \cup S^{r_{neu}}$ als das dortige S^Δ und S^r als das dortige S. (Zum Unterschied von dem allgemeineren Fall in 14.2.3 werden gegenwärtig keine Prädikate definiert.) Auch die Definitionsmenge Δ sowie die Menge M der Eindeutigkeitsbedingungen sind aufgrund unserer intuitiven Vorbetrachtungen zwingend festgelegt, nämlich:

$$\Delta := \{ \wedge v_0 \ldots \wedge v_{m-1} \wedge v_m (f v_0 \ldots v_{m-1} = v_m \leftrightarrow P_f v_0 \ldots v_{m-1} v_m) \,|\, f^m \in S\}$$
$$\cup \{ \wedge v_0 (c = v_0 \leftrightarrow P_c v_0) \,|\, c \in S\}$$

$$M := \{ \wedge v_0 \ldots \wedge v_{m-1} \vee ! v_m P_f v_0 \ldots v_{m-1} v_m \,|\, f^m \in S\}$$
$$\cup \{ \vee ! v_0 P_c v_0 \,|\, c \in S\}.$$

In der Sprechweise der Definitionstheorie enthält Δ für jedes Funktionszeichen und jede Konstante aus S eine Sr-Definition bezüglich M, die besagt, daß die Extension von P_f bzw. von P_c mit der von f bzw. von c identisch ist.[6] Die Anwendung des Theorems aus 14.2.3, Teil (1), liefert dann die folgende Aussage:

(+) Für jede Formel $\varphi \in L_n^{S \cup S^{r_{neu}}}$ gibt es eine Formel $\varphi^\triangledown \in L_n^{S^{r_{neu}}}$, so daß für alle Sr-Strukturen $\mathfrak{D} = \langle D, \mathfrak{d} \rangle$ mit $Mod_{S^r}(\mathfrak{D}, M)$ und alle $d_0, \ldots, d_{m-1} \in D$ gilt:

$$Mod_{S \cup S^{r_{neu}}}(\mathfrak{D}^\Delta, \varphi) \Leftrightarrow Mod_{S^r}(\mathfrak{D}, \varphi^\triangledown).$$

Wir beweisen die Aussage (R). Zunächst definieren wir für gegebenes $\varphi \in L^{S^\Delta}$, d.h. $\varphi \in L^{S \cup S^{r_{neu}}}$, die Formel φ^r entsprechend der intuitiven Ankündigung, d.h. wir setzen

$$\varphi^r := \varphi^\triangledown.$$

$\mathfrak{A}$ sei nun eine beliebige volle S-Struktur. Wir wenden (+) auf den Spezialfall an, daß $\mathfrak{D}$ identisch ist mit $\mathfrak{A}^r$, und setzen die Prämisse von (+) als gültig voraus, so daß insbesondere $Mod_{S^r}(\mathfrak{A}^r, M)$ zutrifft. Nach dem Lemma von 14.2.2 folgt: $Mod(\mathfrak{A}^{r\Delta}, \Delta)$. Daraus erkennt man, daß beim Übergang von $\mathfrak{A}^r$ zu $\mathfrak{A}^{r\Delta}$ genau diejenigen Funktionen und Objekte hinzukommen, die beim Übergang von $\mathfrak{A}$ zu $\mathfrak{A}^r$ getilgt worden sind. Also

---

6 Streng genommen ist die Extension von P_c die *Einermenge* mit der Extension von c als einzigem Element.

ist das S-Redukt von $\mathfrak{A}^{r\Delta}$ mit $\mathfrak{A}$ identisch, d. h. $\mathfrak{A}^{r\Delta} \restriction S = \mathfrak{A}$. Also gilt für beliebiges $\varphi \in L_n^S$:

$$Mod_S(\mathfrak{A}, \varphi) \Leftrightarrow Mod_S(\mathfrak{A}^{r\Delta} \restriction S, \varphi)$$
$$\text{(nach der soeben getroffenen Feststellung)}$$
$$\Leftrightarrow Mod_S(\mathfrak{A}^{r\Delta}, \varphi)$$
$$\text{(nach dem Koinzidenzlemma)}$$
$$\Leftrightarrow Mod_{Sr}(\mathfrak{A}^r, \varphi^\triangledown).$$

Da $\varphi^\triangledown$ mit φ^r identisch ist, haben wir die Behauptung (R) bewiesen. $\square$

14.4 Elementare Äquivalenz und Isomorphie-Arten

14.4.1 Isomorphe Strukturen. Da die Hauptanwendung des Isomorphiebegriffs zur Beantwortung der metatheoretischen Frage dient, ob sich Strukturen mittels *Sätzen* unterscheiden lassen, spielt gemäß dem Koinzidenzlemma die Interpretation der Variablen keine Rolle. Es genügt daher, den Isomorphiebegriff für gewöhnliche Strukturen zu definieren.

$\mathfrak{A} = \langle A, \mathfrak{a} \rangle$ und $\mathfrak{B} = \langle B, \mathfrak{b} \rangle$ seien S-Strukturen. Eine Funktion $i: A \to B$ heißt *S-Isomorphismus von $\mathfrak{A}$ auf $\mathfrak{B}$*, abgekürzt: $i: \mathfrak{A} \simeq \mathfrak{B} :\Leftrightarrow$

(1) i ist eine Bijektion von A auf B, d. h. eine umkehrbar eindeutige Abbildung der Trägermengen von $\mathfrak{A}$ und $\mathfrak{B}$ aufeinander.

(2) Für alle $P^n \in Pr_S$, $n \in \mathbb{N}$ und $a_1, \ldots, a_n \in A$ gilt:

$$\langle a_1, \ldots, a_n \rangle \in \mathfrak{a}(P^n) \Leftrightarrow \langle i(a_1), \ldots, i(a_n) \rangle \in \mathfrak{b}(P^n).$$

(3) Für alle $g^m \in Fu_S$, $m \in \mathbb{N}$ und $a_1, \ldots, a_m \in A$ gilt:

$$i(\mathfrak{a}(g^m)(a_1, \ldots, a_m)) = \mathfrak{b}(g^m)(i(a_1), \ldots, i(a_m)).$$

(4) Für alle $c \in Ko_S$ ist

$$i(\mathfrak{a}(c)) = \mathfrak{b}(c).$$

(2) besagt inhaltlich, daß das $\mathfrak{B}$-Denotat eines n-stelligen Prädikates auf die n-Tupel der i-Bilder derjenigen n-Tupel aus A zutrifft, auf die das $\mathfrak{A}$-Denotat dieses Prädikates zutrifft.

Zwei S-Strukturen $\mathfrak{A}$ und $\mathfrak{B}$ werden *isomorph* genannt, kurz: $\mathfrak{A} \simeq \mathfrak{B}$, genau dann, wenn es einen S-Isomorphismus von $\mathfrak{A}$ auf $\mathfrak{B}$ gibt. Für volle Strukturen $\mathfrak{A}^*$ und $\mathfrak{B}^*$ mit Variablenbelegungen η und η' besage $\mathfrak{A}^* \simeq \mathfrak{B}^*$ dasselbe wie $\mathfrak{A} \simeq \mathfrak{B} \wedge \eta' = i \circ \eta$.

Im Beweis des Isomorphielemmas werden wir zu vollen Strukturen übergehen. Dabei werden wir für einen vorgegebenen Isomorphismus i vom Ausdruck ,$\mathfrak{A}^{*i}$' Gebrauch machen, um gewisse Formulierungen

etwas abzukürzen. Zweckmäßigerweise erklären wir bereits jetzt die Bedeutung dieses Mitteilungszeichens.

S sei eine beliebige Symbolmenge. $\mathfrak{A} = \langle A, \mathfrak{a} \rangle$ und $\mathfrak{B} = \langle B, \mathfrak{b} \rangle$ seien isomorphe (gewöhnliche) S-Strukturen. $\mathfrak{A}^*$ sei eine Erweiterung von $\mathfrak{A}$ zu einer vollen Struktur, die durch Fortsetzung von $\mathfrak{a}$ zu einer vollen Designationsfunktion $\mathfrak{a}^* = \mathfrak{a} \cup \eta$ mit einer Variablenbelegung η über A entsteht. Jeder Isomorphismus $i: \mathfrak{A} \simeq \mathfrak{B}$ induziert dann eine kanonische Erweiterung von $\mathfrak{B}$ zu einer vollen Struktur

$$\mathfrak{B}^* = \langle B, \mathfrak{b} \cup (i \circ \eta) \rangle .$$

(In dieser vollen Struktur $\mathfrak{B}^*$ wird einer Variablen x also das Objekt $i(\eta(x))$ aus B zugeordnet.) $\mathfrak{B}^*$ ist eindeutig bestimmt durch die Struktur $\mathfrak{A}$, den Isomorphismus i sowie die Variablenbelegung η. Wir wollen diejenige Funktion angeben, welche bei Anwendung auf diese drei Entitäten als Wert $\mathfrak{B}^*$ liefert.

Dazu bezeichnen wir für einen Isomorphismus $i: \mathfrak{A} \simeq \mathfrak{B}$ – nur lokal, d. h. allein im gegenwärtigen Kontext – $\mathfrak{A}$ als die Quellenstruktur und $\mathfrak{B}$ als die Zielstruktur von i. Unsere Aufgabe besteht darin, die geschilderte „kanonische" Zuordnung als eine Funktion zu definieren, die zu einem Isomorphismus und einer Variablenbelegung über der Trägermenge der Quellenstruktur des Isomorphismus eine Erweiterung der Zielstruktur dieses Isomorphismus zu einer vollen Struktur liefert:

Für alle Symbolmengen S und alle S-Strukturen $\mathfrak{A} = \langle A, \mathfrak{a} \rangle$ und $\mathfrak{B} = \langle B, \mathfrak{b} \rangle$ sowie für beliebige Isomorphismen $i: \mathfrak{A} \simeq \mathfrak{B}$ und beliebige Variablenbelegungen $\eta: Var \to A$ über A sei die Funktion ϑ erklärt durch:

$$\vartheta(i, \eta) := \langle B, \mathfrak{b} \cup (i \circ \eta) \rangle .$$

Dann sei für vorgegebene $i: \mathfrak{A} \simeq \mathfrak{B}$ und $\eta: Var \to A$ sowie $\mathfrak{A}^* = \langle A, \mathfrak{a} \cup \eta \rangle$:

$$\mathfrak{A}^{*i} := \vartheta(i, \eta) .$$

Die oben beschriebene kanonische Erweiterung $\mathfrak{B}^*$ von $\mathfrak{B}$ ist somit identisch mit $\mathfrak{A}^{*i}$. ($\mathfrak{A}$ braucht als Argument von ϑ nicht eigens angeführt zu werden; denn diese Struktur ist bereits als Quellenstruktur von i eindeutig festgelegt. Die Anführung von η als Argument von ϑ ist dagegen notwendig, da die Quellenstruktur von i die Variablenbelegung η nicht umfaßt.)

14.4.2 Das Isomorphielemma. Der Isomorphismus ist der stärkste unter den üblichen Gleichwertigkeitsbegriffen. Isomorphe Strukturen lassen sich insbesondere durch Sätze erster Stufe nicht unterscheiden. Dies ist der Inhalt des folgenden Lemmas, das wir in zwei äquivalenten Fassungen formulieren.

Zur Abkürzung des Beweises zeigen wir den folgenden

Hilfssatz *Wenn $\mathfrak{A}$ eine Struktur, a ein Element des Trägers von $\mathfrak{A}$ und i ein Isomorphismus von $\mathfrak{A}$ auf eine andere Struktur ist, so gilt für sämtliche Erweiterungen von $\mathfrak{A}$ zu vollen Strukturen $\mathfrak{A}^*$:*

$(\mathfrak{A}^*{}_x^a)^i$ *ist identisch mit* $(\mathfrak{A}^{*i})_x^{i(a)}$.

Es sei nämlich $\mathfrak{A} = \langle A, \mathfrak{a} \rangle$, $\mathfrak{B} = \langle B, \mathfrak{b} \rangle$ und $i\colon \mathfrak{A} \simeq \mathfrak{B}$. Nach Definition von $\mathfrak{A}^*$ gibt es eine Variablenbelegung η über A, so daß $\mathfrak{A}^* = \langle A, \mathfrak{a}^* \rangle$ mit $\mathfrak{a}^* = \mathfrak{a} \cup \eta$. Also ist: $(\mathfrak{A}^*{}_x^a)^i = \langle A, \mathfrak{a} \cup \eta_x^a \rangle^i = \langle B, \mathfrak{b} \cup (i \circ \eta_x^a) \rangle$ (nach Def. von $\mathfrak{A}^{*i}$) $= \langle B, \mathfrak{b} \cup (i \circ \eta) \rangle_x^{i(a)}$ (nach Def. des Begriffs der Strukturvariante) $= (\mathfrak{A}^{*i})_x^{i(a)}$ (wieder nach Def. von $\mathfrak{A}^{*i}$). $\square$

Isomorphielemma

1. Fassung. *Für alle Symbolmengen S und alle S-Strukturen $\mathfrak{A}$ und $\mathfrak{B}$: Wenn $\mathfrak{A} \simeq \mathfrak{B}$, dann gilt für alle S-Sätze ψ:*

$$Mod_S(\mathfrak{A}, \psi) \text{ gdw } Mod_S(\mathfrak{B}, \psi).$$

2. Fassung. *Für alle Symbolmengen S und alle S-Strukturen $\mathfrak{A}$ und $\mathfrak{B}$: Wenn $\mathfrak{A} \simeq \mathfrak{B}$, dann gibt es keinen S-Satz ψ, so daß $Mod_S(\mathfrak{A}, \psi)$ und nicht $Mod_S(\mathfrak{B}, \psi)$* (d. h. isomorphe S-Strukturen sind nicht durch S-Sätze trennbar).

Beweis: Wir skizzieren die wesentlichen Schritte des Beweises der ersten Fassung. Es sei $\mathfrak{A} = \langle A, \mathfrak{a} \rangle$, $\mathfrak{B} = \langle B, \mathfrak{b} \rangle$, $i\colon \mathfrak{A} \simeq \mathfrak{B}$. $\mathfrak{A}^*$ sei für eine Variablenbelegung η über A eine volle Struktur $\mathfrak{A}^* = \langle A, \mathfrak{a}^* \rangle$ mit $\mathfrak{a}^* = \mathfrak{a} \cup \eta$. $\mathfrak{B}^*$ sei eine volle Struktur $\mathfrak{B}^* = \langle B, \mathfrak{b}^* \rangle$ mit $\mathfrak{b}^* = \mathfrak{b} \cup \eta'$, wobei η' diejenige Variablenbelegung über B ist, für die gilt: $\eta' = i \circ \eta$. Dann ist $\mathfrak{B}^* = \mathfrak{A}^{*i}$. Wir zeigen für $\mathfrak{A}^*$ und $\mathfrak{B}^*$:

(I) Für beliebige Terme $t \in \mathbf{T}_S$:

$$i(V_{\mathfrak{A}*}(t)) = V_{\mathfrak{B}*}(t).$$

(II) Für beliebige Formeln $\psi \in \mathbf{F}_S$:

$$Mod_S(\mathfrak{A}^*, \psi) \text{ gdw } Mod_S(\mathfrak{B}^*, \psi).$$

Aus (II) folgt die Behauptung für die Strukturen $\mathfrak{A}$ und $\mathfrak{B}$ nach dem Koinzidenzlemma.

(I) beweist man schematisch durch Induktion nach Termaufbau:

$$i(V_{\mathfrak{A}*}(f^m t_1 \dots t_m)) = i(\mathfrak{a}^*(f^m)(V_{\mathfrak{A}*}(t_1), \dots, V_{\mathfrak{A}*}(t_m))$$
$$\text{(nach Def. von } V_{\mathfrak{A}*})$$
$$= \mathfrak{b}^*(f^m)(i(V_{\mathfrak{A}*}(t_1)), \dots, i(V_{\mathfrak{A}*}(t_m)))$$
$$\text{(nach Def. des Isomorphismus)}$$
$$= \mathfrak{b}^*(f^m)(V_{\mathfrak{B}*}(t_1), \dots, V_{\mathfrak{B}*}(t_m))$$
$$\text{(nach Induktionsvoraussetzung)}$$
$$= V_{\mathfrak{B}*}(f^m t_1 \dots t_m))$$
$$\text{(nach Def. von } V_{\mathfrak{B}*}).$$

Bezüglich (II) weisen wir zunächst darauf hin, daß diese Behauptung eine Verschärfung des Lemmas beinhaltet; denn sie besagt, daß in $\mathfrak{A}$ und $\mathfrak{B}$ sogar dieselben Formeln gelten, sofern die darin frei vorkommenden Variablen einmal durch Elemente von A und dann durch deren i-Bilder belegt werden, da $\mathfrak{B}^* = \mathfrak{A}^{*i}$. Der Beweis erfolgt diesmal durch Induktion über den Aufbau der Formel ψ. Es genügt, zur Illustration einen atomaren Fall und den Existenzfall herauszugreifen:

(1) ψ sei identisch mit $P^n t_1 \ldots t_n$:

$Mod_S(\mathfrak{A}^*, P^n t_1 \ldots t_n)$
gdw $\langle V_{\mathfrak{A}*}(t_1), \ldots, V_{\mathfrak{A}*}(t_n) \rangle \in \mathfrak{a}(P^n)$ (nach Def. der Modellbeziehung)
gdw $\langle i(V_{\mathfrak{A}*}(t_1)), \ldots, i(V_{\mathfrak{A}*}(t_n)) \rangle \in \mathfrak{b}(P^n)$ (da $i : \mathfrak{A} \simeq \mathfrak{B}$)
gdw $V_{\mathfrak{B}*}(t_1)), \ldots, V_{\mathfrak{B}*}(t_n) \rangle \in \mathfrak{b}(P^n)$ (nach (I))
gdw $Mod_S(\mathfrak{B}^*, P^n t_1 \ldots t_n)$.

(2) ψ sei identisch mit $\vee x\chi$. Es gelte also:
$Mod_S(\mathfrak{A}^*, \vee x\chi)$. Nach Definition der Modellbeziehung ist dies äquivalent mit der Aussage:
Es gibt ein $a \in A$, so daß $Mod_S(\mathfrak{A}^{*a}_x, \chi)$.
Da χ kürzer ist als $\vee x\chi$, ist dies nach I.V. äquivalent mit:
Es gibt ein $a \in A$, so daß $Mod_S((\mathfrak{A}^{*a}_x)^i, \chi)$.
Nach dem Hilfssatz ist dies äquivalent mit:
Es gibt ein $a \in A$, so daß $Mod_S((\mathfrak{A}^{*i})^{i(a)}_x, \chi)$.
Wegen $\mathfrak{A}^{*i} = \mathfrak{B}^*$ sowie der Surjektivität des Isomorphismus ist dies äquivalent mit:
Es gibt ein $b \in B$, so daß $Mod_S(\mathfrak{B}^{*b}_x, \chi)$.
Nach der Definition der Modellbeziehung ist dies gleichbedeutend mit:

$Mod_S(\mathfrak{B}^*, \vee x\chi)$. $\quad\square$

14.4.3 Elementar äquivalente Strukturen. Die semantische Theorie einer Struktur. $\mathfrak{A}$ und $\mathfrak{B}$ seien zwei S-Strukturen. Sie heißen *elementar äquivalent*, kurz: $\mathfrak{A} \equiv \mathfrak{B}$, genau dann, wenn für alle S-Sätze φ:

$$Mod_S(\mathfrak{A}, \varphi) \Leftrightarrow Mod_S(\mathfrak{B}, \varphi),$$

d. h. jeder S-Satz erfüllt beide Strukturen oder keine von beiden, d. h. die beiden Strukturen sind erfüllungsgleich. Wegen des Koinzidenzlemmas spielt es dabei keine Rolle, ob $\mathfrak{A}$ und $\mathfrak{B}$ gewöhnliche oder volle Strukturen sind.

Wir sagen ferner: Ein S-Satz φ *trennt* $\mathfrak{A}$ *und* $\mathfrak{B}$, wenn entweder $Mod_S(\mathfrak{A}, \varphi)$ und nicht $Mod_S(\mathfrak{B}, \varphi)$ oder umgekehrt $Mod_S(\mathfrak{B}, \varphi)$ und nicht $Mod_S(\mathfrak{A}, \varphi)$. Unter Benützung dieses Begriffs können wir die Wendung ,elementar äquivalent' als gleichwertig mit ,nicht durch Sätze erster Stufe trennbar' betrachten.

Manchmal interessieren wir uns mehr für die Klasse der Sätze, die durch eine Struktur festgelegt werden, als für die Charakterisierung einer Struktur durch Sätze. Auf diese Weise gelangt man zum Begriff der semantischen Theorie einer Struktur: Ist $\mathfrak{A}$ eine S-Struktur, so soll die Menge $\{\varphi \in L_0^S \mid Mod_S(\mathfrak{A}, \varphi)\}$, also die Menge der von $\mathfrak{A}$ erfüllten Sätze, die *semantische (S-)Theorie von* $\mathfrak{A}$ genannt und mit $SemTh(\mathfrak{A})$ abgekürzt werden. Wegen des Koinzidenzlemmas kommt es wiederum nicht darauf an, ob $\mathfrak{A}$ eine gewöhnliche oder eine volle Struktur ist. Es gilt trivial: $Mod_S(\mathfrak{A}, SemTh(\mathfrak{A}))$. Eine Verschärfung dieser Feststellung enthält das

Lemma über semantische Theorien   *Für zwei S-Strukturen* $\mathfrak{A}$ *und* $\mathfrak{B}$ *gilt:*

$$\mathfrak{A} \equiv \mathfrak{B} \Leftrightarrow Mod(\mathfrak{A}, SemTh(\mathfrak{B}))$$
$$\Leftrightarrow Mod(\mathfrak{B}, SemTh(\mathfrak{A})).$$

Beweis: (a) $\Rightarrow$: In dieser Richtung folgt die Behauptung unmittelbar aus der eben getroffenen (trivialen) Feststellung und der Definition der elementaren Äquivalenz.

(b) $\Leftarrow$: Sei $Mod(\mathfrak{A}, SemTh(\mathfrak{B}))$. Dann gilt für jeden S-Satz φ: Wenn $Mod(\mathfrak{B}, \varphi)$, *dann* $\varphi \in SemTh(\mathfrak{B})$; also $Mod(\mathfrak{A}, \varphi)$. Wenn andererseits nicht $Mod(\mathfrak{B}, \varphi)$, dann $\neg \varphi \in SemTh(\mathfrak{B})$, somit gemäß Voraussetzung $Mod(\mathfrak{A}, \neg \varphi)$ und daher nicht $Mod(\mathfrak{A}, \varphi)$. $\square$

14.4.4 Isomorphie, elementare Äquivalenz, Definitionserweiterungen und relationale Strukturen. Elementar äquivalente S-Strukturen können definitionsgemäß nicht durch S-Sätze unterschieden werden. Das Isomorphielemma besagt, daß diese Art von Nichtunterscheidbarkeit für isomorphe Strukturen gilt. Zwei isomorphe Strukturen sind also stets elementar äquivalent, d. h. es gilt:

$$\{\mathfrak{B} \mid \mathfrak{B} \simeq \mathfrak{A}\} \subseteq \{\mathfrak{B} \mid \mathfrak{B} \equiv \mathfrak{A}\}.$$

Anmerkung. Die Umkehrung dieser Inklusion gilt im allgemeinen nicht. Wir zeigen dazu, daß zu beliebigen unendlichen Strukturen sogar stets elementar äquivalente, nichtisomorphe Strukturen existieren. Für den Nachweis benötigt man den „aufsteigenden" Satz von Löwenheim-Skolem:

(A) Theorem von Löwenheim-Skolem im aufsteigenden Sinn *Erfüllt eine unendliche S-Struktur* $\mathfrak{A}$ *eine Menge M von S-Sätzen, so gibt es zu einer beliebigen unendlichen Menge B eine M erfüllende Struktur* $\mathfrak{B}$, *deren Träger mindestens gleichmächtig mit B ist (also mindestens so viele Elemente enthält wie B).*

Wir skizzieren den Beweis dieses Theorems als einfache Folgerung aus dem Kompaktheitssatz. $\mathfrak{A} = \langle A, \mathfrak{a} \rangle$ sei die M erfüllende unendliche S-Struktur, B die vorgegebene unendliche Menge.

Wir wählen für jedes Element $b \in B$ eine neue Konstante k_b, also $k_b \notin S$, so daß zwischen B und der Menge dieser neuen Konstanten eine Bijektion besteht. Dann betrachten wir die um die Menge aller „Nicht-Identitäten" $\neg k_b = k_{b'}$ (für b, $b' \in B$, $b \neq b'$) erweiterte Menge M. (Man beachte, daß hier die Erweiterung des Sprachbegriffs auf beliebige Mächtigkeiten der Symbolmenge wesentlich ist!) Diese neue Menge heiße $\hat{M}$, also:

$$\hat{M} := M \cup \{\neg k_b = k_{b'} \mid b, b' \in B \wedge b \neq b'\}\,.$$

Da $\mathfrak{A}$ die Satzmenge M erfüllt, ist auch jede endliche Teilmenge von $\hat{M}$ erfüllbar: Wir wählen dazu jeweils diejenige Expansion von $\mathfrak{A}$, in der wir die Konstanten k_b, welche in der fraglichen Teilmenge von $\hat{M}$ auftreten, bijektiv einer hinreichend großen Teilmenge des Trägers A von $\mathfrak{A}$ zuordnen. (Dies ist stets möglich; denn wegen der Unendlichkeit von A gibt es zu jeder natürlichen Zahl n in A n verschiedene Elemente.) Aus dem Kompaktheitstheorem folgt dann die Existenz einer $\hat{M}$ erfüllenden unendlichen Struktur, deren Träger mindestens gleichmächtig mit B ist. □

(**B**) Die Klasse $\{\mathfrak{B} \mid \mathfrak{B} \equiv \mathfrak{A}\}$ ist darstellbar als die Klasse aller Strukturen $\mathfrak{C}$ mit $Mod(\mathfrak{C}, M)$ für eine geeignete Satzmenge M.

Dazu wählen wir als M einfach die semantische Theorie von $\mathfrak{A}$ im Sinne von 14.4.3.

(**C**) Die Klasse $\{\mathfrak{B} \mid \mathfrak{B} \simeq \mathfrak{A}\}$ ist für unendliche Strukturen $\mathfrak{A}$ nicht in einer solchen Form darstellbar. Denn angenommen, es gäbe eine Satzmenge M' mit

$$\{\mathfrak{B} \mid \mathfrak{B} \simeq \mathfrak{A}\} = \{\mathfrak{C} \mid Mod(\mathfrak{C}, M')\}\,,$$

dann würde insbesondere gelten: $Mod(\mathfrak{A}, M')$. Gemäß (**A**) gibt es jedoch Strukturen, die M' erfüllen und deren Träger größere Mächtigkeit hat als der Träger von $\mathfrak{A}$; diese Strukturen sind also insbesondere nicht isomorph mit $\mathfrak{A}$. Dies widerspräche der Wahl von M'.

Aus (**B**) und (**C**) folgt, *daß Isomorphie im allgemeinen eine echt feinere Äquivalenzrelation zwischen Strukturen darstellt als elementare Äquivalenz.*

Für definitorische Erweiterungen elementar äquivalenter Strukturen gilt aufgrund des Theorems von 14.2.3 der folgende

Satz 1 *Definitionserweiterungen elementar äquivalenter Strukturen sind elementar äquivalent, d. h. es gilt: Wenn $\mathfrak{A} \equiv \mathfrak{B}$, dann $\mathfrak{A}^{\Delta} \equiv \mathfrak{B}^{\Delta}$.*

Beweis: $\mathfrak{A}$ und $\mathfrak{B}$ seien S-Strukturen mit $\mathfrak{A} \equiv \mathfrak{B}$; S' sei eine Symbolmenge mit $S \subseteq S'$ und Δ eine Definitionsmenge von $S' \backslash S$ bezüglich M. Für beliebige S'-Sätze φ gilt:

$$Mod_{S'}(\mathfrak{A}^{\Delta}, \varphi) \Leftrightarrow Mod_S(\mathfrak{A}, \varphi^{\triangledown}) \text{ (nach dem Theorem von 14.2.3)}$$
$$\Leftrightarrow Mod_S(\mathfrak{B}, \varphi^{\triangledown}) \text{ (da } \mathfrak{A} \equiv \mathfrak{B})$$
$$\Leftrightarrow Mod_{S'}(\mathfrak{B}^{\Delta}, \varphi) \text{ (wieder nach dem Theorem von}$$
$$14.2.3),$$

also: $\mathfrak{A}^{\Delta} \equiv \mathfrak{B}^{\Delta}$. $\quad\square$

(Natürlich folgt umgekehrt aus $\mathfrak{A}^{\Delta} \equiv \mathfrak{B}^{\Delta}$ für irgendein Δ stets $\mathfrak{A} \equiv \mathfrak{B}$.)

Daraus gewinnen wir einen analogen Satz über relationale Korrelate von Strukturen, der sogar in beiden Richtungen gilt. Wir knüpfen dazu an 14.3.5 an. $\mathfrak{A}$ und $\mathfrak{B}$ seien zwei S-Strukturen mit $\mathfrak{A}^r \equiv \mathfrak{B}^r$. Nach Satz 1 ist daher $\mathfrak{A}^{r\Delta} \equiv \mathfrak{B}^{r\Delta}$. Nun ist (wie im Beweis des Theorems von 14.3.5 gezeigt): $\mathfrak{A}^{r\Delta} \upharpoonright S$ identisch mit $\mathfrak{A}$ und $\mathfrak{B}^{r\Delta} \upharpoonright S$ identisch mit $\mathfrak{B}$; also ist $\mathfrak{A} \equiv \mathfrak{B}$.

Davon gilt auch die Umkehrung. Wir müssen nur Δ geeignet wählen, nämlich:

$$\Delta := \{ \wedge v_0 \ldots \wedge v_{n-1} \wedge v_n (P_f v_0 \ldots v_{n-1} v_n \leftrightarrow f v_0 \ldots v_{n-1} = v_n) \,|\, n \in \omega \wedge f^n \in S\}$$
$$\cup \{ \wedge v_0 (P_c v_0 \leftrightarrow c = v_0) \,|\, c \in S\}.$$

Δ enthält für jedes neue Prädikat (aus $S^{r\text{neu}}$) eine S-Definition (bezüglich der leeren Satzmenge). Für jede S-Struktur $\mathfrak{A}$ ist offenbar $\mathfrak{A}^{\Delta} \upharpoonright S^r$ identisch mit $\mathfrak{A}^r$. Wenn nun $\mathfrak{A} \equiv \mathfrak{B}$ gilt, so nach Satz 1 auch $\mathfrak{A}^{\Delta} \equiv \mathfrak{B}^{\Delta}$ und daher wegen des Koinzidenzlemmas $\mathfrak{A}^{\Delta} \upharpoonright S^r \equiv \mathfrak{B}^{\Delta} \upharpoonright S^r$, d. h. $\mathfrak{A}^r \equiv \mathfrak{B}^r$. Insgesamt erhalten wir also den

Satz 2 *Strukturen sind genau dann elementar äquivalent, wenn dies für ihre relationalen Korrelate gilt*, d. h. genauer: *Für zwei S-Strukturen $\mathfrak{A}$ und $\mathfrak{B}$ ist*

$$\mathfrak{A} \equiv \mathfrak{B} \;\; gdw \;\; \mathfrak{A}^r \equiv \mathfrak{B}^r.$$

14.4.5 Präpartielle Isomorphismen. In den folgenden Unterabschnitten werden wir drei weitere Isomorphiebegriffe kennenlernen, die sich für bestimmte Vergleiche von Strukturen als nützlich erweisen, nämlich: die endliche Isomorphie, die partielle Isomorphie und die m-Isomorphie. In keinem dieser Fälle genügt, zum Unterschied von der „normalen" Isomorphie, *eine einzelne* Abbildung zur Charakterisierung der fraglichen speziellen Isomorphie. Vielmehr werden dabei stets *Mengen von* bestimmten Abbildungen benützt. Diese letzteren sind allerdings stets von derselben Art. In Abweichung vom üblichen Sprachgebrauch nennen wir sie *präpartielle* Isomorphismen. Grob gesprochen handelt es sich dabei

um „reduzierte" Isomorphismen, die nicht die ganzen Trägermengen der beiden miteinander verglichenen Strukturen aufeinander abbilden, sondern nur Teilmengen davon. Die genauere Definition lautet:

$\mathfrak{A} = \langle A, \mathfrak{a} \rangle$ und $\mathfrak{B} = \langle B, \mathfrak{b} \rangle$ seien S-Strukturen; p sei eine Funktion. p heißt *präpartieller Isomorphismus von $\mathfrak{A}$ nach $\mathfrak{B}$* genau dann, wenn gilt:

(1) (a) $D_I(p) \subseteq A$ (der Definitionsbereich von p ist Teilmenge von A);
    (b) $D_{II}(p) \subseteq B$ (der Bildbereich von p ist Teilmenge von B);
    (c) p ist injektiv.

(2) Für alle $P^n \in Pr_S$, $n \in \mathbb{N}$ und $a_1, \ldots, a_n \in D_I(p)$:

$$\langle a_1, \ldots, a_n \rangle \in \mathfrak{a}(P^n) \iff \langle p(a_1), \ldots, p(a_n) \rangle \in \mathfrak{b}(P^n).$$

(3) Für alle $g^m \in Fu_S$, $m \in \mathbb{N}$ und $a_1, \ldots, a_m, a \in D_I(p)$:

$$\mathfrak{a}(g^m)(a_1, \ldots, a_m) = a \iff \mathfrak{b}(g^m)(p(a_1), \ldots, p(a_m)) = p(a).$$

(4) Für alle $c \in Ko_S$ und alle $a \in D_I(p)$:

$$\mathfrak{a}(c) = a \iff \mathfrak{b}(c) = p(a).$$

Inhaltlich besagen die Bestimmungen (2) bis (4) das Analoge wie die entsprechenden Bestimmungen in der Isomorphiedefinition. ((3) bzw. (4) mußten geringfügig abgeändert werden, um u. a. zu gewährleisten, daß das als Funktionswert von $\mathfrak{a}(g^m)$ bzw. von $\mathfrak{a}$ auftretende Objekt a zum Definitionsbereich des präpartiellen Isomorphismus p gehört.)

PräpartIso$(\mathfrak{A}, \mathfrak{B})$ sei die Menge der präpartiellen Isomorphismen von $\mathfrak{A}$ nach $\mathfrak{B}$.

14.4.6 Endlich isomorphe Strukturen. Ein präpartieller Isomorphismus genügt nicht, um die Gültigkeit einer quantorenlogischen Formel in einer Struktur zu erhalten. Dazu das folgende Illustrationsbeispiel:

Es sei $S = \{1, \cdot\}$, $\mathfrak{A} = \langle \mathbb{Q}, \mathfrak{a} \rangle$, $\mathfrak{B} = \langle \mathbb{Z}, \mathfrak{b} \rangle$, $\mathfrak{a}(1) = \mathfrak{b}(1) = 1$ und $\mathfrak{a}(\cdot)$ sowie $\mathfrak{b}(\cdot)$ seien die übliche Multiplikation ganzer Zahlen. Dann gilt zwar

$$Mod_S(\mathfrak{A}*^3_{x_2}, \bigvee x_3(\neg x_2 = 1 \wedge x_2 \cdot x_3 = 1)),$$

jedoch nicht

$$Mod_S(\mathfrak{B}*^b_{x_2}, \bigvee x_3(\neg x_2 = 1 \wedge x_2 \cdot x_3 = 1))$$

für eine beliebige Wahl von $b \in \mathbb{Z}$ (da keine ganze Zahl außer 1 ein ganzzahliges multiplikatives Inverses besitzt).

Ein anderes Beispiel: Es sei $S = \{<\}$, $\mathfrak{A} = \langle \mathbb{Q}, \mathfrak{a} \rangle$, $\mathfrak{B} = \langle \mathbb{N}, \mathfrak{b} \rangle$ und $\mathfrak{a}(<)$ bzw. $\mathfrak{b}(<)$ die natürliche Anordnung in $\mathbb{Q}$ bzw. $\mathbb{N}$. Wir erhalten:

$$Mod_S(\mathfrak{A}*^1_{x_1}{}^2_{x_3}, \bigvee x_2(x_1 < x_2 \wedge x_2 < x_3)),$$

(denn für x_2 kann z. B. ein $a = 4/3 \in \mathbb{Q}$ gewählt werden).

p sei ein präpartieller Isomorphismus von $\mathfrak{A}$ nach $\mathfrak{B}$ mit $D_I(p) = \{1, 2\}$, $D_{II}(p) = \{b_1, b_2\}$ und $1 \mapsto b_1$, $2 \mapsto b_2$. Wir fragen: Gilt auch

$$Mod_S(\mathfrak{B}^{*\,b_1\ b_2}_{\quad x_1\ x_3}, \ \bigvee x_2(x_1 < x_2 \wedge x_2 < x_3))?$$

Dies hängt davon ab, ob man ein passendes $b \in \mathbb{N}$ mit $b_1 < b < b_3$ finden kann. Je nachdem, ob dies der Fall ist oder nicht, läßt sich p auf den Definitionsbereich $\{1, a, 2\} \subseteq \mathbb{Q}$ mit $1 < a < 2$ erweitern oder nicht. Sollte z. B. $b_1 = 5$ und $b_2 = 7$ sein, so ließe sich p dadurch erweitern, daß dem $a = 4/3$ die Zahl 6 zugeordnet wird. Keine derartige Erweiterungsmöglichkeit besteht jedoch, wenn $b_1 = 5$ und $b_2 = 6$ sein sollte; denn zwischen 5 und 6 liegt keine ganze Zahl.

Dieses Beispiel zeigt: Ob die Gültigkeit einer Formel in einer Struktur unter präpartiellen Isomorphismen erhalten bleibt, hängt davon ab, *ob es für die präpartiellen Isomorphismen geeignete Fortsetzungsmöglichkeiten gibt.*

Der grundlegende Begriff für das systematische Studium der Fortsetzbarkeit präpartieller Isomorphismen ist eine rein algebraisch charakterisierbare Relation zwischen Strukturen. Wenn diese zwischen zwei Strukturen $\mathfrak{A}$ und $\mathfrak{B}$ besteht, sagt man, daß $\mathfrak{A}$ und $\mathfrak{B}$ *endlich isomorph* sind. Mit Hilfe dieses Relationsbegriffs läßt sich die *modelltheoretische* Aussage $\mathfrak{A} \equiv \mathfrak{B}$ ($\mathfrak{A}$ ist elementar äquivalent mit $\mathfrak{B}$), in der auf eine Sprache und auf Sätze dieser Sprache bezug genommen wird, durch die für endliche Symbolmengen *gleichwertige algebraische* Feststellung ersetzen, daß $\mathfrak{A}$ und $\mathfrak{B}$ endlich isomorph sind. Die Einsicht, daß eine solche Gleichwertigkeit besteht, wird durch den Satz von FRAÏSSÉ vermittelt.

Um den Begriff ‚die beiden Strukturen $\mathfrak{A}$ und $\mathfrak{B}$ sind endlich isomorph' einzuführen, müssen wir eine unendliche Folge $(I_n)_{n \in \omega}$ von Mengen betrachten, deren jede nur präpartielle Isomorphismen enthält. Für festes k nennen wir die Elemente von I_k die präpartiellen Isomorphismen k-ter Stufe. Die letzteren müssen der Bedingung genügen, daß sie höchstens k-mal echt fortsetzbar sind, wobei die jeweilige Fortsetzung in der nächstniedrigen Stufe liegt. In der folgenden Definition gibt die Bestimmung (1) eine Charakterisierung der Mengen I_n, während (2) und (3) die Fortsetzbarkeit genau beschreiben und garantieren. (Man beachte: ‚q ist eine *Fortsetzung von p'* ist definierbar als: ‚$q|_{D_I(p)} = p$'; denn dies besagt ja, daß die Restriktion von q auf den Definitionsbereich von p mit p identisch ist. Gibt es außerdem ein $c \in D_I(q)$ mit $c \notin D_I(p)$, so liegt eine *echte* Fortsetzung vor.)

Es seien $\mathfrak{A} = \langle A, \mathfrak{a} \rangle$ und $\mathfrak{B} = \langle B, \mathfrak{b} \rangle$ für eine beliebige Symbolmenge S gewöhnliche oder volle S-Strukturen. $\mathfrak{A}$ und $\mathfrak{B}$ heißen *endlich isomorph*, kurz: $\mathfrak{A} \simeq_e \mathfrak{B}$, genau dann, wenn es eine unendliche Folge $(I_n)_{n \in \omega}$ gibt, so daß gilt:

(1) Für kein $n \in \omega$ ist I_n leer und für jedes $p \in I_n$ ist $p \in Präpart(\mathfrak{A}, \mathfrak{B})$.

(2) Wenn $p \in I_{n+1}$ und $a \in A$, dann existiert ein $q \in I_n$ mit $a \in D_I(q)$ und $q|_{D_I(p)} = p$. (Dies ist die sog. *Hin-Eigenschaft* der Folge $(I_n)_{n \in \omega}$, welche die Fortsetzbarkeit im Definitionsbereich von p gewährleistet.)

(3) Wenn $p \in I_{n+1}$ und $b \in B$, dann existiert ein $q \in I_n$ mit $b \in D_{II}(q)$ und $q|_{D_I(p)} = p$. (Dies ist die sog. *Her-Eigenschaft* der Folge $(I_n)_{n \in \omega}$; sie garantiert die Fortsetzbarkeit im Wertebereich von p.)

Es möge beachtet werden, daß die Prädikate ‚Hin-Eigenschaft' sowie ‚Her-Eigenschaft' *Folgen von Mengen* präpartieller Isomorphismen zugeschrieben werden. In umgangssprachlicher Formulierung hat eine derartige Folge die Hin-Eigenschaft genau dann, wenn es zu jedem präpartiellen Isomorphismus aus der $(n+1)$-ten Menge dieser Folge in der vorausgehenden, also der n-ten Menge der Folge, eine Erweiterung auf ein *beliebiges* Quellenelement (Element der „Quellenstruktur") gibt. Analog besitzt eine solche Folge die Her-Eigenschaft genau dann, wenn jeder präpartielle Isomorphismus aus der $(n+1)$-ten Menge dieser Folge in der vorausgehenden Menge der Folge eine Erweiterung auf ein *beliebiges* Zielelement (Element der „Zielstruktur") hat.

Den Inhalt von (2) und (3) kann man anschaulich folgendermaßen zusammenfassen: I_{n+1} enthält als Elemente nur präpartielle Isomorphismen, die sich höchstens $(n+1)$-mal echt fortsetzen (erweitern) lassen. Da die unmittelbare Erweiterung stets in der nächstniedrigen Stufe liegt, gewinnt man schrittweise Fortsetzungen, die in $I_n, I_{n-1}, \ldots, I_1, I_0$ liegen. Wir stoßen bei diesem Verfahren zwar niemals auf einen speziellen Isomorphismus[7], der sich unendlich oft fortsetzen läßt. Aber *für jede Zahl* $n \in \omega$ stoßen wir auf eine nicht-leere Isomorphismenmenge I_n, deren Elemente (höchstens) n-mal erweiterungsfähige Isomorphismen sind.

Wenn eine unendliche Folge $(I_n)_{n \in \omega}$ die drei Eigenschaften (1) bis (3) besitzt, so schreibt man auch:

$$(I_n)_{n \in \omega} : \mathfrak{A} \simeq_e \mathfrak{B}.$$

Wir haben das Relationsprädikat ‚sind endlich isomorph' direkt eingeführt. In Ergänzung dazu können wir erklären: Eine Folge $(I_n)_{n \in \omega}$ heißt *endlicher Isomorphismus von* $\mathfrak{A}$ *nach* $\mathfrak{B}$ genau dann, wenn erstens jedes I_n dieser Folge eine nicht leere Teilmenge von $Präpart(\mathfrak{A}, \mathfrak{B})$ ist und zweitens $(I_n)_{n \in \omega}$ die Hin- und Her-Eigenschaft besitzt.

14.4.7 Partiell isomorphe Strukturen. Wieder seien $\mathfrak{A} = \langle A, \mathfrak{a} \rangle$ und $\mathfrak{B} = \langle B, \mathfrak{b} \rangle$ für eine beliebige Symbolmenge gewöhnliche oder volle

---

7 Das Attribut ‚präpartiell' lassen wir in dieser intuitiven Erläuterung stets fort.

S-Strukturen. $\mathfrak{A}$ und $\mathfrak{B}$ werden *partiell isomorph* genannt, kurz: $\mathfrak{A} \simeq_p \mathfrak{B}$, genau dann, wenn es eine Menge I gibt, so daß gilt:

(1′) I ist eine nichtleere Menge präpartieller Isomorphismen von $\mathfrak{A}$ nach $\mathfrak{B}$.

(2′) Wenn $p \in I$ und $a \in A$, dann existiert ein $q \in I$ mit $a \in D_I(q)$ und $q|_{D_I(p)} = p$. (Dies ist die *Hin-Eigenschaft von I*.)

(3′) Wenn $p \in I$ und $b \in B$, dann existiert ein $q \in I$ mit $b \in D_{II}(q)$ und $q|_{D_I(p)} = p$. (Dies ist die *Her-Eigenschaft von I*.)

Der Vergleich mit dem vorangehenden Fall lehrt, daß die dortige Folge der I_n diesmal zu einer einzigen Menge I „degeneriert". Da man die letztere für die gegenwärtigen Zwecke auch mit der *konstanten* Folge $(I)_{n \in \omega}$ identifizieren kann, läßt sich, wenn (1′) bis (3′) für I gelten, ‚partiell isomorph' folgendermaßen als Spezialfall von ‚endlich isomorph' anschreiben:

$$(I)_{n \in \omega} : \mathfrak{A} \simeq_e \mathfrak{B}.$$

Diese oben angegebene Deutung ist sogar notwendig, sofern man für die Begriffe der Hin- und Her-Eigenschaft auf die in 14.4.6 gegebenen Definitionen zurückgreift. Dann muß man nämlich diese Prädikate folgendermaßen erklären: Eine Menge I mit $I \subseteq PräpartIso(\mathfrak{A}, \mathfrak{B})$ hat nach Definition die Hin-Eigenschaft (Her-Eigenschaft) genau dann, wenn dies für die Folge $(I)_{n \in \omega}$ gilt. (Selbstverständlich könnte man die beiden Prädikate für solche Mengen I direkt einführen; doch dann erhielten wir in 14.4.6 und 14.4.7 kategorial verschiedene Prädikate, nämlich einmal für Mengenfolgen und einmal für Mengen.)

Besitzt eine Menge I die Eigenschaften (1′) bis (3′), so schreibt man:

$$I : \mathfrak{A} \simeq_p \mathfrak{B}.$$

In Analogie zum Vorgehen in 14.4.6 können wir definieren: Eine Menge I mit $I \subseteq PräpartIso(\mathfrak{A}, \mathfrak{B})$ und $I \neq \emptyset$ ist ein *partieller Isomorphismus von $\mathfrak{A}$ nach $\mathfrak{B}$* genau dann, wenn I die Hin- und Her-Eigenschaft besitzt.

14.4.8 m-isomorphe Strukturen. Wenn man die Definition von ‚endlich isomorph' so modifiziert, daß man statt der unendlichen Folge von Mengen präpartieller Isomorphismen nur das Anfangsstück dieser Folge bis zu einer vorgegebenen Zahl $m \in \omega$ heranzieht, so gewinnt man die Aussage, daß $\mathfrak{A}$ und $\mathfrak{B}$ m-isomorph sind.

Genauer: Zwei (gewöhnliche oder volle) Strukturen heißen *m-isomorph*, kurz: $\mathfrak{A} \simeq_m \mathfrak{B}$, genau dann, wenn es eine Folge $I_0, ..., I_m$ von Mengen präpartieller Isomorphismen von $\mathfrak{A}$ nach $\mathfrak{B}$ gibt, welche die Hin- und Her-Eigenschaft besitzt. Letzteres bedeutet natürlich:

Wenn $n+1 \leq m$, $p \in I_{n+1}$ und $a \in A$ (bzw. $b \in B$), dann existiert ein $q \in I_n$ mit $a \in D_I(q)$ (bzw. mit $b \in D_{II}(q)$), so daß $q|_{D_I(p)} = p$.

Erfüllt eine endliche Folge bis m diese Bedingung, so schreibt man in Analogie zu den beiden früheren Fällen:

$$(I_n)_{n \leq m} : \mathfrak{A} \simeq_m \mathfrak{B} .$$

14.4.9 Quantorenrang. Für den Satz von FRAISSÉ erweist es sich als zweckmäßig, einen Begriff zur Verfügung zu haben, der für beliebige quantorenlogische Formeln φ die *Verschachtelungstiefe* der Quantoren in φ mißt. Der gesuchte Begriff heiße *Quantorenrang von* φ, abgekürzt: $QR(\varphi)$; er gibt die maximale Anzahl ineinandergeschachtelter Quantoren in φ an. Der Begriff läßt sich wie folgt durch Induktion nach dem Aufbau der Formel φ definieren:

(1) Ist φ atomar, so $QR(\varphi) := 0$;

(2) (a) $QR(\neg \varphi) := QR(\varphi)$;

    (b) für einen binären Junktor j ist
$$QR(\varphi j \psi) := \max\{QR(\varphi), QR(\psi)\};$$

(3) $QR(\bigvee x\varphi) := QR(\varphi) + 1$.

Da es für die Feststellung des Quantorenranges im wesentlichen auf iterierte Anwendungen der Bestimmungen (2)(b) und (3) ankommt, erkennt man, daß die Quantoren nicht gezählt werden, sondern daß ihre Verschachtelung gemessen wird.

14.4.10 Der Zusammenhang von *m*-Isomorphie und Quantorenrang. Im folgenden Lemma wird eine bereits angedeutete Aussage über die Erhaltung der Gültigkeit von quantorenlogischen Ausdrücken unter präpartiellen Isomorphismen exakt formuliert. Für die Präzisierung verwenden wir den Begriff des Quantorenranges. Das Lemma enthält zugleich eine genauere Formulierung der Überlegungen zu den Fortsetzungsmöglichkeiten präpartieller Isomorphismen.

Invarianzlemma für präpartielle Isomorphismen *Es gelte* $(I_n)_{n \in \omega}$: $\mathfrak{A} \simeq_e \mathfrak{B}$, *d. h.* $\mathfrak{A} = \langle A, \mathfrak{a} \rangle$ *und* $\mathfrak{B} = \langle B, \mathfrak{b} \rangle$ *seien endlich isomorphe Strukturen unter dem endlichen Isomorphismus* $(I_n)_{n \in \omega}$. *Dann gilt für jede Formel* φ, *in der höchstens die Variablen* $v_0, \ldots, v_{r-1}$ *frei auftreten und deren Quantorenrang höchstens n ist (d. h.* $QR(\varphi) \leq n$), *sowie für alle* $p \in I_n$ *und beliebige* $a_0, \ldots, a_{r-1} \in D_I(p)$:

$$Mod(\mathfrak{A}*^{a_0 \ldots a_{r-1}}_{v_0 \ldots v_{r-1}}, \varphi) \Leftrightarrow Mod(\mathfrak{B}*^{p(a_0) \ldots p(a_{r-1})}_{v_0 \ldots v_{r-1}}, \varphi) \quad (\mathfrak{A}*, \mathfrak{B}* \text{ relational!})$$

(dabei ist die Art der Erweiterung von $\mathfrak{A}$ und $\mathfrak{B}$ zu vollen Strukturen wegen des Koinzidenzlemmas irrelevant). (Umgangssprachliche Kurzfassung: Präpartielle Isomorphismen aus I_n bewahren die Gültigkeit von Formeln eines Quantorenranges $\leq n$ in vorgegebenen relationalen Strukturen.)

Beweisskizze: Wir zeigen die Behauptung durch Induktion über den Aufbau der Formel φ:

(a) φ ist atomar. Wir beschränken uns auf den Fall, daß φ die Gestalt $Pv_{i_0}...v_{i_{s-1}}$ für $P \in Pr_S^s$ und $i_0, ..., i_{s-1} < r$ hat. (Der andere atomare Fall ist analog zu behandeln.) Dann gilt für beliebiges $a_0, ..., a_{r-1} \in D_I(p)$:

$$\langle a_{i_0}, ..., a_{i_{s-1}} \rangle \in \mathfrak{a}(P) \text{ gdw } Mod(\mathfrak{A}*{}^{a_0}_{v_0}...{}^{a_{r-1}}_{v_{r-1}}, Pv_{i_0}...v_{i_{s-1}})$$

und ebenso

$$\langle p(a_{i_0}), ..., p(a_{i_{s-1}}) \rangle \in \mathfrak{b}(P) \text{ gdw } Mod(\mathfrak{B}*{}^{p(a_0)}_{v_0}...{}^{p(a_{r-1})}_{v_{r-1}}, Pv_{i_0}...v_{i_{s-1}}).$$

Mit $p \in Pr\ddot{a}partIso(\mathfrak{A}, \mathfrak{B})$ folgt die Behauptung.

(b) Der junktorenlogische Fall sei als einfache Übung dem Leser überlassen.

(c) φ ist eine Existenzformel. Nach Voraussetzung kommt v_r nicht frei in φ vor. Wir können daher o.B.d.A. von φ annehmen, daß es die Gestalt $\bigvee v_r \chi$ hat. Dann erhalten wir:

$Mod(\mathfrak{A}*{}^{a_0}_{v_0}...{}^{a_{r-1}}_{v_{r-1}}, \bigvee v_r\chi) \Leftrightarrow$ es gibt $a \in A$, so daß
$\qquad\qquad Mod(\mathfrak{A}*{}^{a_0}_{v_0}...{}^{a_{r-1}}_{v_{r-1}}{}^{a}_{v_r}, \chi)$
$\qquad\qquad$ (nach Def. der Modellbeziehung)

$\qquad\qquad \Leftrightarrow$ es gibt $a \in A$ und $q \in I_{n-1}$ mit $q|_{D_I(p)} = p$ und $a \in D_I(q)$, so daß
$\qquad\qquad Mod(\mathfrak{A}*{}^{a_0}_{v_0}...{}^{a_{r-1}a_r}_{v_{r-1}v_r}, \chi)$
$\qquad\qquad$ (wegen der Hin-Eigenschaft und $p \in I_n$)

$\qquad\qquad \Leftrightarrow$ ... bei gleichen Existenzannahmen ...
$\qquad\qquad Mod(\mathfrak{B}*{}^{p(a_0)}_{v_0}...{}^{p(a_{r-1})q(a_r)}_{v_{r-1} \quad v_r}, \chi)$
$\qquad\qquad$ (nach I.V., da $QR(\chi) < QR(\varphi)$)

$\qquad\qquad \Leftrightarrow$ es gibt $b \in B$ und $q \in I_{n-1}$ mit $q|_{D_I(p)} = p$ und $b \in D_{II}(q)$, so daß
$\qquad\qquad Mod(\mathfrak{B}*{}^{p(a_0)}_{v_0}...{}^{p(a_{r-1})b}_{v_{r-1} \quad v_r}, \chi)$
$\qquad\qquad$ (Umformulierung)

$\qquad\qquad \Leftrightarrow$ es gibt $b \in B$, so daß
$\qquad\qquad Mod(\mathfrak{B}*{}^{p(a_0)}_{v_0}...{}^{p(a_{r-1})b}_{v_{r-1} \quad v_r}, \chi)$
$\qquad\qquad$ (wegen der Her-Eigenschaft)

$\qquad\qquad \Leftrightarrow Mod(\mathfrak{B}*{}^{p(a_0)}_{v_0}...{}^{p(a_{r-1})}_{v_{r-1}}, \bigvee v_r\chi)$
$\qquad\qquad$ (nach Def. der Modellbeziehung) $\qquad \square$

Aus diesem Invarianzlemma ergibt sich sofort das folgende

Korollar *Wenn $\mathfrak{A} \simeq_m \mathfrak{B}$, dann erfüllen $\mathfrak{A}$ und $\mathfrak{B}$ dieselben Sätze, deren Quantorenrang höchstens m ist.*

Denn sei $(I_n)_{n \leq m}: \mathfrak{A} \simeq_m \mathfrak{B}$. Dann ergibt der Beweis des Invarianzlemmas, daß jeder präpartielle Isomorphismus $p \in I_n$ mit $n \leq m$ die Gültigkeit von Formeln φ mit $QR(\varphi) \leq n$ in diesen beiden Strukturen bewahrt.

14.4.11 Die Beziehungen zwischen den verschiedenen Isomorphie-Arten und der elementaren Äquivalenz. Wir gehen dazu über, die verschiedenen in diesem Abschnitt eingeführten Begriffe systematisch zu vergleichen. Wir beginnen mit sehr einfachen Zusammenhängen und gehen dann zu komplizierteren Zusammenhängen über.

(A) *Wenn* $\mathfrak{A} \simeq \mathfrak{B}$, *dann* $\mathfrak{A} \simeq_p \mathfrak{B}$, d. h. *isomorphe Strukturen sind partiell isomorph.* (Intuitiv: Isomorphie ist hinreichend für partielle Isomorphie.)

Beweis: Es gelte $i : \mathfrak{A} \simeq \mathfrak{B}$. Dann ist $\{i\}$ eine nicht leere Teilmenge von *Präpart*$(\mathfrak{A}, \mathfrak{B})$. Die Hin- und Her-Eigenschaft wird von $\{i\}$ ebenfalls erfüllt, da für jedes $a \in A$ und jedes $b \in B$ (mit A bzw. B Träger von $\mathfrak{A}$ bzw. von $\mathfrak{B}$) bereits gilt: $a \in D_I(i)$, $b \in D_{II}(i)$.

Also:

Wenn $i : \mathfrak{A} \simeq \mathfrak{B}$, dann $\{i\} : \mathfrak{A} \simeq_p \mathfrak{B}$, und daher auch:

Wenn $\mathfrak{A} \simeq \mathfrak{B}$, dann $\mathfrak{A} \simeq_p \mathfrak{B}$. □

(B) *Wenn* $\mathfrak{A} \simeq_p \mathfrak{B}$, *dann* $\mathfrak{A} \simeq_e \mathfrak{B}$, d. h. *partiell isomorphe Strukturen sind endlich isomorph.* (Intuitiv: Partielle Isomorphie ist hinreichend für endliche Isomorphie.)

Beweis: Die Behauptung folgt bereits aus den erläuternden Bemerkungen zum Begriff des partiellen Isomorphismus: Ist

$$I : \mathfrak{A} \simeq_p \mathfrak{B} ,$$

so erhalten wir mit der Definition von $I_n := I$ für jedes n bei Betrachtung der *konstanten* Folge $(I_n)_{n \in \omega}$ die Erfüllung der Bedingung des endlichen Isomorphismus (die Hin- und Her-Eigenschaft gilt nach Voraussetzung). Also mit dieser Definition von I_n:

$$I : \mathfrak{A} \simeq_p \mathfrak{B} \;\Rightarrow\; (I_n)_{n \in \omega} : \mathfrak{A} \simeq_e \mathfrak{B} ,$$

und damit:

Wenn $\mathfrak{A} \simeq_p \mathfrak{B}$, dann $\mathfrak{A} \simeq_e \mathfrak{B}$. □

Die folgenden Fälle sind nicht so unmittelbar einsichtig. Es handelt sich dabei darum, die genauen Einschränkungen anzugeben, unter denen die Umkehrung von (A) sowie die Umkehrung einer unmittelbaren Folgerung aus (A) und (B) gilt. Wir beginnen mit dem letzteren.

(C) *Wenn* $\mathfrak{A} \simeq_e \mathfrak{B}$ *und (der Träger von)* $\mathfrak{A}$ *endlich ist, dann* $\mathfrak{A} \simeq \mathfrak{B}$, d. h. *sind ein endliches* $\mathfrak{A}$ *und* $\mathfrak{B}$ *endlich isomorph, so sind* $\mathfrak{A}$ *und* $\mathfrak{B}$ *sogar isomorph.* (Intuitiv: Für endliche Strukturen ist endliche Isomorphie hinreichend für Isomorphie.)

Beweis: Es gelte $(I_n)_{n\in\omega} : \mathfrak{A} \simeq_e \mathfrak{B}$ für Strukturen $\mathfrak{A} = \langle A, \mathfrak{a} \rangle$ und $\mathfrak{B} = \langle B, \mathfrak{b} \rangle$ und der Träger A von $\mathfrak{A}$ sei endlich. A möge r Elemente enthalten, so daß wir schreiben können: $A = \{a_1, ..., a_r\}$. Wir wählen einen partiellen Isomorphismus p aus dem $(r+1)$-ten Glied der Folge $(I_n)_{n\in\omega}$, d. h.: $p \in I_{r+1}$. Durch r-malige geeignete Anwendung der Hin-Eigenschaft erhalten wir ein $q \in I_1$ (mit $q|_{D_I(p)} = p$), so daß $a_1, ..., a_r \in D_I(q)$, d. h. q ist auf dem ganzen Träger A von $\mathfrak{A}$ definiert. Als präpartieller Isomorphismus ist q injektiv. Wir behaupten, daß q bereits der gesuchte Isomorphismus von $\mathfrak{A}$ auf $\mathfrak{B}$ ist. Dafür genügt es, zu zeigen, daß $D_{II}(q) = B$; denn die übrigen Bedingungen des Isomorphismus folgen aus der Definition des präpartiellen Isomorphismus. Wir geben einen indirekten Beweis: Es sei $D_{II}(q) \neq B$. Dann existierte ein $b \in B$, $b \notin D_{II}(q)$. Wegen der Her-Eigenschaft müßte eine echte Erweiterung q^* aus I_0 von q existieren, so daß q^* auch b als Wert enthielte, d. h. $b \in D_{II}(q^*)$, $q^*|_{D_I(q)} = q$. Dies ist jedoch ausgeschlossen; denn wegen $D_I(q) = A$ und der Funktionalität von q kann b kein q^*-Urbild besitzen. Also ist tatsächlich $D_{II}(q) = B$ und daher: $q : \mathfrak{A} \simeq \mathfrak{B}$. $\square$

Wir zeigen anschließend, daß die Umkehrung von (A) unter der zusätzlichen Bedingung gilt, daß $\mathfrak{A}$ und $\mathfrak{B}$ höchstens abzählbar sind:

(D)   *Wenn $\mathfrak{A} \simeq_p \mathfrak{B}$ und $\mathfrak{A}$ sowie $\mathfrak{B}$ höchstens abzählbar sind, so $\mathfrak{A} \simeq \mathfrak{B}$;*
     d. h. *höchstens abzählbare partiell isomorphe Strukturen sind isomorph.* (Intuitiv: Für höchstens abzählbare Strukturen ist partielle Isomorphie hinreichend für Isomorphie.)

Beweis: Für endliche Strukturen folgt die Behauptung sofort nach (B) und (C). Es ist daher nur der Fall abzählbarer Träger A und B zu betrachten. Es gelte also: $A := \{a_i \mid i \in \omega\}$, $B := \{b_i \mid i \in \omega\}$ sowie $I : \mathfrak{A} \simeq_p \mathfrak{B}$. Wir greifen ein $p_0 \in I$ heraus und wenden darauf sukzessive die Hin- und Her-Eigenschaft zur Gewinnung von Fortsetzungen $p_1, p_2, ...$ aus I an, so daß $a_0 \in D_I(p_1)$, $b_0 \in D_{II}(p_2)$ usw. Genauer ergibt sich durch Induktion:

(1) I.B.: *(a)* Nach der Hin-Eigenschaft von I gibt es, da $p_0 \in I$, eine Fortsetzung $p_1 \in I$ von p_0 mit $a_0 \in D_I(p_1)$.

     (b) Nach der Her-Eigenschaft von I gibt es eine Fortsetzung $p_2 \in I$ von p_1 mit $b_0 \in D_{II}(p_2)$.

(2) I.S.: *(a*)* Nach der Hin-Eigenschaft von I gibt es für $p_{2n} \in I$ eine Fortsetzung $p_{2n+1} \in I$ von p_{2n} mit $a_n \in D_I(p_{2n+1})$.

     (b)* Nach der Her-Eigenschaft von I gibt es für $p_{2n-1} \in I$ eine Fortsetzung $p_{2n} \in I$ von p_{2n-1} mit $b_{n-1} \in D_{II}(p_{2n})$.

Wir erhalten auf diese Weise eine unendliche Folge p_0, p_1, $p_2, ..., p_r, ...$, also $(p_n)_{n\in\omega}$, von präpartiellen Isomorphismen, die nicht nur alle Fortsetzungen von p_0 sind, sondern für welche überdies gilt:

     (i) Jedes p_n ist Fortsetzung aller vorangehenden p_i, d. h. aller p_i mit $i < n$; insbesondere gilt: $D_I(p_i) \subseteq D_I(p_n)$ und $D_{II}(p_i) \subseteq D_{II}(p_n)$.

(ii) Jedes $a_i \in A$ liegt ab einem hinreichend hohen $m \in \omega$ im Definitionsbereich aller p_n mit $n \geq m$. (Nach Konstruktion der p_i ist dazu einfach $m = 2i + 1$ zu wählen.)

(iii) Jedes $b_i \in B$ liegt ab einem hinreichend hohen $m \in \omega$ im Wertbereich aller p_n mit $n \geq m$. (Man wähle $m = 2i + 2$.)

Den gesuchten Isomorphismus von $\mathfrak{A}$ auf $\mathfrak{B}$ gewinnen wir jetzt durch *Bildung der Vereinigung aller präpartieller Isomorphismen* unserer Folge:

$$p := \bigcup \{ p_i \mid i \in \omega \} \,.$$

Wegen (i) ist p selbst ein präpartieller Isomorphismus von $\mathfrak{A}$ nach $\mathfrak{B}$. Wegen (ii) ist $D_I(p) = A$ und wegen (iii) ist $D_{II}(p) = B$. Insgesamt erhalten wir also:

$$p : \mathfrak{A} \simeq \mathfrak{B}. \quad \square$$

Wir führen noch einige weitere Resultate (in intuitiver Sprechweise) an, deren Beweise trivial sind, da sie unmittelbar aus den Definitionen sowie aus den vier bisherigen Resultaten (A) bis (D) folgen:

(E) Isomorphie ist hinreichend für endliche Isomorphie.

(F) Im Falle endlicher Strukturen ist endliche Isomorphie hinreichend für partielle Isomorphie.

(G) Partielle Isomorphie ist hinreichend für jede m-Isomorphie mit $m \in \omega$.

(H) Im Falle endlicher Strukturen ist endliche Isomorphie hinreichend für jede m-Isomorphie mit $m \in \omega$.

Keineswegs trivial hingegen ist der folgende (in Abschn. 14.5 genauer behandelte) *Satz von Fraissé*:

(FR) *S sei eine endliche Symbolmenge und $\mathfrak{A}$ sowie $\mathfrak{B}$ seien zwei S-Strukturen. Dann gilt:*

    (FR$_1$) *Endliche Isomorphie ist hinreichend für elementare Äquivalenz.*

    (FR$_2$) *Elementare Äquivalenz ist hinreichend für endliche Isomorphie.*

Anmerkung. Die Teilaussage (FR$_2$) liefert den Übergang von einer *sprachabhängigen* zu einer rein algebraischen und daher *sprachunabhängigen* Beschreibung. Denn während eine elementare Äquivalenz zwischen zwei Strukturen genau dann besteht, wenn diese Strukturen *durch Sätze einer Sprache erster Stufe* nicht getrennt werden können, ist der Begriff des endlichen Isomorphismus ohne jegliche Bezugnahme auf Sprachen und Formeln definiert.

Setzen wir den Satz von FRAISSÉ als gültig voraus, so erhalten wir noch die folgenden beiden Resultate:

(I) Im Falle von S-Strukturen mit endlichem S ist partielle Isomorphie hinreichend für elementare Äquivalenz (nach (B) und (FR_1)).

(K) Im Falle endlicher S-Strukturen mit endlichem S ist elementare Äquivalenz hinreichend für Isomorphie (nach (C) und (FR_2)).

14.5 Der Satz von Fraissé

14.5.1 Intuitive Motivation und Formulierung. Für eine gegebene Symbolmenge S sind zwei S-Strukturen genau dann elementar äquivalent, wenn sie Modelle derselben S-Sätze sind. In der Sprechweise der Bewertungssemantik besagt dies: Für zwei S-Strukturen $\mathfrak{A}$ und $\mathfrak{B}$ gilt $\mathfrak{A} \equiv \mathfrak{B}$ genau dann, wenn $V_{\mathfrak{A}}(\varphi) = V_{\mathfrak{B}}(\varphi)$ ist für alle S-Sätze φ. Beim Vergleich zwischen den Strukturen $\mathfrak{A}$ und $\mathfrak{B}$ bezogen wir uns auf die Bewertungen der S-Sätze in den verglichenen Strukturen. Oft ist es wünschenswert, diesen Vergleich ohne Rückgriff auf Sprachen erster Stufe durchführen zu können. Für den Fall, daß die Symbolmenge endlich ist, liefert der Satz von FRAISSÉ eine derartige, in gewissem Sinne sprachunabhängige Vergleichsmöglichkeit. (Zwar hängt auch diese noch von S ab; bei Zugrundelegung des in 14.1.2 eingeführten formalen Begriffs der Symbolmenge kommt es jedoch dabei nur auf die Stellenzahlfunktion von S an. Der Vergleich ist damit nur noch von einem reinen Strukturelement der Sprache abhängig.) Die „Sprachunabhängigkeit" kommt dadurch zur Geltung, daß die Aussage $\mathfrak{A} \equiv \mathfrak{B}$ als gleichwertig mit der endlichen Isomorphie von $\mathfrak{A}$ und $\mathfrak{B}$ erwiesen wird. Da hierbei die zwei Strukturen nur „von außen" über geeignete (Mengen von) präpartiellen Isomorphismen verglichen werden, liefert der Satz von FRAISSÉ eine oft als *algebraisch* bezeichnete Charakterisierung der elementaren Äquivalenz. Die genaue Formulierung lautet:

Theorem von Fraissé *Es sei S eine beliebige endliche Symbolmenge und $\mathfrak{A}$ sowie $\mathfrak{B}$ seien beliebige S-Strukturen. Dann gilt:*

$$\mathfrak{A} \equiv \mathfrak{B} \text{ gdw } \mathfrak{A} \simeq_e \mathfrak{B}.$$

Zum *Beweis* dieses Theorems werden wir in einem ersten Schritt zeigen, daß es genügt, das Theorem für *relationales* S zu beweisen. Diesen Reduktionsschritt vollziehen wir in 14.5.2.

Da die Behauptung in einer Äquivalenzaussage besteht, werden wir diese in zwei Teile aufspalten. Der zweite, in 14.5.3 vorgenommene Schritt beinhaltet den Übergang von der rechten zur linken Seite der obigen Äquivalenzbehauptung. Dieser läßt sich rasch über das in 14.4.10 bewiesene Invarianzlemma für präpartielle Isomorphismen ausführen.

Etwas schwieriger ist der dritte Schritt, d. h. der Übergang von der linken zur rechten Seite. Dazu benötigt man ein Lemma, welches besagt: Für vorgegebenes $n \in \omega$ lassen sich alle Formeln (mit fester Maximalzahl frei vorkommender Variablen), deren Quantorenrang höchstens n ist, in endlich viele Äquivalenzklassen bezüglich logischer Äquivalenz einteilen. Mit Hilfe dieses „Partitionslemmas für endlichen Quantorenrang" wird in 14.5.4 die zweite Hälfte der Äquivalenzaussage bewiesen: Unter der Annahme $\mathfrak{A} \equiv \mathfrak{B}$ wird darin eine geeignete Folge I_n von Mengen präpartieller Isomorphismen konstruiert, wobei das n von I_n eine obere Schranke des Quantorenranges der jeweils betrachteten Formeln angibt.

14.5.2 Reduktion auf den relationalen Fall. Es genügt, die folgenden beiden Aussagen zu zeigen:

(1) $\mathfrak{A} \equiv \mathfrak{B}$ gdw $\mathfrak{A}^r \equiv \mathfrak{B}^r$

(2) $\mathfrak{A} \simeq_e \mathfrak{B}$ gdw $\mathfrak{A}^r \simeq_e \mathfrak{B}^r$.

Denn sofern der Satz von FRAISSÉ für den relationalen Fall bereits zur Verfügung steht, d. h. sofern gilt:

(3) $\mathfrak{A}^r \equiv \mathfrak{B}^r$ gdw $\mathfrak{A}^r \simeq_e \mathfrak{B}^r$,

erhalten wir dieses Theorem für den allgemeinen Fall unmittelbar aus (1) bis (3) durch Kettenschluß.

Um die Gültigkeit von (1) wissen wir bereits; sie ist genau der Inhalt von Satz 2 aus 14.4.4.

Zum Nachweis von (2) genügt es, die folgende Identität von Klassen für beliebige Strukturen $\mathfrak{A}$ und $\mathfrak{B}$ zu benützen:

(4) $\mathit{PräpartIso}(\mathfrak{A}, \mathfrak{B}) = \mathit{PräpartIso}(\mathfrak{A}^r, \mathfrak{B}^r)$.

Die Homomorphiebedingungen für Funktionszeichen f und Konstanten c sind in der Definition des Begriffs des präpartiellen Isomorphismus nämlich so formuliert worden, daß sie mit den entsprechenden Bedingungen für die Prädikate P_f bzw. P_c (unter einer geeigneten Relationalisierungsfunktion) identisch sind.

Aus (4) ergibt sich (2), da man für die Definition des endlichen Isomorphismus $(I_n)_{n \in \omega}$ beide Male jeweils dieselben Mengen von präpartiellen Isomorphismen verwenden darf und die Hin- und Her-Eigenschaften sich unmittelbar übertragen lassen. $\square$

14.5.3 Beweis der ersten Hälfte des Theorems von Fraissé. Wir behaupten, daß gilt:

(I) *Für eine endliche und relationale Symbolmenge S und zwei Strukturen $\mathfrak{A}$ und $\mathfrak{B}$ erhalten wir:*

Wenn $\mathfrak{A} \simeq_e \mathfrak{B}$, dann $\mathfrak{A} \equiv \mathfrak{B}$.

Zum *Beweis* brauchen wir nur auf das Invarianzlemma für präpartielle Isomorphismen aus 14.4.10 zurückzugreifen. Denn es ist bloß zu zeigen, daß unter der Voraussetzung $\mathfrak{A} \simeq_e \mathfrak{B}$ für jeden S-Satz φ gilt:

$Mod_S(\mathfrak{A}, \varphi) \Leftrightarrow Mod_S(\mathfrak{B}, \varphi).$

Dies folgt aus dem dortigen Lemma, wenn wir die Anzahl der freien Variablen gleich 0 setzen, für beliebiges $n \in \omega$ die Zahl $n = QR(\varphi)$ wählen und aus I_n ein beliebiges $p \in I_n$ herausgreifen. (Man beachte dabei, daß in der Voraussetzung $\mathfrak{A} \simeq_e \mathfrak{B}$ bereits die Behauptung steckt, daß kein I_n leer ist.) $\square$

14.5.4 Beweis der zweiten Hälfte des Theorems von Fraissé. Hier müssen wir, wie angekündigt, zunächst den folgenden Hilfssatz beweisen:

Partitionslemma für endlichen Quantorenrang *S sei endlich und relational. Ferner sei $n \in \omega$. Dann gibt es für jedes $r \in \omega$ bis auf logische Äquivalenz nur endlich viele Formeln, die höchstens $v_0, \ldots, v_{r-1}$ frei enthalten[8] und deren Quantorenrang $\leq n$ ist.*

Beweis: Der Nachweis erfordert im Grunde nur routinemäßig durchführbare junktoren- und quantorenlogische Umformungen. Um ihn möglichst übersichtlich zu gestalten, verwenden wir vier lokale Hilfssätze $(H_1) - (H_4)$. Dabei machen wir von folgender Symbolik Gebrauch: M sei eine Menge von S-Formeln; die Junktorenmenge der betrachteten Sprache sei o.B.d.A. $\{\neg, \vee\}$. Dann soll $[M]^{\neg, \vee}$ die kleinste, M umfassende Menge von S-Formeln sein, die junktorenlogisch abgeschlossen ist, d.h. die mit einem Element φ auch $\neg\varphi$ und mit zwei Elementen φ_1 und φ_2 auch $\varphi_1 \vee \varphi_2$ enthält.

(H_1) Es sei $M = \{\varphi_1, \ldots, \varphi_k\}$ eine endliche Menge von Formeln. Dann gibt es in $[M]^{\neg, \vee}$ nur endlich viele Formeln, die paarweise nicht logisch äquivalent sind.

Zum Nachweis verwenden wir die Überführbarkeit jeder Formel in eine adjunktive Normalform. Danach ist jede Formel aus $[M]^{\neg, \vee}$ logisch äquivalent mit einer keine Wiederholungen enthaltenden Adjunktion von Konjunktionen aus der Menge

$$\{\varphi_1, \ldots, \varphi_k, \neg\varphi_1, \ldots, \neg\varphi_k\}.$$

(H_2) Es sei $\varphi \in L_r^S$ und $QR(\varphi) \leq n+1$. Dann ist $\varphi \in [M]^{\neg, \vee}$, sofern M folgendermaßen definiert wird:

$$M := \{\psi \in L_r^S \,|\, QR(\psi) \leq n\} \cup \{\vee x\psi \in L_r^S \,|\, QR(\psi) \leq n\}.$$

Der (routinemäßige) Nachweis erfolgt durch Induktion über den Aufbau der Formel φ.

(H_3) Es möge k Formeln $\psi_1, \ldots, \psi_k \in L_r^S$ vom Quantorenrang $\leq n$ geben, so daß jede Formel $\psi \in L_r^S$ vom Quantorenrang $\leq n$ mit einem ψ_i logisch äquivalent ist. Ebenso möge es l Formeln $\chi_1, \ldots, \chi_l \in L_{r+1}^S$ vom Quantorenrang $\leq n$ geben, so daß jede Formel aus L_{r+1}^S vom Quantorenrang $\leq n$ mit einem χ_i logisch äquivalent ist.

---

8 Wir erinnern daran, daß wir die Gesamtheit dieser Formeln auch L_r^S nennen.

Dann ist jede Formel aus M_1 logisch äquivalent mit einer Formel aus M_2, wenn die Mengen M_1 und M_2 wie folgt definiert werden:

$$M_1 := \{\psi \in L_r^S | QR(\psi) \leq n\} \cup \{\vee x\psi \in L_r^S | QR(\psi) \leq n\};$$
$$M_2 := \{\psi_1, ..., \psi_k\} \cup \{\vee v_r\chi_1, ..., \vee v_r\chi_l\}.$$

(Dieser Hilfssatz dient zur Abkürzung des Induktionsschrittes im Beweis des Partitionslemmas).

Daß jedes Element der erstgenannten Teilmenge in der Def. von M_1 mit einem Element der erstgenannten Teilmenge in der Def. von M_2 logisch äquivalent ist, folgt direkt aus der Voraussetzung. Es sei nun $\vee x\psi \in L_r^S$, wobei $QR(\psi) \leq n$ sei. Unter Verwendung des Symbolismus von 14.1.6 und Berücksichtigung der dortigen Vorsichtsmaßnahmen (d. h. eventuelle Umbenennungen von Variablen) können wir behaupten, daß $\vee x\psi$ logisch äquivalent ist mit $\vee v_r\psi_x^{v_r}$. Nun gilt: $\psi_x^{v_r} \in L_{r+1}^S$; außerdem hat diese Formel einen Quantorenrang $\leq n$. Nach Voraussetzung gibt es ein i, $1 \leq i \leq l$, so daß $\psi_x^{v_r}$ mit χ_i logisch äquivalent ist. Also ist $\vee v_r\psi_x^{v_r}$ mit $\vee v_r\chi_i$ logisch äquivalent; daraus ergibt sich die logische Äquivalenz von $\vee x\psi$ mit $\vee v_r\chi_i$. Damit ist auch der dritte Hilfssatz bewiesen.

(H_4) Wenn jede Formel aus M_1 mit einer Formel aus M_2 logisch äquivalent ist, dann auch jede Formel aus $[M_1]^{\neg, \vee}$ mit einer aus $[M_2]^{\neg, \vee}$.

Dafür hat man nur die Bildung junktorenlogischer Komplexe logisch äquivalenter Elemente aus M_1 und M_2 zu parallelisieren.

Wir beweisen nun das Lemma durch Induktion nach dem Quantorenrang n:

(1) I.B.: $n = 0$, d. h. es werden nur quantorenfreie Formeln betrachtet.

Da S endlich und relational ist, gibt es in L_r^S nur endlich viele atomare Formeln. Daher gibt es in L_r^S bis auf logische Äquivalenz auch nur endlich viele junktorenlogische Verknüpfungen von atomaren Formeln. (Man wähle etwa stets die adjunktive Normalform in einer bestimmten normierten Ordnung.)

(2) I.S.: Es sei $r \in \omega$. Nach I.V. gibt es z. B. k Formeln $\psi_1, ..., \psi_k \in L_r^S$ mit $QR(\psi_i) \leq n$, so daß jede Formel aus L_r^S, deren Quantorenrang $\leq n$ ist, mit einem dieser ψ_i logisch äquivalent ist. Ferner gibt es nach I.V. l Formeln $\chi_1, ..., \chi_l \in L_{r+1}^S$ vom Quantorenrang $\leq n$, so daß jede Formel aus L_{r+1}^S mit einem dieser χ_i logisch äquivalent ist.

Damit sind genau die Voraussetzungen von (H_3) erfüllt. Also besteht die dortige Beziehung zwischen M_1 und M_2 (die Definitionen dieser Mengen übernehmen wir wörtlich). Wir schließen nun folgendermaßen weiter:

Nach (H_2) liegt jede Formel $\varphi \in L_r^S$ mit $QR(\varphi) \le n+1$ in der Menge $[M_1]^{\neg, \vee}$. (Man beachte dafür, daß die Definition der Menge M von (H_2) identisch ist mit der Definition von M_1 in (H_3)!) Gemäß (H_3) und (H_4) ist daher φ logisch äquivalent mit einer Formel aus $[M_2]^{\neg, \vee}$. Da M_2 nur endlich viele Formeln enthält (nämlich die k Formeln ψ_i und die l Formeln $\vee v_r \chi_j$), können wir (H_1) anwenden und gewinnen das Resultat, daß $[M_2]^{\neg, \vee}$ nur endlich viele Formeln enthält, die paarweise nicht logisch äquivalent sind. Da φ eine beliebige Formel aus L_r^S vom Quantorenrang $\le n+1$ war, ist damit der Induktionsschritt bewiesen. $\square$

Unter Benützung des Partitionslemmas für endlichen Quantorenrang können wir nun den Beweis der zweiten Hälfte des Theorems von FRAISSÉ abschließen:

(II) *Für eine endliche und relationale Symbolmenge S und zwei S-Strukturen $\mathfrak{A}$ und $\mathfrak{B}$ gilt:*
Wenn $\mathfrak{A} \equiv \mathfrak{B}$, dann $\mathfrak{A} \simeq_e \mathfrak{B}$.

Beweisskizze: Die Voraussetzungen seien erfüllt und es gelte überdies $\mathfrak{A} \equiv \mathfrak{B}$. Für jedes $n \in \omega$ definieren wir eine Menge I_n präpartieller Isomorphismen und zeigen dann, daß die unendliche Folge dieser Mengen einen endlichen Isomorphismus von $\mathfrak{A}$ nach $\mathfrak{B}$ liefert, d. h. daß

$$(I_n)_{n \in \omega} : \mathfrak{A} \simeq_e \mathfrak{B}.$$

$p \in I_n$: $\Leftrightarrow$ $p \in PräpartIso(\mathfrak{A}, \mathfrak{B})$ und es gibt ein $k \in \omega$ sowie k Elemente a_i aus A (für $0 \le i \le k-1$), die den Definitionsbereich von p bilden, so daß für alle S-Formeln φ mit $QR(\varphi) \le n$, die höchstens $v_0, \ldots, v_{k-1}$ als freie Variable enthalten, gilt:

$$Mod_S(\mathfrak{A} *{}^{a_0}_{v_0} \ldots {}^{a_{k-1}}_{v_{k-1}}, \varphi) \text{ gdw } Mod_S(\mathfrak{B} *{}^{p(a_0)}_{v_0} \ldots {}^{p(a_{k-1})}_{v_{k-1}}, \varphi).$$

(Man beachte, daß der untere Index n im Definiendum als obere Schranke des Quantorenranges von φ festgelegt wird.)

Wir zeigen, daß $(I_n)_{n \in \omega}$ die Hin-Eigenschaft hat; der Nachweis der Her-Eigenschaft verläuft analog.

Es sei $p \in I_{n+1}$ sowie $a \in A$ gegeben; ferner sei $D_1(p) = \{a_0, \ldots, a_{k-1}\}$. Nach dem Partitionslemma gibt es endlich viele Formeln $\chi_1, \ldots, \chi_r \in L_{k+1}^S$ mit einem Quantorenrang $\le n$, so daß jede Formel aus L_{k+1}^S mit einem Quantorenrang $\le n$ logisch äquivalent ist mit einer der Formeln χ_i. Wir definieren für $1 \le i \le r$:

$$\psi_i := \begin{cases} \chi_i, & \text{falls } Mod_S(\mathfrak{A} *{}^{a_0}_{v_0} \ldots {}^{a_{k-1}}_{v_{k-1}} {}^{a}_{v_k}, \chi_i) \\ \neg \chi_i, & \text{falls } Mod_S(\mathfrak{A} *{}^{a_0}_{v_0} \ldots {}^{a_{k-1}}_{v_{k-1}} {}^{a}_{v_k}, \neg \chi_i). \end{cases}$$

$\psi^\wedge$ sei konjunktive Zusammenfassung der ψ_i, also $\psi^\wedge := \psi_1 \wedge \ldots \wedge \psi_r$. Nach Definition von $\psi^\wedge$ sowie der Modellbeziehung gilt:

$$Mod_S(\mathfrak{A}*{}^{a_0}_{v_0}\ldots{}^{a_{k-1}}_{v_{k-1}}, \ \bigvee v_k \psi^\wedge).$$

Da $QR(\bigvee v_k \psi^\wedge) \leq n+1$ und $p \in I_{n+1}$ (gemäß Voraussetzung), gewinnen wir aus diesem letzten Resultat nach Def. von I_{n+1}:

$$Mod_S(\mathfrak{B}*{}^{p(a_0)}_{v_0}\ldots{}^{p(a_{k-1})}_{v_{k-1}}, \ \bigvee v_k \psi^\wedge).$$

Nach Def. der Modellbeziehung gibt es also ein $b \in B$, so daß

$$Mod_S(\mathfrak{B}*{}^{p(a_0)}_{v_0}\ldots{}^{p(a_{k-1})}_{v_{k-1}}{}^{b}_{v_k}, \ \psi^\wedge).$$

Von $\mathfrak{A}*$ werden somit unter den χ_i dieselben Formeln nach Zuordnung von $a_0, \ldots, a_{k-1}, a$ zu $v_0, \ldots, v_{k-1}, v_k$ erfüllt wie von $\mathfrak{B}*$ nach Zuordnung von $p(a_0), \ldots, p(a_{k-1}), b$ zu eben diesen Variablen. (Und dies gilt wegen des repräsentierenden Charakters der χ_i für alle Formeln vom Quantorenrang $\leq n$, die nicht mehr als $k+1$ freie Variable enthalten.) Somit ist $q := p \cup \{\langle a, b\rangle\}$ ein präpartieller Isomorphismus, der erstens p erweitert, zweitens für a definiert ist und drittens Element von I_n ist. Die Hin-Eigenschaft ist damit bewiesen.

Man muß sich noch klarmachen, daß kein I_n leer ist: Wegen der elementaren Äquivalenz von $\mathfrak{A}$ und $\mathfrak{B}$ gelten in diesen beiden Strukturen dieselben Sätze, insbesondere daher für beliebiges $n \in \omega$ dieselben Sätze vom Quantorenrang $\leq n$. Also liegt der leere präpartielle Isomorphismus in I_n. $\square$

Kapitel 15

Auszeichnung der Logik erster Stufe: Die Sätze von Lindström

15.1 Abstrakte logische Systeme

(A) Präliminarien

Die Quantorenlogik erster Stufe nimmt seit langem eine vorrangige Stellung ein gegenüber anderen logischen Systemen, wie z. B. Logiken höherer Stufen; Typenlogiken; abgeschwächten Teilsystemen der Quantorenlogik; Junktorenlogiken mit Quantifikationen über Satzvariablen; Logiken mit zusätzlichen Satzoperatoren, wie die (meisten) Modallogiken, etc. Und zwar ist dies sowohl dann der Fall, wenn die Logik den *Gegenstand* der Untersuchung bildet, als auch überall dort, wo sie als *Hilfsmittel* zur Formulierung von Theorien, insbesondere mathematischer Theorien, dient. Das eine findet seinen Niederschlag darin, daß die Quantorenlogik erster Stufe in fast allen Logikbüchern bevorzugt behandelt wird, insbesondere in solchen mit Lehrbuchcharakter. Das andere äußert sich vor allem in der Tatsache, daß an der Formalisierung mathematischer Theorien, wie auch der Mengenlehre, interessierte Logiker immer häufiger versuchen, die betreffenden Theorien als Theorien erster Stufe zu rekonstruieren.

Es hat viele Versuche gegeben, diese pragmatisch ausgezeichnete Stellung der Logik erster Stufe zu begründen, bzw. die dieser Stellung zugrunde liegenden Bedingungen aufzudecken. Die dabei benützten Argumente, angefangen von sprachanalytischen bis hin zu metaphysischen, weisen die beiden folgenden Mängel auf:

(i) In einer solchen Begründung muß von einer Wendung der folgenden Gestalt Gebrauch gemacht werden: ‚Die Quantorenlogik erster Stufe ist *unter allen logischen Systemen* dasjenige, welches …‘. Es wurde kaum je auch nur versucht, genauer zu präzisieren, worüber hier eigentlich quantifiziert wird, d. h. welche Systeme als logische Systeme wirklich in Betracht gezogen werden sollten.

(ii) Ebenso unvermeidbar in einer derartigen Begründung ist eine Wendung folgender Art: ‚... ist bezüglich der und der *Eigenschaften* das beste logische System'. Um sich dessen zu vergewissern, daß nicht doch irgendwelche anderen Systeme die gewünschten Eigenschaften „in höherem Grade" besitzen, daß also tatsächlich die präsentierte Logik diesbezüglich *optimal* ist, müßte genau festgelegt werden, welche Eigenschaften logischer Systeme als Anlässe dafür dienen sollen, ein System anderen vorzuziehen. Auch diese Aufgabe wurde bisher nicht bewältigt, schon wegen des meist fehlenden präzisen Bezugsrahmens.

Die Sätze von LINDSTRÖM bilden vermutlich den ersten erfolgreichen Versuch zur Auszeichnung der Quantorenlogik der ersten Stufe, dem diese beiden Mängel nicht anhaften. Vor allem ist es hier geglückt, sowohl den Begriff des logischen Systems als auch den der wünschenswerten Eigenschaft eines logischen Systems mit zugleich hinreichender Allgemeinheit und Präzision zu fassen, so daß darüber metalogische Vergleichsstudien angestellt werden können.

Die Allgemeinheit wird allerdings mit einem hohen Grad an Abstraktheit erkauft. Wie wir sogleich sehen werden, muß man sich bei dem in den Sätzen von LINDSTRÖM verwendeten Begriff des abstrakten logischen Systems von bestimmten Assoziationen befreien, die man gewöhnlich mit dem Gedanken an ein „formales logisches System" verknüpft.

Nach den herkömmlichen Methoden sind die ersten beiden Schritte sowohl beim syntaktischen wie beim semantischen Aufbau einer Logik die folgenden: Man gibt erstens eine Menge von Zeichen vor und legt zweitens durch geeignete Formregeln die zulässigen Zeichenverbindungen fest. Dieser zweite Gedanke eines „inneren syntaktischen Aufbaus" der zulässigen Ausdrücke aus gegebenen Zeichen wird jetzt vollkommen fallengelassen; denn die syntaktischen Eigenschaften der zu behandelnden Systeme sollen so weit wie möglich offen bleiben.

Natürlich muß es in einer Logik Sätze geben und diese Sätze müssen „irgend etwas mit Zeichen zu tun haben". Aber es gibt nichts, was man als eine feste Sprache auf der Grundlage vorgegebener Zeichen ansehen könnte. Der Zusammenhang zwischen beiden Arten von Entitäten: *Zeichen* und *Sätzen*, wird durch eine Zuordnung, also eine Funktion L, hergestellt. Sie ordnet jeder Zeichenmenge S eine Menge $L(S)$ zu, die Menge der S-Sätze dieser Logik. Es wird keine weitere Angabe darüber gemacht, *wie* die Elemente von $L(S)$ auf die von S Bezug nehmen; man darf nicht einmal voraussetzen, daß die Zeichen von S in irgendeinem besonders anschaulichen Sinn in den Sätzen von $L(S)$ „vorkommen". Der über die angegebene formale Bedingung hinausgehende Zusammenhang zwischen diesen beiden Arten von Entitäten beschränkt sich weitgehend auf eine Monotonieeigenschaft: Wenn einer Zeichenmenge S die Satz-

menge L(S) zugeordnet ist, so kann einer S einschließenden Zeichenmenge nicht eine Satzmenge zugeordnet sein, die kleiner ist als L(S).

Gegenüber dem auf ein Minimum zurückgedrängten syntaktischen Aspekt tritt der semantische Gesichtspunkt in den Vordergrund. Eine Logik $\mathfrak{L}$ im abstrakten Sinn soll aus zwei Komponenten bestehen. Die eine Komponente ist die bereits geschilderte Abbildung L. Die andere ist das abstrakte Gegenstück zur Modellbeziehung, die in Entsprechung zur früheren Symbolik $\mathrm{Mod}_\varrho(\cdot, -)$ genannt werde. Auch für diese Relation gilt *nur eine* kategoriale Bedingung, nämlich: Wenn zwei Entitäten in dieser Beziehung Mod_ϱ zueinander stehen, dann existiert eine Menge S, so daß die erste Entität eine semantische S-Struktur und die zweite ein S-Satz, also ein Element von L(S), ist. *Eigentliche* Bedingungen gibt es dagegen diesmal zwei, die Isomorphiebedingung und die Bedingung der Kontextfreiheit. Die erstere besagt, daß isomorphe semantische Strukturen erfüllungsgleich sind. Die zweite besagt, daß für einen Satz aus L(S) die nicht zu S gehörenden Zeichen semantisch irrelevant sind, d. h. genauer: Wenn φ ein Satz aus L(S) ist, und ferner S' die Menge S einschließt, so erfüllt eine S'-Struktur $\mathfrak{A}$ den Satz φ genau dann wenn φ bereits vom S-Redukt von $\mathfrak{A}$ erfüllt wird. Wir erinnern daran, daß das S-Redukt von $\mathfrak{A}$ diejenige Substruktur von $\mathfrak{A}$ ist, „in der" nur die Zeichen der Teilmenge S von S' interpretiert werden.

Damit können wir zur präziseren formalen Charakterisierung des Rahmens für den angestrebten Systemvergleich übergehen.

(B) *Abstrakte logische Systeme*

D1 Ein *(abstraktes) logisches System* $\mathfrak{L}$ ist ein geordnetes Paar $\mathfrak{L}=\langle \mathrm{L}, \mathrm{Mod}_\varrho \rangle$, wobei L eine einstellige Funktion und Mod_ϱ eine zweistellige Relation ist, welche die folgenden kategorialen Merkmale haben:

(a) L ordnet jeder Zeichenmenge[1] S die *Menge L(S) der S-Sätze von* $\mathfrak{L}$ zu.

(b) Wenn ein $\mathfrak{A}$ und ein φ in der Relation $\mathrm{Mod}_\varrho(\mathfrak{A}, \varphi)$ zueinander stehen, dann gibt es ein S, so daß $\mathfrak{A}$ eine S-*Struktur* und φ ein S-*Satz* von $\mathfrak{L}$ ist (d. h. $\varphi \in \mathrm{L}(S)$). Wir sagen dann: $\mathfrak{A}$ ist ein ($\mathfrak{L}$-) *Modell* von φ.

Zusätzlich soll für L bzw. Mod_ϱ gelten:

(i) *(Monotoniebedingung)*. Wenn $S \subseteq S'$, dann $\mathrm{L}(S) \subseteq \mathrm{L}(S')$.

(ii) *(Isomorphiebedingung)*. Wenn $\mathrm{Mod}_\varrho(\mathfrak{A}, \varphi)$ und $\mathfrak{A} \simeq \mathfrak{B}$, dann auch $\mathrm{Mod}_\varrho(\mathfrak{B}, \varphi)$.

---

1 Der Zeichenbegriff ist hier so aufzufassen, wie er bei den semantischen Strukturen eingeführt wurde. ‚Zeichen' und ‚Symbol' werden synonym verwendet.

(iii) *(Bedingung der Kontextfreiheit).* Wenn $S \subseteq S'$, $\varphi \in L(S)$ und $\mathfrak{A}$ eine S'-Struktur ist, dann ist

$$\mathrm{Mod}_\varrho(\mathfrak{A}, \varphi) \text{ gdw } \mathrm{Mod}_\varrho(\mathfrak{A} \restriction S, \varphi).$$

Wenn M eine Menge von S-Sätzen und $\mathfrak{A}$ eine S-Struktur ist, so besage $\mathrm{Mod}_\varrho(\mathfrak{A}, M)$ (,$\mathfrak{A}$ ist ($\mathfrak{L}$-) Modell von M') dasselbe wie: ‚für jedes $\varphi \in M$ gilt $\mathrm{Mod}_\varrho(\mathfrak{A}, \varphi)$'.

D2 Es sei $\mathfrak{L}$ ein abstraktes logisches System und $\varphi \in L(S)$. Dann sei

$$\mathrm{Mod}_\varrho^S(\varphi) := \{\mathfrak{A} \mid \mathfrak{A} \text{ ist eine } S\text{-Struktur und } \mathrm{Mod}_\varrho(\mathfrak{A}, \varphi)\}.$$

(Wenn die Zeichenmenge S aus dem Zusammenhang hervorgeht, kann der obere Index ‚S' weggelassen werden.)

Die semantischen Grundbegriffe können jetzt von der Quantorenlogik erster Stufe auf abstrakte logische Systeme übertragen werden:

D3 $\mathfrak{L}$ sei ein abstraktes logisches System; ferner sei $\varphi \in L(S)$.
    (a) φ ist *$\mathfrak{L}$-erfüllbar* gdw $\mathrm{Mod}_\varrho^S(\varphi) \neq \emptyset$.
    (b) φ ist *$\mathfrak{L}$-allgemeingültig* gdw $\mathrm{Mod}_\varrho^S(\varphi)$ identisch ist mit der Klasse aller S-Strukturen.
    (c) Falls $M \subseteq L(S)$ so besage $M \Vdash_\varrho \varphi$ (in Worten: φ ist *$\mathfrak{L}$-Folgerung von M*), daß jedes $\mathfrak{L}$-Modell von M ein $\mathfrak{L}$-Modell von φ ist.

Damit haben wir die drei semantischen Begriffe der Erfüllbarkeit, der Allgemeingültigkeit und der logischen Folgerung auf abstrakte logische Systeme übertragen.

Ferner treffen die obigen Merkmale (i)–(iii) insbesondere auf die Logik der ersten Stufe zu, die wir daher als einen Spezialfall $\mathfrak{L}_I$ eines abstrakten logischen Systems auffassen dürfen. Die Modellbeziehung bzw. Folgebeziehung heißt in diesem Fall Mod_{ϱ_I} und $\Vdash_{\varrho_I}$.

Als weiterer definierter Begriff wird sich später die folgende naheliegende Verallgemeinerung des Begriffs der elementaren Äquivalenz als fruchtbar erweisen:

D4 $\mathfrak{L}$ sei ein abstraktes logisches System. $\mathfrak{A}$ und $\mathfrak{B}$ seien zwei S-Strukturen. Wir sagen, $\mathfrak{A}$ und $\mathfrak{B}$ sind *$\mathfrak{L}$-äquivalent*, kurz:

$$\mathfrak{A} \equiv_\varrho \mathfrak{B}, \text{ gdw für alle } \varphi \in L(S): \mathrm{Mod}_\varrho(\mathfrak{A}, \varphi) \text{ gdw } \mathrm{Mod}_\varrho(\mathfrak{B}, \varphi).$$

    (C) Komparative Ausdrucksstärke abstrakter logischer Systeme

D5 $\mathfrak{L}_1$ und $\mathfrak{L}_2$ seien abstrakte logische Systeme. (Die beiden Komponenten von $\mathfrak{L}_1$ heißen L_1 und Mod_{ϱ_1}; analog sollen L_2 und Mod_{ϱ_2} die Komponenten von $\mathfrak{L}_2$ sein.)

Wir sagen:

(a) $\mathfrak{L}_2$ ist *mindestens so ausdrucksstark wie* $\mathfrak{L}_1$, kurz:

$$\mathfrak{L}_1 \leqslant \mathfrak{L}_2$$

gdw es zu jedem S und zu jedem $\varphi \in L_1(S)$ ein $\psi \in L_2(S)$ gibt, so daß

$$\mathrm{Mod}^S_{\mathfrak{L}_1}(\varphi) = \mathrm{Mod}^S_{\mathfrak{L}_2}(\psi).$$

(b) $\mathfrak{L}_1$ und $\mathfrak{L}_2$ sind *gleich ausdrucksstark*, kurz:

$$\mathfrak{L}_1 \sim \mathfrak{L}_2$$

gdw $\mathfrak{L}_1 \leqslant \mathfrak{L}_2$ und $\mathfrak{L}_2 \leqslant \mathfrak{L}_1$.

(Zwei abstrakte logische Systeme sind also gleich ausdrucksstark, wenn sie sich nicht „modelltheoretisch trennen" lassen.)

In den Sätzen von LINDSTRÖM werden wir es stets nur mit abstrakten logischen Systemen $\mathfrak{L}$ zu tun haben, für die gilt: $\mathfrak{L}_{\mathrm{I}} \leqslant \mathfrak{L}$, d.h. die mindestens so ausdrucksstark sind wie die Logik der ersten Stufe. Es wird dann darum gehen, Bedingungen zu finden, unter denen auch die Umkehrung, also $\mathfrak{L} \leqslant \mathfrak{L}_{\mathrm{I}}$, gilt, so daß man bei Vorliegen dieser gesuchten Bedingungen auf $\mathfrak{L}_{\mathrm{I}} \sim \mathfrak{L}$ schließen kann, also darauf, daß das fragliche logische[2] System $\mathfrak{L}$ dieselbe Ausdrucksstärke hat wie $\mathfrak{L}_{\mathrm{I}}$.

Ist nun $\mathfrak{L}_{\mathrm{I}} \leqslant \mathfrak{L}$ und φ ein S-Satz erster Stufe, so werde mit φ^* (als im allgemeinen mehrdeutigen Mitteilungszeichen) ein beliebiger, mit φ modellgleicher Satz aus $L(S)$ mitgeteilt. Für jeden mit φ^* mitgeteilten Satz gilt also:

$$\mathrm{Mod}^S_{\mathfrak{L}_{\mathrm{I}}}(\varphi) = \mathrm{Mod}^S_{\mathfrak{L}}(\varphi^*).$$

Falls M eine Menge von S-Sätzen erster Stufe ist, so sei $M^* = \{\varphi^* \mid \varphi \in M\}$ (genauer: $\{\psi \in L(S) \mid$ es gibt ein $\varphi \in M$, so daß ψ ein φ^* ist$\}$), d.h. die Menge geeigneter S-Sätze aus $\mathfrak{L}$, welche dieselben Modelle besitzen wie die Sätze aus M.

In bestimmten Fällen werden wir $*$ als Funktion von $L_{\mathrm{I}}(S)$ in $L(S)$ auffassen und zu diesem Zweck aus $\{\psi \mid \psi$ ist ein $\varphi^*\}$ jeweils ein festes ψ auswählen, das nun allein als φ^* bezeichnet wird.

(D) *Regularität: Wünschenswerte Eigenschaften*
 abstrakter logischer Systeme

Die erste zusätzliche Eigenschaft, von der wir später gewöhnlich verlangen werden, daß ein abstraktes logisches System $\mathfrak{L}$ sie besitzt,

---

2   Den Redeteil ‚abstrakt' innerhalb der Wendung ‚abstraktes logisches System' lassen wir der Einfachheit halber häufig fort.

lautet: $\mathfrak{L}$ enthält Boolesche Junktoren. Hier macht sich erstmals die oben angekündigte Tatsache bemerkbar, daß wir die syntaktische Struktur der Sätze von $\mathfrak{L}$ völlig offen lassen. Wir können daher nicht etwa verlangen, daß „in der $\mathfrak{L}$ zugrunde liegenden Sprache" *bestimmte Zeichen* mit den und den semantischen Eigenschaften vorkommen. Vielmehr müssen wir eine „von außen kommende", rein modelltheoretische Charakterisierung vornehmen, wie dies in der folgenden Definition geschieht, in der Negation und Adjunktion, die bekanntlich ein vollständiges Junktorensystem bilden, als Ausgangspunkt gewählt werden:

D6 *Boole*($\mathfrak{L}$) (‚in $\mathfrak{L}$ kommen die Booleschen Junktoren vor') gdw gilt:

    (*a*) Zu jedem S und jedem $\varphi \in L(S)$ gibt es ein $\vartheta \in L(S)$, so daß für jede S-Struktur $\mathfrak{A}$:

$$\mathrm{Mod}_{\mathfrak{L}}(\mathfrak{A}, \vartheta) \text{ gdw nicht } \mathrm{Mod}_{\mathfrak{L}}(\mathfrak{A}, \varphi).$$

    (*b*) Zu jedem S und jedem $\varphi \in L(S)$ und $\psi \in L(S)$ gibt es ein $\vartheta \in L(S)$, so daß für jede S-Struktur $\mathfrak{A}$:

$$\mathrm{Mod}_{\mathfrak{L}}(\mathfrak{A}, \vartheta) \text{ gdw } \mathrm{Mod}_{\mathfrak{L}}(\mathfrak{A}, \varphi) \text{ oder } \mathrm{Mod}_{\mathfrak{L}}(\mathfrak{A}, \psi) \text{ (oder beides)}.$$

Falls *Boole*($\mathfrak{L}$) gilt, werde ein ϑ, das die Bedingung von D6(a) erfüllt, durch $\neg \varphi$, und ein ϑ, das die Bedingung von D6(b) erfüllt, durch $\varphi \vee \psi$ bezeichnet. Analoges gilt für die anderen Junktorenzeichen $\wedge$, $\rightarrow$ etc. (So wie bei φ^* liegt auch bei $\neg \varphi$ bzw. $\varphi \vee \psi$ eine im allgemeinen mehrdeutige Mitteilung eines Satzes aus $L(S)$ vor. Andererseits besteht nach der jetzigen Festlegung z. B. zwischen den mit $\varphi \vee \psi$ bzw. den mit $\neg(\neg \varphi \wedge \neg \psi)$ mitgeteilten Formeln überhaupt kein Unterschied.)

Für die folgende Definition erinnern wir an zwei Konventionen aus dem vorigen Kapitel: Wenn $\mathfrak{A} = \langle A, \mathfrak{a} \rangle$ eine S-Struktur und U ein nicht in S enthaltenes einstelliges Prädikat sowie $M \subseteq A$ ist, so soll mit $(\mathfrak{A}, M)$ diejenige Erweiterung von $\mathfrak{A}$ um U bezeichnet werden, in der U durch M interpretiert wird. Wir bezeichnen die derart für das neue Argument U erweiterte Interpretationsfunktion wieder mit $\mathfrak{a}$ und schreiben entsprechend auch $(\mathfrak{A}, \mathfrak{a}(U))$ für $(\mathfrak{A}, M)$. Ist überdies M S-abgeschlossen, so soll $[M]^{\mathfrak{A}}$ die semantische Substruktur von $\mathfrak{A}$ mit dem Träger M sein (ebenso natürlich $[\mathfrak{a}(U)]^{\mathfrak{A}}$ die Substruktur von $\mathfrak{A}$ mit dem Träger $\mathfrak{a}(U)$).

    D7 *Relativier*($\mathfrak{L}$) (‚$\mathfrak{L}$ gestattet Relativierungen') gdw gilt: Zu jedem S, jedem $\varphi \in L(S)$ und jedem bezüglich S neuen einstelligen Prädikat U gibt es ein $\psi \in L(S \cup \{U\})$, so daß für alle S-Strukturen $\mathfrak{A}$ und alle S-abgeschlossenen Teilmengen M von A:

$$\mathrm{Mod}_{\mathfrak{L}}((\mathfrak{A}, M), \psi) \text{ gdw } \mathrm{Mod}_{\mathfrak{L}}([M]^{\mathfrak{A}}, \varphi).$$

Falls *Relativier*($\mathfrak{L}$) gilt, so soll ein ψ, das dieses Merkmal besitzt, φ^U genannt und als U-Relativierung des Satzes φ bezeichnet werden. (Da auch hier die Gefahr besteht, eine Funktionalität in diese Symbolik

hineinzulesen, sei wieder auf die Nichteindeutigkeit dieser Schreibweise, wie bei φ^* und $\neg\,\varphi$ bzw. $\varphi \vee \psi$, ausdrücklich hingewiesen.)

In der nächsten Definition werden die beiden folgenden Abkürzungen aus Kap. 14 verwendet: S sei eine gegebene Zeichenmenge. S^r entstehe aus S dadurch, daß alle Prädikate übernommen und die Funktionszeichen und Konstanten aus S durch Prädikate mit geeigneter Stellenzahl ersetzt werden. Für eine gegebene S-Struktur $\mathfrak{A}$ sei $\mathfrak{A}^r$ die dort beschriebene $\mathfrak{A}$ entsprechende Sr-Struktur (die statt Funktionszeichen und Konstanten deren Graphen beschreibende Prädikatzeichen enthält).

D8   *Ers*($\mathfrak{L}$) (‚$\mathfrak{L}$ gestattet die Ersetzung von Funktionszeichen und Konstanten durch Prädikatzeichen‘) gdw gilt:
Für jedes S und jedes $\varphi \in L(S)$ gibt es ein $\psi \in L(S^r)$, so daß für alle S-Strukturen $\mathfrak{A}$:

$$\mathrm{Mod}_\mathfrak{L}(\mathfrak{A}, \varphi) \text{ gdw } \mathrm{Mod}_\mathfrak{L}(\mathfrak{A}^r, \psi).$$

Sofern *Ers*($\mathfrak{L}$) gilt, werde ein ψ mit dieser Eigenschaft φ^r genannt. (Nichteindeutigkeit wie in den vorangehenden Fällen bei φ^*, $\neg\,\varphi$ usw.)

Logische Systeme, welche diese drei zusätzlichen Desiderata erfüllen, sollen regulär genannt werden:

D9   *Regulär*($\mathfrak{L}$) (‚Das abstrakte logische System $\mathfrak{L}$ ist regulär‘) gdw

Boole($\mathfrak{L}$) $\wedge$ *Relativier*($\mathfrak{L}$) $\wedge$ *Ers*($\mathfrak{L}$).

Es erscheint daher als naheliegend, den Vergleich von logischen Systemen in bezug auf Ausdrucksstärke mit $\mathfrak{L}_\mathrm{I}$ auf solche Logiken zu beschränken, die regulär sind.

(E) Für den Vergleich mit $\mathfrak{L}_\mathrm{I}$ relevante Eigenschaften logischer Systeme

Zwei Merkmale abstrakter logischer Systeme werden sich für den Vergleich mit $\mathfrak{L}_\mathrm{I}$ als äußerst wichtig erweisen. Wir halten sie in den nächsten beiden Definitionen fest.

D10   *LöwSkol*($\mathfrak{L}$) (‚Für das abstrakte logische System $\mathfrak{L}$ gilt der Satz von Löwenheim-Skolem‘) gdw gilt:
Ist für ein S der Satz $\varphi \in L(S)$ erfüllbar, so existiert ein Modell von φ, das einen (höchstens) abzählbaren Träger hat.

D11   *Kompakt*($\mathfrak{L}$) (‚Für das abstrakte logische System $\mathfrak{L}$ gilt der Kompaktheitssatz für Erfüllbarkeit‘) gdw gilt:
Ist für ein S die Menge $M \subseteq L(S)$ und ist jede endliche Teilmenge von M erfüllbar, so ist auch M selbst erfüllbar.
(Wie wir später feststellen werden, ergibt sich aus *Kompakt*($\mathfrak{L}$), analog zu $\mathfrak{L}_\mathrm{I}$, ein Kompaktheitssatz für die Folgebeziehung.)

Unter Benützung dieser Definition kann *das erste Resultat von Lindström* folgendermaßen bündig formuliert werden:

Wenn $\mathfrak{L}_I \leqslant \mathfrak{L} \wedge Regulär(\mathfrak{L}) \wedge LöwSkol(\mathfrak{L}) \wedge Kompakt(\mathfrak{L})$, dann $\mathfrak{L}_I \sim \mathfrak{L}$.

Danach ist also ein abstraktes logisches System, das mindestens so ausdrucksstark ist wie die Quantorenlogik der ersten Stufe und das überdies regulär ist sowie den Satz von Löwenheim-Skolem und den Kompaktheitssatz erfüllt, „bis auf Ausdrucksstärkenäquivalenz" bereits mit der Quantorenlogik der ersten Stufe identisch.

Das zweite Resultat von LINDSTRÖM unterscheidet sich von dem ersten grob gesprochen folgendermaßen. ‚$\leqslant$' und ‚*Regulär*' werden zu entsprechenden effektiven Prädikaten verstärkt. Die Voraussetzung *LöwSkol($\mathfrak{L}$)* wird unverändert übernommen und an die Stelle von *Kompakt($\mathfrak{L}$)* tritt die Forderung der Aufzählbarkeit der allgemeingültigen Sätze. Die Folgerung $\mathfrak{L}_I \sim \mathfrak{L}$ ist dieselbe. Dabei sind die Begriffe *effektiv* bzw. *aufzählbar* zu verstehen im Sinne einer beliebigen der miteinander äquivalenten Präzisierungen von Entscheidbarkeit bzw. Aufzählbarkeit.

15.2 Der erste Satz von Lindström

Bereits in Kap. 9.2 hatten wir gezeigt, daß aus dem üblicherweise für Erfüllbarkeit ausgesprochenen Kompaktheitstheorem ein solches für logische Folgerung gewonnen werden kann. Dasselbe gilt für abstrakte logische Systeme mit gewissen Minimaleigenschaften, wie wir uns rasch klarmachen:

Es sei $Boole(\mathfrak{L}) \wedge Kompakt(\mathfrak{L})$. Wenn für eine beliebige Zeichenmenge S, für ein M und ein φ mit $M \cup \{\varphi\} \subseteq L(S)$ gilt: $M \Vdash_{\mathfrak{L}} \varphi$, dann existiert eine endliche Teilmenge M_0 von M, so daß $M_0 \Vdash_{\mathfrak{L}} \varphi$.

Beweis: Die Voraussetzungen seien erfüllt. Gemäß $Boole(\mathfrak{L})$ werde ein $\neg \varphi$ gewählt. Da $M \Vdash_{\mathfrak{L}} \varphi$, ist $M \cup \{\neg \varphi\}$ nicht erfüllbar. Wegen Kompakt($\mathfrak{L}$) existiert eine endliche Teilmenge M_0 von M, so daß $M_0 \cup \{\neg \varphi\}$ nicht erfüllbar ist. Letzteres besagt dasselbe wie: $M_0 \Vdash_{\mathfrak{L}} \varphi$. $\square$

Wir sagen von zwei Strukturen $\mathfrak{A}$ und $\mathfrak{B}$, daß sie bezüglich eines bestimmten L(S)-Satzes φ *$\mathfrak{L}$-erfüllungsgleich* sind, falls $\text{Mod}_{\mathfrak{L}}(\mathfrak{A}, \varphi)$ gdw $\text{Mod}_{\mathfrak{L}}(\mathfrak{B}, \varphi)$. Ferner soll die Wendung ‚*die Bedeutung* eines L(S)-Satzes φ *hängt nur von endlich vielen Zeichen aus S ab*' dasselbe besagen wie ‚es gibt eine endliche Teilmenge S_0 von S, so daß für alle S-Strukturen $\mathfrak{A}$ und $\mathfrak{B}$ gilt: wenn $\mathfrak{A} \restriction S_0 \simeq \mathfrak{B} \restriction S_0$, dann sind $\mathfrak{A}$ und $\mathfrak{B}$ bezüglich φ $\mathfrak{L}$-erfüllungsgleich'.

Wir können jetzt unser erstes Lemma formulieren. (Ebenso wie das folgende Lemma setzt es nur die Regularität und Kompaktheit von $\mathfrak{L}$, nicht jedoch die Gültigkeit der Bedingung *LöwSkol*($\mathfrak{L}$) voraus.)

Lemma 15.1 *Es gelte Regulär($\mathfrak{L}$) $\wedge$ $\mathfrak{L}_1 \leqslant \mathfrak{L}$ $\wedge$ Kompakt($\mathfrak{L}$). Für eine beliebige relationale Zeichenmenge S sei $\psi \in L(S)$. Dann hängt die Bedeutung von ψ nur von endlich vielen Zeichen aus S ab.*

Beweis: Die Voraussetzungen seien erfüllt. Wir formulieren zunächst den zu beweisenden Satz explizit, nämlich: ‚Es gibt eine endliche Teilmenge S_0 von S, so daß für alle S-Strukturen $\mathfrak{A}$ und $\mathfrak{B}$ gilt: wenn $\mathfrak{A} \restriction S_0 \simeq \mathfrak{B} \restriction S_0$, dann (Mod$_\varrho$($\mathfrak{A}, \psi$) gdw Mod$_\varrho$($\mathfrak{B}, \psi$)).‘

Der folgende Beweisansatz hat eine gewisse formale Analogie zu der später im Teil B des Beweises von Th. 15.1 angewendeten Methode. (Der Unterschied ist technischer Natur: Gegenwärtig haben wir es mit dem Fall der gewöhnlichen Isomorphie zu tun, während später der kompliziertere Fall der endlichen Isomorphie vorliegen wird.)

Zu S werden drei neue Zeichen hinzugenommen: zwei einstellige Prädikate U und V sowie ein einstelliges Funktionszeichen f. M sei die Menge von $S \cup \{U, V, f\}$-Sätzen erster Stufe, die aussagen, daß das Designat von f ein Isomorphismus zwischen der auf dem Designat von U induzierten Substruktur und der auf dem Designat von V induzierten Substruktur ist:

(1) (*a*) $\bigvee x Ux$,   (*b*) $\bigvee x Vx$;

(2) (*a*) $\bigwedge x(Ux \rightarrow Vfx)$,

     (*b*) $\bigwedge y(Vy \rightarrow \bigvee x(Ux \wedge fx = y))$;

(3) $\bigwedge x \bigwedge y((Ux \wedge Uy \wedge fx = fy) \rightarrow x = y)$,

(4) für jedes n und jedes n-stellige Prädikat $R \in S$:

$$\bigwedge x_0 \dots \bigwedge x_{n-1}[(Ux_0 \wedge \dots \wedge Ux_{n-1}) \rightarrow$$
$$(Rx_0 \dots x_{n-1} \leftrightarrow Rfx_0 \dots fx_{n-1})].$$

(1) Besagt, daß die mittels U und V designierten Mengen nicht leer sind; (2), daß f eine surjektive, und (3), daß f eine injektive Abbildung designiert. Insgesamt beinhalten (1)–(3) die Feststellung, daß das Designat von f die beiden nichtleeren Bereiche bijektiv aufeinander abbildet. (4) enthält schließlich die übrigen für das Bestehen einer Isomorphie erforderlichen Aussagen, nämlich, daß die mittels f designierte Abbildung mit den Designaten sämtlicher Relationszeichen aus S verträglich ist.

Falls S unendlich viele Relationszeichen enthält, ist auch die Satzmenge M unendlich, da für jedes dieser Relationszeichen eine Bestimmung von der Art (4) in M vorkommen muß.

Die Sätze aus M sind zwar in der Sprache der Logik erster Stufe formuliert. Doch ist dies keine Beeinträchtigung der Allgemeinheit

unserer Überlegungen. Denn wegen $\mathfrak{L}_1 \leqslant \mathfrak{L}$ wissen wir, daß es zu jedem Satz aus M einen modellgleichen L(S)-Satz, also einen Satz mit denselben Modellen in $\mathfrak{L}$, gibt.

Wir nehmen jetzt U- und V-Relativierungen unseres Satzes ψ vor, was wir wegen *Regulär*($\mathfrak{L}$) tun können, bilden also zwei Sätze ψ^U und ψ^V. Unter Verwendung der in 15.1 (C) eingeführte Schreibweise M^* behaupten wir:

(A) $M^* \Vdash_\mathfrak{L} \psi^U \leftrightarrow \psi^V$.

Zum Beweis dieser Behauptung müssen wir, da $M^* \cup \{\psi^U \leftrightarrow \psi^V\}$ $\subseteq L(S \cup \{U, V, f\})$ ist, alle $S \cup \{U, V, f\}$-Strukturen betrachten. Sei also $\mathfrak{A} = \langle A, \mathfrak{a} \rangle$ eine $S \cup \{U, V, f\}$-Struktur, die M^* erfüllt, d. h. $\mathrm{Mod}_\mathfrak{L}(\mathfrak{A}, M^*)$. Da $\mathfrak{A}$ insbesondere (1) erfüllt, können die Mengen $\mathfrak{a}(U)$ und $\mathfrak{a}(V)$ nicht leer sein; außerdem ist $\mathfrak{a}(f) \restriction \mathfrak{a}(U)$ ein Isomorphismus von $[\mathfrak{a}(U)]^\mathfrak{A}$ auf $[\mathfrak{a}(V)]^\mathfrak{A}$ (d. h. ein Isomorphismus der Substruktur von $\mathfrak{A}$ mit dem Träger $\mathfrak{a}(U)$ auf die Substruktur mit dem Träger $\mathfrak{a}(V)$). Wegen der Isomorphiebedingung gilt also:

$(+)$ $\mathrm{Mod}_\mathfrak{L}([\mathfrak{a}(U)]^\mathfrak{A}, \psi)$ gdw $\mathrm{Mod}_\mathfrak{L}([\mathfrak{a}(V)]^\mathfrak{A}, \psi)$.

Sei nun $\mathfrak{A}'$ das S-Redukt der $S \cup \{U, V, f\}$-Struktur $\mathfrak{A}$, d. h. $\mathfrak{A}' = \langle A, \mathfrak{a} \restriction S \rangle$. Da *Relativier*($\mathfrak{L}$) gilt, können wir aus $(+)$ folgende Aussage über die beiden Erweiterungen $(\mathfrak{A}', \mathfrak{a}(U))$ und $(\mathfrak{A}', \mathfrak{a}(V))$ von $\mathfrak{A}'$ erschließen:

$(++)$ $\mathrm{Mod}_\mathfrak{L}((\mathfrak{A}', \mathfrak{a}(U)), \psi^U)$ gdw $\mathrm{Mod}_\mathfrak{L}((\mathfrak{A}', \mathfrak{a}(V)), \psi^V)$.

$\mathfrak{L}$ erfüllt die Bedingung der Kontextfreiheit. Daher können wir die links angeführte Struktur $(\mathfrak{A}', \mathfrak{a}(U))$ nochmals um $\mathfrak{a}(V)$ und $\mathfrak{a}(f)$ und die rechte Struktur entsprechend erweitern, wodurch wir beide Male dieselbe Struktur $\mathfrak{A}$ erhalten, so daß gilt:

$(+++)$ $\mathrm{Mod}_\mathfrak{L}(\mathfrak{A}, \psi^U)$ gdw $\mathrm{Mod}_\mathfrak{L}(\mathfrak{A}, \psi^V)$.

Außerdem dürfen wir wegen *Boole*($\mathfrak{L}$) vom metasprachlichen ‚gdw‘ zum objektsprachlichen ‚$\leftrightarrow$‘ übergehen. Indem wir diese beiden Akte simultan vollziehen, erhalten wir:

$(++++)$ $\mathrm{Mod}_\mathfrak{L}(\mathfrak{A}, \psi^U \leftrightarrow \psi^V)$.

Damit ist der Nachweis von (A) beendet. Der nächste Schritt besteht darin, auf (A) die (vor der Formulierung dieses Lemmas bewiesene) Kompaktheitsvoraussetzung für $\mathfrak{L}$ in der Folgerungsversion anzuwenden. Danach existiert eine *endliche* Teilklasse M_0 von M, so daß gilt:

(B) $M_0^* \Vdash_\mathfrak{L} \psi^U \leftrightarrow \psi^V$.

Die endlich vielen Sätze, deren Bilder in M_0^* liegen, also die Elemente von M_0, sind S-Sätze erster Stufe. Da diese endlich vielen $\mathfrak{L}_1$-Sätze nur endlich viele Zeichen enthalten, können wir eine *endliche* Teilmenge S_0 von S wählen, so daß M_0 nur S_0-Sätze enthält. Der Rest des Beweises wird nun darin bestehen, zu zeigen, daß das eben gewonnene S_0 die Bedingung unseres Lemmas erfüllt.

(Bevor wir dazu übergehen, lohnt es sich, für einen Augenblick zu pausieren, um sich klarzumachen, warum der umständliche Weg über (A) zu (B) notwendig war: Wie der Text im Anschluß an (B) zeigt, wird damit die Aufgabe „auf eine Sprache erster Stufe zurückgeschraubt", wo sie trivial beantwortbar ist. Um dies zu ermöglichen, mußte zunächst (A) verfügbar sein, um darauf *Kompakt*($\mathfrak{L}$) anzuwenden. Diese Anwendung der Kompaktheitsannahme für $\mathfrak{L}$ ist wesentlich; denn ohne sie erhielten wir nur eine *unendliche* Klasse M von S-Sätzen erster Stufe und unsere jetzt geltende Behauptung, daß in diesen Sätzen nur endlich viele Zeichen aus S vorkommen, ließe sich nicht mehr aufrechterhalten.)

Wir zeigen nun die Behauptung von Lemma 15.1 in der zu Beginn des Beweises gegebenen expliziten Form. Wir wählen ein endliches $S_0 \subseteqq S$ wie zuvor im Anschluß an (B) und setzen weiter voraus, daß $\mathfrak{A}$ und $\mathfrak{B}$ S-Strukturen sind, so daß es ein i gibt mit

$$i : \mathfrak{A} \restriction S_0 \simeq \mathfrak{B} \restriction S_0$$

Die beiden Träger A und B von $\mathfrak{A}$ und $\mathfrak{B}$ seien disjunkt. (Dies kann man stets erreichen, indem man zu isomorphen Kopien von $\mathfrak{A}$ und $\mathfrak{B}$ übergeht, für welche die Disjunktheit gilt, *und* die Isomorphiebedingung anwendet.)

Unsere Methode für den Rest des Beweises besteht darin, eine $S \cup \{U, V, f\}$-Superstruktur $\mathfrak{C}$ von $\mathfrak{A}$ und $\mathfrak{B}$ zu konstruieren, die ein Modell von M_0 ist und aus der sich dann die die Behauptung erfüllenden $\mathfrak{A}$ und $\mathfrak{B}$ als geeignete Substrukturen wieder zurückgewinnen lassen.

Der Träger von $\mathfrak{C} = \langle C, \mathfrak{c} \rangle$ sei definiert durch $C := A \cup B$. Ferner gelte:

(a) für alle $R \in S : \mathfrak{c}(R) := \mathfrak{a}(R) \cup \mathfrak{b}(R)$;

(b) $\mathfrak{c}(U) := A$;

(c) $\mathfrak{c}(V) := B$;

(d) $\mathfrak{c}(f)$ sei so erklärt, daß $\mathfrak{c}(f) \restriction A = i$.

(Also: Für jedes Prädikat aus S werde dessen Extension als Vereinigung der Extensionen erklärt, die dieses Prädikat in $\mathfrak{A}$ und $\mathfrak{B}$ zugeteilt erhält. Diese Definition bewirkt, daß später beim Übergang auf die Substrukturen mit Träger A bzw. B – wegen $A \cap B = \emptyset$ – wieder die ursprünglichen Extensionen der Prädikate in $\mathfrak{A}$ bzw. $\mathfrak{B}$ gewonnen werden. Die beiden neuen Prädikate U bzw. V werden so interpretiert, daß sie die Träger A bzw. B designieren. Für das Designat von f ist es hinreichend, es so zu erklären, daß seine Restriktion auf A, d.h. auf $\mathfrak{c}(U)$, mit dem oben vorgegebenen Isomorphismus i identisch ist.)

Der Vergleich der Sätze (1)–(4) (beschränkt auf die endliche Teilmenge M_0) mit der Beschreibung von $\mathfrak{C}$ liefert das Zwischenergebnis:

$$\mathrm{Mod}_{\mathfrak{L}_{\mathrm{I}}}(\mathfrak{C}, M_0).$$

Daraus gewinnt man aufgrund der Eigenschaft der Operation $*$:

$$\mathrm{Mod}_{\mathfrak{L}}(\mathfrak{C}, M_0^*).$$

Mittels (B) erhält man daraus:

$$\mathrm{Mod}_{\mathfrak{L}}(\mathfrak{C}, \psi^U \leftrightarrow \psi^V),$$

wegen $Boole(\mathfrak{L})$ also auch:

$$\mathrm{Mod}_{\mathfrak{L}}(\mathfrak{C}, \psi^U) \text{ gdw } \mathrm{Mod}_{\mathfrak{L}}(\mathfrak{C}, \psi^V).$$

Sei nun $\mathfrak{C}'$ das S-Redukt von $\mathfrak{C}$ (d. h. $\mathfrak{C} = (\mathfrak{C}', \mathfrak{c}(U), \mathfrak{c}(V), \mathfrak{c}(f))$ mit $\mathfrak{C}' = \langle C, \mathfrak{c} \restriction S \rangle$). Wir erhalten somit:

$$(\bigcirc) \quad \mathrm{Mod}_{\mathfrak{L}}((\mathfrak{C}', \mathfrak{c}(U)), \psi^U) \text{ gdw } \mathrm{Mod}_{\mathfrak{L}}((\mathfrak{C}', \mathfrak{c}(V)), \psi^V).$$

Nun ist aber die Substruktur von $\mathfrak{C}'$ mit dem Träger $\mathfrak{c}(U)$ identisch mit $\mathfrak{A}$, d. h. $[\mathfrak{c}(U)]^{\mathfrak{C}'} = \mathfrak{A}$; und analog: $[\mathfrak{c}(V)]^{\mathfrak{C}'} = \mathfrak{B}$.

Wegen der Gültigkeit von $Relativier(\mathfrak{L})$ erhält man somit aus $(\bigcirc)$:

$$\mathrm{Mod}_{\mathfrak{L}}(\mathfrak{A}, \psi) \text{ gdw } \mathrm{Mod}_{\mathfrak{L}}(\mathfrak{B}, \psi).$$

Dies ist genau der Dann-Satz der zu zeigenden expliziten Form der Behauptung von Lemma 15.1. $\quad\square$

Th. 15.1 (Erster Satz von Lindström) *Wenn ein abstraktes logisches System $\mathfrak{L}$ die Bedingungen erfüllt:*
(a) *Regulär$(\mathfrak{L})$;*
(b) $\mathfrak{L}_{\mathrm{I}} \leqslant \mathfrak{L}$;
(c) *LöwSkol$(\mathfrak{L})$;*
(d) *Kompakt$(\mathfrak{L})$,*

dann gilt: $\mathfrak{L}_{\mathrm{I}} \sim \mathfrak{L}$.

Beweis:

Intuitive Strategieskizze:

Wir betrachten ein beliebiges logisches System $\mathfrak{L}$, für das die vier Bedingungen (a)–(d) gelten. Zu beweisen ist die Behauptung: $\mathfrak{L}_{\mathrm{I}} \sim \mathfrak{L}$. Der Beweis soll in vier Teile unterteilt werden. In jedem dieser Teile wird neben einer Anzahl routinemäßig vollzogener Schritte ein entscheidender Kunstgriff benützt. In diesem Überblick sollen die Kunstgriffe lokalisiert, also von den Routineschritten abgegrenzt werden.

(*Teil A*) Im ersten Teil wird die zu beweisende Aussage mit Hilfe von *drei Reduktionsschritten* auf eine andere zurückgeführt, die sich als leichter zu bewältigen erweist. Der erste dieser Schritte besteht in dem folgenden Lemma (für das *LöwSkol*($\mathfrak{L}$) noch nicht vorausgesetzt zu werden braucht):

(x) *Angenommen, ein abstraktes logisches System $\mathfrak{L}$ erfüllt die Bedingungen:*

(α_1) *Regulär*($\mathfrak{L}$); (α_2) $\mathfrak{L}_1 \leqslant \mathfrak{L}$; ($\alpha_3$) *Kompakt*($\mathfrak{L}$);

(β) *für alle Zeichenmengen S und alle S-Strukturen $\mathfrak{A}$ und $\mathfrak{B}$: falls $\mathfrak{A}$ und $\mathfrak{B}$ elementar äquivalent sind, so sind $\mathfrak{A}$ und $\mathfrak{B}$ auch $\mathfrak{L}$-äquivalent* (abgek.: *falls $\mathfrak{A} \equiv \mathfrak{B}$, so auch $\mathfrak{A} \equiv_\varrho \mathfrak{B}$*).

Dann gilt für $\mathfrak{L}$: $\mathfrak{L}_1 \sim \mathfrak{L}$.

Da (α_1) mit (*a*), (α_2) mit (*b*) und (α_3) mit (*d*) identisch ist, genügt es, die Aussage (β) zu beweisen (*Reduktionsschritt 1*). Die für das Folgende als richtig unterstellte Aussage (x) wird am Schluß dieses Abschnittes als Lemma 15.2 bewiesen. Wer bereits jetzt einen Einblick in diesen Beweis gewinnen möchte, kann dessen Studium hier voranziehen.

Auch diese Aufgabe können wir weiter reduzieren: Es genügt, eine Aussage (β)^r zu beweisen, die sich von (β) allein dadurch unterscheidet, daß S diesmal keine beliebige, sondern nur eine *relationale Zeichenmenge* ist (*Reduktionsschritt 2*). Der Beweis dafür, daß die Gültigkeit von (β)^r für die Gültigkeit von (β) hinreicht, werden wir ebenfalls später nachtragen.

Wir zeigen nun, wie sich auch dieses Problem durch Anwendung einiger Routineschritte auf ein einfacheres zurückführen läßt (*Reduktionsschritt 3*). Zu diesem Zweck formen wir die Negation der Aussage (β)^r in mehreren Folgerungsschritten um, gehen also im Sinne eines indirekten Beweisansatzes vor: Wir nehmen an, daß es für ein relationales S zwei semantische Strukturen $\mathfrak{A}$ und $\mathfrak{B}$ sowie einen Satz ψ aus $\mathfrak{L}$ gibt, so daß einerseits $\mathfrak{A}$ und $\mathfrak{B}$ elementar äquivalent sind, andererseits $\mathfrak{A}$ und $\mathfrak{B}$ in $\mathfrak{L}$ durch ψ getrennt werden. Es soll also gelten:

(I) Für geeignete semantische S-Strukturen $\mathfrak{A}$ und $\mathfrak{B}$ mit relationalem S sowie für ein geeignetes $\psi \in L(S)$ sei

(1) $\mathfrak{A} \equiv \mathfrak{B}$

(2) $\mathrm{Mod}_\varrho(\mathfrak{A}, \psi)$

(3) nicht $\mathrm{Mod}_\varrho(\mathfrak{B}, \psi)$.

Es ist nun im Rahmen des indirekten Beweises zu zeigen, daß (I) unter den gegebenen Voraussetzungen zum Widerspruch führt; denn dann ist (β)^r, also auch (β), daher die noch ausstehende Voraussetzung von (x) und damit Th. 15.1 selbst bewiesen.

Da wegen Bedingung (*a*) die Aussage *Boole*($\mathfrak{L}$) gilt, können wir (3) durch $\mathrm{Mod}_\varrho(\mathfrak{B}, \neg \psi)$ ersetzen.

Wir wenden jetzt Lemma 15.1 auf das S, $\mathfrak{A}$, $\mathfrak{B}$ und ψ von (I) an. Dies ist zulässig; denn mit den Bedingungen (*a*), (*b*) und (*d*) sind die Voraus-

setzungen jenes Lemmas erfüllt. Wir können also behaupten:

(y) Es existiert eine *endliche* Teilmenge S_0 von S, so daß gilt: wenn $\mathfrak{A} \upharpoonright S_0 \simeq \mathfrak{B} \upharpoonright S_0$, dann
$$\mathrm{Mod}_\varrho(\mathfrak{A},\psi) \text{ gdw } \mathrm{Mod}_\varrho(\mathfrak{B},\psi).$$

Die folgenden Umformungen betreffen ausschließlich (I) (1). Für das S_0 aus (y) erhält man zunächst trivial:

(1') $\mathfrak{A} \upharpoonright S_0 \equiv \mathfrak{B} \upharpoonright S_0$.

Hier werten wir die Endlichkeit von S_0 aus: Wir dürfen den Satz von FRAISSÉ anwenden und die *semantische* Aussage (1') durch die *algebraische* Behauptung ersetzen, daß $\mathfrak{A} \upharpoonright S_0$ und $\mathfrak{B} \upharpoonright S_0$ endlich isomorphe Strukturen sind. Da wir (2) und (3) von (I) nicht geändert haben, erhalten wir insgesamt für das $\mathfrak{A}$, $\mathfrak{B}$ und ψ aus (I) sowie das nach (y) existierende endliche S_0:

(II) (1) Für eine geeignete Folge $(I_n)_{n\in\omega}$ nichtleerer Mengen präpartieller Isomorphismen gilt:
$$(I_n)_{n\in\omega} : \mathfrak{A} \upharpoonright S_0 \simeq_e \mathfrak{B} \upharpoonright S_0;$$
    (2) $\mathrm{Mod}_\varrho(\mathfrak{A}, \psi)$;
    (3) $\mathrm{Mod}_\varrho(\mathfrak{B}, \neg\psi)$.

Angenommen, es würde uns gelingen, (II) doppelt zu verschärfen, nämlich *erstens* dadurch, daß wir $\mathfrak{A}$ und $\mathfrak{B}$ durch abzählbare Strukturen $\mathfrak{A}'$ und $\mathfrak{B}'$ ersetzen könnten, und *zweitens* dadurch, daß wir statt (II) (1) das Bestehen einer partiellen Isomorphie zwischen $\mathfrak{A}'$ und $\mathfrak{B}'$ behaupten dürften. Wir könnten dann von (II) übergehen zu

(III) (1) $\mathfrak{A}' \upharpoonright S_0 \simeq_p \mathfrak{B}' \upharpoonright S_0$;
    (2) $\mathrm{Mod}_\varrho(\mathfrak{A}', \psi)$;
    (3) $\mathrm{Mod}_\varrho(\mathfrak{B}', \neg\psi)$.

Damit hätten wir unser Beweisziel schon erreicht. Denn nach einem Resultat von Kap. 14 (nämlich (D) von 14.4.11) würde aus (III) (1) folgen: $\mathfrak{A}' \upharpoonright S_0 \simeq \mathfrak{B}' \upharpoonright S_0$, d.h. diese beiden Strukturen wären isomorph. Nach (y) erhielten wir: $\mathrm{Mod}_\varrho(\mathfrak{A}' \upharpoonright S_0, \psi)$ gdw $\mathrm{Mod}_\varrho(\mathfrak{B}' \upharpoonright S_0, \psi)$, im Widerspruch zu (2) und (3) von (III). Damit wäre (β)^r bewiesen.

Wir stellen die mit dem indirekten Beweisansatz für (β)^r beginnenden routinemäßigen Übergänge sowie die noch verbleibende Beweislücke übersichtlich zusammen, so daß wir ein anschauliches Bild vom Reduktionsschritt 3 erhalten[3]. Hinter das (metametasprachliche) Symbol ‚∴‘ für logische Folgerung schreiben wir in Klammern stichwortartig die Rechtfertigungsweise an:

---

3 Da die Bedingungen (2) und (3) für (II) und (III) nach Wahl von $\mathfrak{A}'$ und $\mathfrak{B}'$ eng verwandt sind, wie wir später noch genauer sehen werden, genügt es, hier die zu (II)(1) führenden und mit (III)(1) beginnenden Übergänge zu berücksichtigen.

elementare Äquivalenz von $\mathfrak{A}$ und $\mathfrak{B}$:· (trivial)

elementare Äquivalenz von $\mathfrak{A} \upharpoonright S_0$ und $\mathfrak{B} \upharpoonright S_0$ (mit Wahl eines endlichen S_0 im Sinne von Lemma 15.1 bzw. (y))   :· (Satz von FRAISSÉ)

(i) endliche Isomorphie zwischen $\mathfrak{A} \upharpoonright S_0$ und $\mathfrak{B} \upharpoonright S_0$:·

noch bestehende $\Big\{$:
Beweislücke   :

(ii) partielle Isomorphie zwischen $\mathfrak{A}' \upharpoonright S_0$ und $\mathfrak{B}' \upharpoonright S_0$ mit abzählbaren $\mathfrak{A}'$ und $\mathfrak{B}'$:· (Kap. 14.4.11, (D))
Isomorphie zwischen $\mathfrak{A}' \upharpoonright S_0$ und $\mathfrak{B}' \upharpoonright S_0$.

Jetzt können wir ganz genau sagen, was unser *dritter Reduktionsschritt* leistet: Er führt die Aufgabe, einen Beweis von $(\beta)^r$ zu liefern, auf das Problem zurück, von (i) auf (ii) zu schließen, d. h. ausgehend von einer Feststellung über die endliche Isomorphie der S_0-Redukte zweier Strukturen zwei neue, (höchstens) abzählbare Strukturen zu finden, deren S_0-Redukte partiell isomorph sind.

Der *erste Kunstgriff,* und damit der Kern von *Teil A* des Beweises, besteht darin, den Beweis des ersten Satzes von LINDSTRÖM mit den beschriebenen drei Reduktionsschritten auf die Frage zurückzuführen, wie der Übergang von (i) zu (ii) vollzogen werden kann.

Anmerkung. Die Schilderung dieses ersten Beweisteiles kann dazu dienen, ein naheliegendes Mißverständnis des Verhältnisses von Routineschritten und Kunstgriffen zu beseitigen. Ein Anfänger, der erst kürzlich den Satz von FRAISSÉ sowie die Tatsache zur Kenntnis genommen hat, daß es sich dabei um ein tiefliegendes Resultat der Logik handelt, und der dann erfährt, daß dieser Satz im Beweis des ersten Theorems von LINDSTRÖM eine wesentliche Rolle spielt, wird vermuten, daß die Anwendung des Satzes von FRAISSÉ ein entscheidender Kunstgriff im fraglichen Beweis ist. *Das ist jedoch nicht der Fall.* Ein Blick auf das obige Schema lehrt, daß auch innerhalb des dritten Reduktionsschrittes die Benützung des Satzes von FRAISSÉ eine rein routinemäßige Angelegenheit ist. Dies gilt ganz allgemein: Zum Nachweis eines tiefliegenden logischen oder mathematischen Lehrsatzes wird man stets gewisse Kunstgriffe benötigen, ebenso, wenn man mit seiner Hilfe einen weiteren, ebenfalls tiefliegenden Lehrsatz gewinnt. Dies bedeutet jedoch nicht, daß der erste Lehrsatz Bestandteil eines Kunstgriffes im Beweis des zweiten sein muß; seine Anwendung kann relativ „mechanisch" erfolgen. So auch hier.

(*Teil B*) In diesem zweiten Beweisteil soll der entscheidende Ansatz für die Ausfüllung der obigen Beweislücke, also für den Übergang von (II) zu (III), geliefert werden. Zunächst ist überhaupt nicht zu erkennen, wie dies möglich sein sollte. Denn sowohl die Strukturen als auch die jeweils zwischen ihnen bestehenden Relationen sind in beiden Fällen recht verschieden.

Diesmal ist der Unterschied zwischen Grundintuition oder Kunstgriff einerseits und Routine andererseits ganz erheblich. Ersteres besteht

sozusagen in einer blitzartigen Idee, letzteres in recht langwierigen Detailausführungen.

Der (*zweite*) *Kunstgriff* lautet: ,*Die Aussage* (i), bzw. genauer: *die ganze Aussage* (II)(1) *bis* (3) *soll in der abstrakten Logik* $\mathfrak{L}$ *beschrieben werden.*' (Die beiden nachfolgenden Kunstgriffe bestehen dann darin, diese $\mathfrak{L}$-Beschreibung von (II) zum *Gegenstand* weiterer Betrachtungen zu machen und durch geschickte Anwendung zunächst von *Kompakt*($\mathfrak{L}$) und dann von *LöwSkol*($\mathfrak{L}$) schließlich das intendierte Resultat (III)(1) bis (3) zu gewinnen.)

Die detaillierte Durchführung dieser $\mathfrak{L}$-Beschreibung ist die etwas mühsame, aber durchaus routinemäßige Kehrseite dieses zweiten Kunstgriffes. Wir verschieben sie auf später und beschränken uns vorläufig auf ein paar Bemerkungen zum methodischen Vorgehen.

Wenn man in einer formalen Sprache eine Beschreibung mit Hilfe von endlich vielen Sätzen liefern und sich überdies von der Richtigkeit dieser Sätze überzeugen möchte, geht man gewöhnlich so vor: Man schreibt zunächst diese Sätze an und konstruiert dann eine die Sätze erfüllende Struktur. *Diese Reihenfolge kehren wir um:* Wir machen uns in einem ersten Schritt klar, wie die semantische Struktur, nennen wir sie $\mathfrak{C} = \langle C, \mathfrak{c} \rangle$, beschaffen sein muß, die ein Modell der gesuchten Beschreibung liefern soll. Erst im zweiten Schritt wird die genaue Beschreibung von (II) selbst geliefert.

Hier nun eine intuitive Charakterisierung der intendierten Struktur von $\mathfrak{C}$. Sie muß jedenfalls eine die beiden gegebenen Strukturen $\mathfrak{A}$ und $\mathfrak{B}$ *umfassende Superstruktur* sein. Ihre Trägermenge C muß die Träger von $\mathfrak{A}$ und $\mathfrak{B}$, o.B.d.A. als getrennt vorausgesetzt, einschließen. Außerdem muß C die Menge ω als Indexmenge der Folge der Mengen I_n einschließen. Aber auch die präpartiellen Isomorphismen, von denen in (II)(1) die Rede ist, müssen eingeschlossen werden; m.a.W. es muß auch die unendliche Vereinigung $\bigcup_{n \in \omega} I_n$ Teilmenge von C sein. Um die gewünschte Beschreibung vornehmen zu können, werden verschiedene neue Zeichen benötigt, darunter etwa zwei Prädikate U und V, welche in $\mathfrak{C}$ die Träger der beiden Strukturen $\mathfrak{A}$ und $\mathfrak{B}$ designieren, d.h. $\mathfrak{c}(U) = A$ und $\mathfrak{c}(V) = B$. Zu den zusätzlichen Zeichen, die mittels $\mathfrak{c}$ zu interpretieren sind, wird insbesondere ,$<$' gehören mit $\mathfrak{c}(<)$ als natürlicher Ordnungsrelation über ω sowie ,f', wobei $\mathfrak{c}(f) \upharpoonright \omega$ die Vorgängerfunktion auf ω bildet, die von 0 abwärts stationär sein soll (d.h. $\mathfrak{c}(f)\,(0) = 0$).

Wie aber können wir die Beschreibung von (II) in $\mathfrak{L}$ durchführen? Wir haben ja gar keine Ahnung, wie Sätze von $\mathfrak{L}$, selbst bei vorgegebener Zeichenmenge, aussehen! Hier hilft uns die Tatsache weiter, daß diese Beschreibung nachweislich *in einer Sprache erster Stufe* durchgeführt werden kann. Eine solche Beschreibung wird vorgenommen und es wird

so getan, *als ob* dies eine Beschreibung innerhalb von $\mathfrak{L}$ wäre. Das ist kein Rückgriff auf eine unzulässige Philosophie des Als-Ob, sondern wegen der Bedingung $(b): \mathfrak{L}_1 \leqslant \mathfrak{L}$, eine vollkommen legitime Annahme. Diese Bedingung gewährleistet, daß es zu jedem Satz erster Stufe über einer bestimmten Zeichenmenge einen modellgleichen Satz von $\mathfrak{L}$ über derselben Zeichenmenge gibt.

(*Teil C*) Nehmen wir also an, die für *Teil B* angekündigte Beschreibung von (II), für die $\mathfrak{C}$ ein Modell bildet, sei erfolgreich zu Ende geführt worden. Es sei ϑ eine Konjunktion der endlich vielen Sätze dieser Beschreibung in der abstrakten Logik $\mathfrak{L}$.

Ziel des *dritten Kunstgriffes* im Beweisteil *C* ist es, durch geschickte Anwendung von *Kompakt*$(\mathfrak{L})$ die durch die $<$-Relation geordnete Folge ihrem Wesen nach durch „Umkippen" zu ändern. Dazu erinnern wir uns an die Beschaffenheit der in (II)(1) angeführten Folge von Mengen I_n: In jedem einzelnen I_k liegen nur präpartielle Isomorphismen, die sich k-mal erweitern lassen; ihre Fortsetzungen liegen dann der Reihe nach in $I_{k-1}, \ldots, I_1, I_0$. Die Folge der I_n selbst hingegen bricht nach oben hin nicht ab: zu *jeder* Zahl $r \in \omega$ gibt es eine nichtleere Menge I_r präpartieller Isomorphismen mit der Eigenschaft der r-fachen Erweiterbarkeit. Inhaltlich bedeutet dies, daß wir die nach oben unbegrenzte Folge der Zahlen aus ω, beginnend mit 0, als durch $<$ geordnet zu betrachten haben:

$$0 < 1 < 2 \ldots < n < n + 1 < \ldots .$$

(Genauer müßte statt dem Zeichen ‚$<$' stets dessen intendiertes Designat ‚$\mathfrak{c}(<)$' stehen, das hier die natürliche Anordnungsrelation der Zahlen aus ω bezeichnet.)

Das erwähnte *Umkippen* bedeutet, daß die unendliche Menge ω durch eine andere unendliche Menge zu ersetzen ist, deren Elemente, beginnend mit einem ganz bestimmten Element dieser Menge, etwa durch ‚d' designiert, in der umgekehrten Richtung geordnet werden. Wir erinnern daran, daß das Designat von ‚f', restringiert auf ω, die (ab 0 stationäre) Vorgängerfunktion auf ω sein sollte. Wenn wir die n-fache Hintereinanderschaltung solcher f's durch ‚f^n' abkürzen, so bilden wir also eine Satzmenge, die außer dem Satz ϑ alle Aussagen $fd < d$, $f^2 d < fd$, $\ldots$, $f^{n+1}d < f^n d$, $\ldots$ enthält. Genauer kann diese unendliche Satzmenge M_∞ folgendermaßen definiert werden:

$$M_\infty := \{\vartheta\} \cup \{f^{n+1}d < f^n d \mid n \in \omega\} .$$

Wenn wir uns wieder die Beschaffenheit des Begriffs der endlichen Isomorphie vor Augen halten, wird es klar, *daß jede endliche Teilmenge von M_∞ $\mathfrak{L}$-erfüllbar ist.* Um sich davon zu überzeugen, hat man nichts anderes zu tun, als die frühere Struktur $\mathfrak{C}$ durch eine geeignete Interpretation $\mathfrak{c}(d)$ der Konstanten ‚d' zu ergänzen: Für jede endliche Teilmenge

bezeichne $c(d)$ eine hinreichend große nichtnegative Zahl (nämlich jene, die als höchster Index eines I_n in dem erfüllenden Modell der Teilmenge auftritt).

Jetzt kommt der entscheidende Schritt: Da jede endliche Teilmenge von M_∞ $\mathfrak{L}$-erfüllbar ist, *existiert wegen Kompakt($\mathfrak{L}$) ein $\mathfrak{L}$-Modell von M_∞*, also eine Struktur $\mathfrak{D} = \langle D, \mathfrak{d} \rangle$ (in der also d die *feste* Bedeutung $\mathfrak{d}(d)$ erhält), die alle Sätze von M_∞ simultan $\mathfrak{L}$-erfüllt.

Hier ist das oben intuitiv geschilderte „Umkippen" nun exakt vollzogen: An die Stelle der seinerzeitigen aufsteigenden Kette nichtnegativer Zahlen *ist* jetzt *eine in der Trägermenge D von $\mathfrak{D}$ enthaltene unendlich lange Vorgängerkette von $\mathfrak{d}(d)$ getreten*, nämlich:

$$\ldots < \mathfrak{d}(f^n d) < \ldots < \mathfrak{d}(fd) < \mathfrak{d}(d)$$

(analog zu früher haben wir auch hier abkürzend ,$<$' statt ,$\mathfrak{d}(<)$' geschrieben).

(*Teil D*) Es ist jetzt noch eine letzte wichtige Aufgabe zu bewältigen: Die (im Normalfall überabzählbare) Struktur $\mathfrak{D}$ ist durch eine *abzählbare* Struktur, die ebenfalls eine unendlich lange Vorgängerkette enthält, zu ersetzen. Dies zu bewerkstelligen, ist das Ziel des *vierten und letzten Kunstgriffes*. Wie zu erwarten, wird dafür die bisher noch nicht verwendete Bedingung *LöwSkol*($\mathfrak{L}$) benützt. Aber wie? Rein mechanisch geht es sicherlich nicht; denn M_∞ ist eine *unendliche Satzmenge*, während das Theorem von Löwenheim-Skolem nur auf *einzelne Sätze* anwendbar ist.

Es ist daher naheliegend, zu versuchen, den Gehalt von M_∞ *durch eine einzige Aussage χ wiederzugeben*: Den Teil ϑ übernehmen wir unverändert, diesmal als abstraktes Konjunktionsglied der gesuchten Aussage χ. Und die unendliche Klasse $\{f^{n+1}d < f^n d \mid n \in \omega\}$ wird nach Wahl eines neuen einstelligen Prädikats Q durch den folgenden gehaltgleichen Satz ersetzt:

$$\chi_1 := Qd \wedge \wedge x(Qx \rightarrow (fx < x \wedge Qfx))$$

(in Worten: ,d ist Element von Q und jedes Element von Q hat einen unmittelbaren Vorgänger, der selbst ebenfalls zu Q gehört'). Es sei $\chi := \vartheta \wedge \chi_1$, wieder als abstrakte Konjunktion im Sinn von *Boole*($\mathfrak{L}$) aufgefaßt; außerdem ist χ_1 wegen $\mathfrak{L}_1 \leqslant \mathfrak{L}$ als Satz von $\mathfrak{L}$ zulässig.

Unter $\mathfrak{D}' = \langle D', \mathfrak{d}' \rangle$ soll die Struktur verstanden werden, die aus $\mathfrak{D}$ dadurch hervorgeht, daß zusätzlich Q interpretiert wird als:

$$\mathfrak{d}'(Q) := \{\mathfrak{d}(f^n d) \mid n \in \omega\}.$$

Offenbar gilt $Mod_\mathfrak{L}(\mathfrak{D}', \chi)$ und wir können tatsächlich *LöwSkol*($\mathfrak{L}$) anwenden: *Es existiert also ein abzählbares Modell $\mathfrak{E} = \langle E, \mathfrak{e} \rangle$ von χ.*

Von jetzt an werden nur noch einige Routineschritte zum Beweisziel benötigt: es handelt sich um die oben angeführten Schritte (III)(1) bis

(III)(3). Dies sei vorläufig nur vage angedeutet: Die beiden in *Teil B* erwähnten Prädikate U und V z. B. erhalten jetzt mittels e *abzählbare* Mengen als Designate zugeordnet. Indem man aus $\mathfrak{C} \restriction S_0$ zwei Substrukturen mit Trägern $e(U)$ und $e(V)$ bildet, erhält man die gesuchten abzählbaren Strukturen $\mathfrak{A}'$ und $\mathfrak{B}'$ von (III). Dafür muß S als relational vorausgesetzt werden. (*Dies ist die zweite Stelle im Beweis, an welcher der relationale Charakter der Zeichenmenge vorausgesetzt wird!*) Die in der $\mathfrak{L}$-Beschreibung der präpartiellen Isomorphismen von $\mathfrak{C}$ enthaltenen Bestimmungen liefern bei der neuen Interpretation Aussagen, welche beinhalten, daß es sich um präpartielle Isomorphismen von $\mathfrak{A}' \restriction S_0$ nach $\mathfrak{B}' \restriction S_0$ handelt. Da wir es weiterhin mit einer unendlichen Vorgängerkette zu tun haben, lassen sich diese präpartiellen Isomorphismen *unbegrenzt* zu umfassenderen Isomorphismen zwischen $\mathfrak{A}' \restriction S_0$ und $\mathfrak{B}' \restriction S_0$ auf solche Weise erweitern, daß die Hin- und Her-Eigenschaft erfüllt wird. Man bleibt dabei also *innerhalb ein und derselben* nichtleeren *Menge I* präpartieller Isomorphismen. Dies besagt aber nicht weniger als daß tatsächlich $\mathfrak{A}' \restriction S_0 \simeq_p \mathfrak{B}' \restriction S_0$ gilt.

(Man könnte geneigt sein, diese Zusammenfassung der ursprünglich zu gewissen Gliedern der aufsteigenden Folge $(I_n)_{n \in \omega}$ mit $kc(<)(k+1)$ gehörenden präpartiellen Isomorphismen *zu einer einzigen Menge I* als fünften Kunstgriff im Beweis dieses Theorems zu bezeichnen. Doch wäre dies irreführend, da der eigentliche Kunstgriff, die Erzeugung einer unendlich langen Vorgängerkette, schon im *Teil C* geschah.)

Zusammenfassung

Im *Teil A* wird die Aufgabe durch Kombination von drei Reduktionsmitteln auf das Problem zurückgeführt, aus der dreiteiligen Aussage (II) die ebenfalls dreiteilige Aussage (III) zu gewinnen. Dies bedeutet: *Gegeben* seien zwei beliebige Strukturen, die durch einen geeigneten Satz ψ getrennt werden und deren S_0-Redukte für endliches relationales S_0 endlich isomorph sind. *Gesucht* sind zwei abzählbare Strukturen, die ebenfalls durch ψ getrennt werden und deren S_0-Redukte partiell isomorph sind. (Der unmittelbar auf (III) folgende Text hingegen bildete eine Vorwegnahme des Beweisendes.)

Im *Teil B* des Beweises wird die Aussage (II) durch endlich viele S_0^+-Sätze der ersten Stufe beschrieben; dabei ist S_0^+ die um sieben Zeichen erweiterte Menge S_0. Diese endlich vielen Sätze werden zu einer abstrakten Konjunktion ϑ zusammengefaßt, die wegen $\mathfrak{L}_I \preccurlyeq \mathfrak{L}$ wie ein Satz aus $\mathfrak{L}$ behandelt werden darf. Schließlich wird eine Superstruktur $\mathfrak{C}$ von $\mathfrak{A}$ und $\mathfrak{B}$ konstruiert, die ein Modell des Satzes ϑ bildet.

Im *Teil C* wird ein „strukturelles Umkippen" der für die endliche Isomorphie benötigten, in einer nach oben unbegrenzt fortsetzbaren Nachfolgerkette von 0 angeordneten Zahlen aus ω in eine unendlich lange, mit einem bestimmten Individuum d einer neuen Objektmenge beginnende Vorgängerkette bewirkt. Das gelingt in der Weise, daß man die Aussage ϑ von Teil B zunächst durch die charakterisierenden Bedingungen aller in Frage kommenden d zu einer unendlichen Satzmenge M_∞ erweitert. Die von ϑ verschiedenen Elemente von M_∞ enthalten für jedes in Frage kommende Designat von ‚d' einen designierenden Namen der Form ‚$f^n d$'. Da jede endliche Teilmenge von M_∞ $\mathfrak{L}$-erfüllbar ist, haben wir uns auf Grund von *Kompakt*($\mathfrak{L}$) von der $\mathfrak{L}$-Erfüllbarkeit von M_∞ überzeugt.

Im *Teil D* wird der Gehalt von M_∞ durch eine *einzige* Aussage wiedergegeben, auf die die Voraussetzung *LöwSkol*($\mathfrak{L}$) angewendet werden kann, so daß man ein abzählbares Modell der Aussage erhält. Die für (III) gesuchten abzählbaren Strukturen $\mathfrak{A}'$ und $\mathfrak{B}'$ kann man jetzt als geeignete Substrukturen dieses Modells finden und über die in *Teil C* gewonnene unendliche Vorgängerkette die für (III) benötigte Menge präpartieller Isomorphismen gewinnen.

Damit ist der Überblick beendet und wir gehen nun dazu über, die noch ausstehenden Details des Beweises anzugeben.

Teil A ist bereits in der intuitiven Skizze vollständig beschrieben worden. Hier genügt es, daran zu erinnern, daß zwei Beweise später nachgetragen werden müssen, nämlich der von Lemma 15.2 – oben Satz (x) genannt – sowie der Nachweis der Behauptung, daß die Gültigkeit von $(\beta)'$ hinreichend für die Gültigkeit von (β) ist.

Teil B beginnt mit der Konstruktion einer die beiden in (II) erwähnten Strukturen $\mathfrak{A}$ und $\mathfrak{B}$ umfassenden Superstruktur $\mathfrak{C}$, die sich zugleich als Modell der (in der zweiten Hälfte von *Teil B* gelieferten) Beschreibung von (II) erweisen soll. Einige Andeutungen dazu sind bereits in der Skizze gemacht worden. Jetzt geben wir eine vollständige Beschreibung.

Den Ausgangspunkt bilde die Aussage (II); I_n, $\mathfrak{A}$, $\mathfrak{B}$, S_0 sowie ψ mögen stets die dortigen Bedeutungen haben. Für die beiden Träger A und B von $\mathfrak{A}$ und $\mathfrak{B}$ können wir Disjunktheit voraussetzen, d. h. es soll gelten: $A \cap B = \emptyset$. Ansonsten kann man wegen der Isomorphiebedingung zu einer isomorphen Kopie von $\mathfrak{B}$ übergehen, welche diese Voraussetzung erfüllt.

Die Zeichenmenge S werde durch Hinzunahme der sieben folgenden neuen Zeichen zur Menge S^+ erweitert: drei einstellige Prädikate P, U, V; zwei zweistellige Prädikate $<$, I; ein dreistelliges Prädikat G; ein einstelliges Funktionszeichen f. Also:

$$S^+ := S \cup \{P, U, V, <, I, G, f\}.$$

Wie bereits in der intuitiven Skizze bemerkt, muß die zu bildende, $\mathfrak{A}$ und $\mathfrak{B}$ umfassende Superstruktur $\mathfrak{C}$ so gewählt werden, daß sie ein Modell für die noch zu liefernde Beschreibung der endlichen Isomorphie von (II)(1), nämlich $(I_n)_{n\in\omega}:\mathfrak{A}\restriction S_0 \simeq_e \mathfrak{B}\restriction S_0$, bildet. Da in der fraglichen Beschreibung die sieben neuen Zeichen benötigt werden, wählen wir $\mathfrak{C}$ als S^+-Struktur. Den einzelnen Bestimmungen geben wir den unteren Index ‚e‘, um anzudeuten, daß sie sich auf die endliche Isomorphie von (II)(1) beziehen.[4]

Die Trägermenge C von $\mathfrak{C}$ muß erstens die beiden Trägermengen von $\mathfrak{A}$ und $\mathfrak{B}$ einschließen, zweitens die in (II)(1) benützte Indexmenge ω (nichtnegative Zahlen) und schließlich alle präpartiellen Isomorphismen aus den I_n als Elemente enthalten:

$$(1_e) \quad C = A\cup B\cup\omega\cup \bigcup_{n\in\omega} I_n.$$

Die Designationsfunktion $\mathfrak{c}$ von $\mathfrak{C}$ soll den Prädikaten U und V die beiden Trägermengen A und B zuordnen. Dann kann $\mathfrak{A}$ als diejenige Substruktur von $\mathfrak{C}\restriction S$, also des S-Redukts von $\mathfrak{C}$, gewählt werden, deren Träger mit $\mathfrak{c}(U)=A$ identisch ist. Analoges gilt für $\mathfrak{B}$ mit V statt U. So gewinnen wir die folgenden beiden Bestimmungen:

$(2_e) \quad \mathfrak{c}(U)=A$ und $[\mathfrak{c}(U)]^{\mathfrak{C}\restriction S}=\mathfrak{A}$;
$(3_e) \quad \mathfrak{c}(V)=B$ und $[\mathfrak{c}(V)]^{\mathfrak{C}\restriction S}=\mathfrak{B}$.

Diese beiden Wahlen sind möglich, weil erstens A und B disjunkt sind und zweitens S relational ist. (Dies ist die *erste* Stelle im Beweis, an der die Relationalität von S benötigt wird.)

$(4_e) \quad$ $\mathfrak{c}(<)$ ist die natürliche Ordnungsrelation über ω und $\mathfrak{c}(f)\restriction\omega$ ist die Vorgängerfunktion auf ω, die von 0 an stationär wird, also:

$$\mathfrak{c}(f)(n+1)=n \quad\text{und}\quad \mathfrak{c}(f)(0)=0.$$

Das einstellige Prädikat P designiert die Menge der präpartiellen Isomorphismen aller I_n, d.h.:

$(5_e) \quad \mathfrak{c}(P)= \bigcup_{n\in\omega} I_n.$

$(6_e) \quad \langle n,p\rangle\in\mathfrak{c}(I)$ gdw $n\in\omega \wedge p\in I_n.$
$\quad\quad$ (Umgangssprachlich: $\langle n,p\rangle$ ist Element der durch I designierten Relation gdw p ein präpartieller Isomorphismus aus I_n ist.)

Das dreistellige Prädikat G soll die Menge aller Tripel $\langle p,a,b\rangle$ designieren, so daß p ein präpartieller Isomorphismus aus einem I_n ist,

---

4 Im Lemma 15.4 werden wir die analogen Bestimmungen mit dem Index ‚m‘ versehen, da es sich dort um m-Isomorphie handeln wird.

der angewendet auf a als Bild b liefert:

(7_e) $\langle p, a, b \rangle \in c(G)$ gdw

$p \in c(P) \wedge c(a) \in D_1(c(p)) \wedge c(p)(c(a)) = c(b)$.

Die durch diese 7 Sätze charakterisierte Struktur $\mathfrak{C} = \langle C, c \rangle$ bildet ein $\mathfrak{L}$-Modell der folgenden endlich vielen abstrakten $L(S^+)$-Sätze, deren Konjunktion durch ϑ abgekürzt wird. Wir geben jeweils zunächst umgangssprachliche Formulierungen, von denen wir dann zeigen, daß sie in Sätze erster Stufe übersetzbar sind. Letzteres ist, wie früher bereits erwähnt, ausreichend, da es wegen $\mathfrak{L}_1 \leqslant \mathfrak{L}$ zu jedem Satz erster Stufe über S^+ einen modellgleichen $\mathfrak{L}$-Satz über derselben Zeichenmenge gibt. (Bezüglich der 7 neuen Zeichen sind jeweils die in der Beschreibung (1_e)–(7_e) von $\mathfrak{C}$ gegebenen intendierten Bedeutungen zu beachten.)

Die ersten drei Sätze (a)–(c) sollen folgendes ausdrücken: Wenn auf ein p das Prädikat P zutrifft (p also gemäß (5_e) einen präpartiellen Isomorphismus designiert), so soll die Zeichenfolge Gp als zweistelliger Relationsausdruck diesen präpartiellen Isomorphismus designieren (der als Graph ja eine zweistellige Relation darstellt).[5] Dabei werden nur präpartielle Isomorphismen betrachtet, die zwischen den beiden durch U und V festgelegten Bereichen bestehen. Die Aussage (a) beinhaltet gerade dies (vgl. (2_e) und (3_e)); (b) verlangt die Injektivität dieser Abbildung und (c) die Verträglichkeit mit den *(endlich vielen!)* Prädikaten aus S_0. Der gesamte Inhalt läßt sich schlagwortartig etwa so ausdrücken: ‚Für festes p mit Pp designiert Gp einen präpartiellen Isomorphismus vom S_0-Redukt der Substruktur mit dem Träger A in das S_0-Redukt der Substruktur mit den Träger B‘.[6] Also:

(a) $\wedge p(Pp \rightarrow \wedge x \wedge y(Gpxy \rightarrow (Ux \wedge Vy)))$.

(b) $\wedge p(Pp \rightarrow \wedge x \wedge x' \wedge y \wedge y'((Gpxy \wedge Gpx'y') \rightarrow (x = x' \leftrightarrow y = y')))$.

(c) Für jedes $n \in \omega$ und jedes n-stellige Prädikat $R \in S_0$:

$\wedge p(Pp \rightarrow \wedge x_1 \ldots \wedge x_n \wedge y_1 \ldots \wedge y_n((Gpx_1y_1 \wedge \ldots \wedge Gpx_ny_n) \rightarrow$
$(Rx_1 \ldots x_n \leftrightarrow Ry_1 \ldots y_n)))$.

Wir tragen nun eine definitorische Konvention nach. Es sei $\mathfrak{K} = \langle K, \mathfrak{k} \rangle$ eine $\{<\}$-Struktur (oder eine Struktur über einer Zeichenmenge, die ‚$<$‘ enthält). Statt ‚$\mathfrak{k}(<)$‘ schreiben wir einfachheitshalber ‚$<$‘ und ebenso ‚$\langle K, < \rangle$‘ statt ‚$\langle K, \mathfrak{k} \rangle$‘. *Feld* $<$ ist die Menge

$\{x \in K \mid \text{es gibt ein } y \in K \text{ mit } x < y \text{ oder } y < x\}$.

---

5 ‚Gp‘ und ‚p‘ designieren also dieselbe Menge. Als Designat von ‚G‘ kann diejenige Funktion aufgefaßt werden, die einer Funktion aus $c(P)$ ihre repräsentierende Relation zuordnet.

6 Man beachte, daß $c(U) = A$, und ebenso, daß $c(V) = B$, ferner daß $c(Gp)$ als Graph aufgefaßt wird, also eine zweistellige Relation ist.

$\Re$ wird eine *irreflexive Ordnung* genannt, wenn $\Re$ ein $\mathfrak{L}_1$-Modell der folgenden drei Sätze ist:

(α) $\wedge x \, \neg x < x$ (Irreflexivität)
(β) $\wedge x \wedge y \wedge z(x < y \wedge y < z \rightarrow x < z)$ (Transitivität)
(γ) $\wedge x \wedge y(x < y \vee x = y \vee y < x)$ (Konnexität).

Unsere nächste Aussage verlangt, daß $\langle \text{Feld} <, < \rangle$ eine irreflexive Ordnung mit Vorgängerfunktion ist (vgl. (4_e)):

(*d*) $\langle \text{Feld} <, < \rangle$ ist eine irreflexive Ordnung und

$$\wedge x(\vee y(y < x) \rightarrow (fx < x \wedge \neg \vee z(fx < z \wedge z < x))).$$

Die nächste Aussage schreiben wir zunächst an und geben danach eine Erläuterung:

(*e*) $\wedge x(\vee y(y < x \vee x < y) \rightarrow \vee p(Pp \wedge Ixp))$.

Inhaltlich besagt (*e*) unmittelbar: Wenn x im Feld von $<$ liegt, so ist die durch $Pp \wedge Ixp$ charakterisierte Menge[7] nicht leer. Dies vergleichen wir mit (6_e), worin die intendierte Bedeutung $\mathfrak{c}(I)$ von I gegeben wird (und erinnern uns bezüglich der intendierten Bedeutung von $<$ und P an (4_e) und (5_e)). Es ergibt sich sofort, daß (*e*) durch $\mathfrak{C}$ erfüllt wird, wenn wir bedenken, daß wir oben (in (II)(1) von Teil A der intuitiven Strategieskizze von Th. 15.1) die Menge der $Pp \wedge Ixp$ erfüllenden Funktionen mit I_x bezeichneten.[8] (*e*) besagt also: Wenn x eine nichtnegative ganze Zahl ist, so ist das Designat eines p ein präpartieller Isomorphismus aus der Menge I_x.

Die nächsten beiden Bestimmungen (*f*) und (*g*) beinhalten, daß die Folge $(I_n)_{n \in \omega}$ sowohl die Hin-Eigenschaft als auch die Her-Eigenschaft erfüllt. Wir schreiben nur (*f*) explizit an:

(*f*) $\wedge x \wedge p \wedge u((fx < x \wedge Ixp \wedge Uu) \rightarrow$
$\vee q \vee v(Ifxq \wedge Gquv \wedge \wedge x' \wedge y'(Gpx'y' \rightarrow Gqx'y')))$.[9]

(*g*) analog für die Her-Eigenschaft.

Die bisherigen Aussagen lieferten eine Beschreibung von (II)(1), für die $\mathfrak{C}$ ein Modell bildet. Jetzt muß noch die Wiedergabe von (II)(2) und (3) hinzugefügt werden, also daß der Satz ψ die Trennungseigenschaft bezüglich der beiden Strukturen $\mathfrak{A}$ und $\mathfrak{B}$ besitzt. Wenn man berücksichtigt, daß $\mathfrak{c}(U) = A$ und $\mathfrak{c}(V) = B$ in der Struktur $\mathfrak{C}$ gelten, so liefert die folgende Aussage das Gewünschte:

(*h*) $\vee x Ux \wedge \vee y Vy \wedge \psi^U \wedge (\neg\psi)^V$.

---

7 Genauer natürlich: die Menge $\{p \mid p \in \mathfrak{c}(P) \wedge \langle x, p \rangle \in \mathfrak{c}(I)\}$.
8 Statt ‚I_x' müßten wir ganz exakt eigentlich ‚$I_{\mathfrak{c}(x)}$' schreiben.
9 Man beachte, daß Vv bereits aufgrund von (*a*) gilt und daher nicht ausdrücklich angeführt werden mußte.

Da auch (*c*) nur aus endlich vielen Aussagen bestand, können wir tatsächlich alle diese Aussagen konjunktiv zusammenfassen[10] und mit ,ϑ' abkürzen.

Damit ist der *Teil B* des Beweises beendet. Für das Folgende setzen wir voraus, daß der Leser die Ausführungen in der intuitiven Skizze zu *Teil C* kennt, so daß wir uns hier mit gewissen formalen Präzisierungen zu diesem Teil begnügen können.

Zunächst erweitern wir unsere Zeichenmenge nochmals um die Konstante *d*, d. h. wir bilden $S^{++} = S^{+} \cup \{d\}$. Ferner bilden wir sukzessive die unendlich vielen Terme *d*, *fd*, *ffd*, die wir mit $f^0 d$, $f^1 d$, $f^2 d, \ldots$ abkürzen. Wir wollen zur Aussage ϑ noch die Aussage:

$$\ldots f^{n+1} d < f^n d \ldots f^2 d < f^1 d < f^0 d$$

hinzufügen.[11] Da wir keine unendlich lange Aussage bilden können, müssen wir uns statt dessen mit der unendlichen Satzmenge

$$\{f^{n+1} d < f^n d \mid n \in \omega\}$$

behelfen. Insgesamt bilden wir also die Satzmenge:

$$M_\infty := \{\vartheta\} \cup \{f^{n+1} d < f^n d \mid n \in \omega\}.$$

Und von nun an verfahren wir genau so, wie dies in der intuitiven Skizze beschrieben worden ist: Für jede endliche Teilmenge von M_∞ können wir ein Modell finden, das in einer Erweiterung $\mathfrak{C}' = (\mathfrak{C}, c'(d))$ von $\mathfrak{C}$ besteht, in dem die Konstante *d* eine hinreichend große ganze Zahl designiert.

Da nach Voraussetzung *Kompakt*($\mathfrak{L}$) gilt, existiert ein Modell von M_∞ selbst, d. h. eine Struktur $\mathfrak{D} = (\mathfrak{C}, \mathfrak{d}(d))$, die eine durch die Interpretation von *d* gebildete Erweiterung darstellt und sämtliche Sätze aus M_∞ simultan erfüllt.

Damit ist auch der Beweisteil *C* beendet. Wir halten nochmals fest, daß die Trägermenge von $\mathfrak{D}$ die unendlich lange Vorgängerkette

$$\ldots \mathfrak{d}(f^{n+1} d) < \mathfrak{d}(f^n d) < \ldots < \mathfrak{d}(f^2 d) < \mathfrak{d}(f^1 d) < \mathfrak{d}(f^0 d)$$

enthält.

---

10 Wir weisen nochmals darauf hin, daß es sich bei dieser Konjunktionsbildung sowie den Objekten ψ^U und $(\neg \psi)^V$ um die gemäß *Boole*($\mathfrak{L}$) und *Relativier*($\mathfrak{L}$) zulässigen, u. U. mehrdeutigen abstrakten Sätze handelt. Analog beruht die Verwendung von Quantoren auf $\mathfrak{L}_1 \leqslant \mathfrak{L}$.

11 Strenggenommen sind die Terme der Form $f^n d$ nur Terme von $\mathfrak{L}_1$, für die kein abstraktes Analogen in $\mathfrak{L}$ gegeben zu sein braucht. Es genügt völlig, daß wir wegen $\mathfrak{L}_1 \leqslant \mathfrak{L}$ zu den $\mathfrak{L}_1$-*Sätzen* $f^{n+1} d < f^n d$ modellgleiche abstrakte Sätze zur Verfügung haben. Die *abstrakte* Konjunktion dieser *abstrakten* Sätze ist die Aussage(nmenge), die wir zu ϑ hinzufügen.

Der *Teil D* beginnt mit einer Schilderung des Verfahrens, aus $\mathfrak{D}$ ein *abzählbares* Modell mit der zuletzt genannten Eigenschaft zu erzeugen. Es ist naheliegend, zu diesem Zweck auf die nach Annahme geltende Voraussetzung *LöwSkol*($\mathfrak{L}$) zurückzugreifen. Doch um dies zu ermöglichen, muß der Gehalt von M_∞ durch eine einzige Aussage wiedergegeben werden. Wie dies zu geschehen hat, wurde bereits in der intuitiven Skizze gezeigt:

In einem ersten Schritt erweitern wir unsere Zeichenmenge ein drittes Mal, und zwar um das Prädikat Q, bilden also die Menge $S^{+++} := S^{++} \cup \{Q\}$. Dann formulieren wir wie dort den $\mathfrak{L}$-Satz (wieder unter Voraussetzung von $\mathfrak{L}_1 \leqslant \mathfrak{L}$ und *Boole*($\mathfrak{L}$))

$$\chi_1 := Qd \wedge \wedge x(Qx \to (fx < x \wedge Qfx)).$$

Von nun an arbeiten wir mit der abstrakten Konjunktion, welche die obige Beschreibung ϑ des *endlichen* Isomorphismus als ein Glied und das soeben eingeführte χ_1 als zweites Glied hat, also:

$$\chi := \vartheta \wedge \chi_1.$$

Die von ϑ verschiedenen, unendlich vielen Aussagen aus M_∞ sind jetzt durch die einzige Aussage χ_1 ersetzt worden, die deren Gehalt reproduziert (mit ihnen modellgleich ist).

Um ein Modell für χ zu finden, knüpfen wir an die obige Struktur $\mathfrak{D}$ an, die ja als Modell von M_∞ a fortiori Modell von ϑ ist, und erweitern sie um Q und durch die folgende Interpretation $\mathfrak{d}'$ von Q:

$$\mathfrak{d}'(Q) := \{\mathfrak{d}(f^n d) \mid n \in \omega\}.$$

Die neue Struktur nennen wir $\mathfrak{D}'$, d. h.

$$\mathfrak{D}' = (\mathfrak{D}, \mathfrak{d}'(Q)) \; [=(\mathfrak{C}, \mathfrak{d}(d), \mathfrak{d}'(Q))].$$

$\mathfrak{D}'$ ist offenbar Modell von χ:

$$\mathrm{Mod}_{\mathfrak{L}}(\mathfrak{D}', \vartheta \wedge \chi_1).$$

$\chi\,(=\vartheta \wedge \chi_1)$ ist also erfüllbar. Mit den vorangehenden Überlegungen gewinnen wir nun aus *LöwSkol*($\mathfrak{L}$) ein *abzählbares* Modell $\mathfrak{E} = \langle E, \mathfrak{e} \rangle$ von $\vartheta \wedge \chi_1$. Als Modell von ϑ erfüllt $\mathfrak{E}$ insbesondere (h) und damit gilt $\mathfrak{e}(U) \neq \emptyset$ sowie $\mathfrak{e}(V) \neq \emptyset$. Diese beiden Mengen können überdies als Träger von S-Substrukturen der Struktur $\mathfrak{E}$ dienen, da S relational ist[12]. (Dies ist die *zweite* Stelle innerhalb des vorliegenden Beweises, an der die Relationalität von S benützt wird!) Wir dürfen daher die folgenden Substrukturen

---

12 S ist natürlich wieder die ganz zu Beginn des Beweises eingeführte relationale Zeichenmenge.

der S-Redukte von $\mathfrak{C}$ bilden:

$$\mathfrak{A}' := [\mathfrak{e}(U)]^{\mathfrak{C} \restriction S}$$
$$\mathfrak{B}' := [\mathfrak{e}(V)]^{\mathfrak{C} \restriction S}.$$

Wir behaupten: Diese beiden (höchstens) abzählbaren Strukturen $\mathfrak{A}'$ und $\mathfrak{B}'$ genügen den Bedingungen der Aussage (III). Die Teilbehauptungen (2) und (3) von (III) erhalten wir sofort; denn wenn wir diesmal das dritte und vierte Konjunktionsglied von (h) betrachten, so gewinnen wir $\mathrm{Mod}_\varrho(\mathfrak{C}, \psi^U)$ und $\mathrm{Mod}_\varrho(\mathfrak{C}, \neg \psi^V)$ und daraus wegen $Relativier(\mathfrak{L})$:

$$\mathrm{Mod}_\varrho(\mathfrak{A}', \psi)$$
$$\mathrm{Mod}_\varrho(\mathfrak{B}', \neg \psi),$$

also genau die beiden Teilaussagen (2) und (3) von (III).

Was noch aussteht, ist die Verifikation der Teilaussage (1). Zu diesem Zweck greifen wir auf die drei Aussagen (a)–(c) zurück. Sie besagen inhaltlich, daß jedes $\mathfrak{e}(p)$ aus $\mathfrak{e}(P)$ ein präpartieller Isomorphismus von $\mathfrak{A}' \restriction S_0$ nach $\mathfrak{B}' \restriction S_0$ ist (dem die „Beschreibung" ‚$Gp.$ —' seines Graphen entspricht). Von nun an spielt, wie bereits in (c), nur mehr die bereits zu Beweisbeginn in Teil A eingeführte endliche Teilmenge S_0 von S (und damit von S^{+++}) eine Rolle. (Zwischendurch mußte wieder die $ganze$ Menge S eingeführt werden, da $\mathfrak{C}$, sowie die daraus durch Erweiterung entstehenden Strukturen, die S-Strukturen $\mathfrak{A}$ und $\mathfrak{B}$ umfaßte.)

Für $n \in \omega$ definieren wir e_n durch: $e_n := \mathfrak{e}(f^n d)$[13]. Nun ist $\mathrm{Mod}_\varrho(\mathfrak{C}, \chi_1)$, wobei $\mathfrak{e}(d) = \mathfrak{d}(d)$ und $\mathfrak{e}(Q) = \mathfrak{d}'(Q)$. Für jedes $n \in \omega$ ist $e_n \in \mathfrak{e}(Q)$; ferner bilden die e_i eine unendlich lange absteigende Vorgängerkette: In der anschaulichen Schilderung können wir ‚$<$' statt ‚$\mathfrak{e}(<)$' schreiben:

$$\ldots e_{n+1} < e_n < \ldots < e_2 < e_1 < e_0.$$

Wir definieren:

$$\hat{I} := \{\mathfrak{e}(p) \mid \text{ es gibt ein } n \in \omega \text{ mit } \langle e_n, \mathfrak{e}(p) \rangle \in \mathfrak{e}(I)\}.$$

Zur Erleichterung des intuitiven Verständnisses beachte man, daß $\hat{I}$ genau der Nachbereich von $\mathfrak{e}(I)$ ist. (Da $\hat{I}$ von $\mathfrak{C}$ abhängt, wäre es eigentlich präziser, ‚$\hat{I}_\mathfrak{C}$' statt ‚$\hat{I}$' zu schreiben.) Dabei hat $\mathfrak{e}(I)$ dieselbe Bedeutung wie $\mathfrak{c}(I)$ von $(6_\mathfrak{e})$. Mittels (e) gewinnt man die Feststellung, daß $\hat{I} \neq \emptyset$, und aus (f) und (g) folgt, daß $\hat{I}$ die Hin- und Her-Eigenschaft besitzt. Beispiel für die Hin-Eigenschaft: Es sei $\mathfrak{e}(p) \in \hat{I}$, z. B. $\langle e_n, \mathfrak{e}(p) \rangle \in \mathfrak{e}(I)$ für ein bestimmtes n. Ferner sei $\mathfrak{e}(u) \in A' = \mathfrak{e}(U)$. Dann existiert nach (f)

---

13 Wir erinnern nochmals daran, daß die eigentlich nur für nichtlogische Konstanten definierte Designationsfunktion einer Struktur, wie hier $\mathfrak{e}$, für Terme als kanonisch erweitert aufzufassen ist. Also:

$$\mathfrak{e}(f^n d) = \mathfrak{e}(f)(\mathfrak{e}(f^{n-1} d)) = \mathfrak{e}(f)(\mathfrak{e}(f)(\ldots \mathfrak{e}(d) \ldots)).$$

ein q mit $\langle e_{n+1}, e(q)\rangle \in e(I)$, d. h. also $e(q) \in I$, so daß $e(q) \supseteq e(p)$ und $e(u) \in D_1(e(q))$. Insgesamt erhalten wir dadurch:

$$\hat{I} : \mathfrak{A}' \upharpoonright S_0 \simeq_p \mathfrak{B}' \upharpoonright S_0.$$

Dies liefert die noch ausstehende Teilaussage (1) von (III). $\quad\square$

Anmerkung. Wem der letzte Schritt in dieser Konstruktion nicht ganz verständlich geworden ist, der möge sich einerseits nochmals den Unterschied in der Definition von ‚endlich isomorph' und ‚partiell isomorph' vor Augen halten und andererseits das in der intuitiven Skizze zu Teil C hervorgehobene Umkippen der nach oben unbegrenzt fortsetzbaren Zahlen in eine unendlich lange Vorgängerkette beachten. Während jedes Glied der Folge $(I_n)_{n\in\omega}$ in der Definition von $\simeq_e$ nur n-fach erweiterungsfähige präpartielle Isomorphismen enthält, haben wir es in der Definition von $\simeq_p$ mit einer einzigen Menge beliebig oft erweiterungsfähiger präpartieller Isomorphismen zu tun. Die Gewinnung *einer einzigen* derartigen Menge beruht wesentlich auf der Bildung einer unendlich langen Vorgängerkette. Innerhalb unseres letzten Schrittes war diese eine Menge identisch mit $\hat{I}$.

Wir haben noch zwei Behauptungen aus dem ersten Beweisteil nachzutragen. Wir beginnen mit dem Reduktionsschritt 2 aus Teil A und halten dies fest im folgenden lokalen Hilfssatz:

Hilfssatz 1[14] *Angenommen, das abstrakte logische System $\mathfrak{L}$ erfülle die Bedingung:*

Regulär($\mathfrak{L}$) $\wedge$ $\mathfrak{L}_1 \leqslant \mathfrak{L}$ $\wedge$ Kompakt($\mathfrak{L}$).

Dann ist $(\beta)^r$ hinreichend für die Gültigkeit von (β) (vgl. (x) aus Teil A der intuitiven Skizze) d. h.: falls für relationale Strukturen[15] *stets elementare Äquivalenz für $\mathfrak{L}$-Äquivalenz hinreichend ist, so gilt dies bereits für beliebige Strukturen.*

Beweis: Wir bilden S^r, $\mathfrak{A}^r$ und $\mathfrak{B}^r$. Außer den angenommenen Bedingungen gelte $(\beta)^r$ sowie $\mathfrak{A} \equiv \mathfrak{B}$. Nach dem Theorem über Relationalisierung aus 14.3.5 gilt dann auch: $\mathfrak{A}^r \equiv \mathfrak{B}^r$. Wegen $(\beta)^r$ erhalten wir daraus für die relationale Zeichenmenge S^r die Aussage: $\mathfrak{A}^r \equiv_\varrho \mathfrak{B}^r$. Wir greifen ein beliebiges $\psi \in L(S)$ heraus und erhalten dafür:

$$\mathrm{Mod}_\varrho(\mathfrak{A}, \psi) \text{ gdw } \mathrm{Mod}_\varrho(\mathfrak{A}^r, \psi^r) \quad (\text{nach } Ers(\mathfrak{L}))$$
$$\text{gdw } \mathrm{Mod}_\varrho(\mathfrak{B}^r, \psi^r) \quad (\text{nach dem Zwischenresultat}$$
$$\mathfrak{A}^r \equiv_\varrho \mathfrak{B}^r \text{ und der Definition}$$
$$\text{von } \mathfrak{L}\text{-Äquivalenz})$$
$$\text{gdw } \mathrm{Mod}_\varrho(\mathfrak{B}, \psi).$$

Da ψ beliebig gewählt war, gilt nach Definition: $\mathfrak{A} \equiv_\varrho \mathfrak{B}$. $\quad\square$

---

14 Bei gegebenen S und $\mathfrak{A}$ sind S^r sowie $\mathfrak{A}^r$ so zu definieren wie in Kap. 14. Dagegen ist bei gegebenem φ unter einem φ^r dasselbe zu verstehen wie in der Bedeutungserklärung von $Ers(\mathfrak{L})$.

15 Man mache sich klar, daß jede relationale Struktur als relationales Korrelat $\mathfrak{C}^r$ einer Struktur $\mathfrak{C}$ aufgefaßt werden kann.

Schließlich tragen wir noch den Beweis des für den ersten Reduktionsschritt von Teil A im Beweis von Th. 15.1 entscheidenden Lemmas (x) nach. Es ist nicht nur von lokaler Bedeutung. Man könnte die beiden Lemmata 15.1 und 15.2 als erstes und zweites Regularitäts-Kompaktheitslemma bezeichnen, da in keinem von beiden der Satz von Löwenheim-Skolem Anwendung findet – zum Unterschied von Th. 15.1 –, sondern nur *Regulär*$(\mathfrak{L})$ und *Kompakt*$(\mathfrak{L})$ benötigt werden.

Lemma 15.2 *Es gelte Regulär*$(\mathfrak{L}) \wedge \mathfrak{L}_I \leqslant \mathfrak{L} \wedge$ *Kompakt*$(\mathfrak{L})$. *Ferner sei für beliebige Strukturen elementare Äquivalenz für* $\mathfrak{L}$-*Äquivalenz hinreichend. Dann gilt:* $\mathfrak{L}_I \sim \mathfrak{L}$, *d. h. unter diesen Bedingungen sind* $\mathfrak{L}_I$ *und* $\mathfrak{L}$ *gleich ausdrucksstark.*

Beweis: Die Voraussetzungen seien alle erfüllt. Da $\mathfrak{L}_I \leqslant \mathfrak{L}$ bereits zur Verfügung steht, ist nur noch die Umkehrung davon nachzuweisen. Es ist also zu zeigen, daß für jede Zeichenmenge S sowie für jedes $\psi \in L(S)$ ein S-Satz erster Stufe φ existiert, welcher der Bedingung genügt:

$$\mathrm{Mod}_{\mathfrak{L}_I}(\varphi) = \mathrm{Mod}_{\mathfrak{L}}(\psi).$$

O. B. d. A. können wir ψ als erfüllbar voraussetzen, da sonst φ sofort als $\wedge x(\neg x = x)$ gewählt werden kann. (Jeder der wegen $\mathfrak{L}_I \leqslant \mathfrak{L}$ für ein $\chi \in L_I(S)$ existierenden modellgleichen Sätze von $\mathfrak{L}$ werde durch χ^* mitgeteilt. Ebenso $M^* = \{\chi^* \mid \chi \in M\}$ für $M \subseteq L_I(S)$.)

Wir zeigen in einem ersten Schritt, daß es zu jedem Modell $\mathfrak{A}$ von ψ einen Satz $\varphi_{\mathfrak{A}}$ erster Stufe gibt, für den $\mathfrak{A}$ ebenfalls Modell ist und aus dessen $\mathfrak{L}$-Bild ψ logisch folgt, genauer:

$(+)$ *Zu jedem* $\mathfrak{A} \in \mathrm{Mod}_{\mathfrak{L}}(\psi)$ *existiert*
ein Satz $\varphi_{\mathfrak{A}} \in L_I(S)$, *so daß*

$$\mathrm{Mod}_{\mathfrak{L}_I}(\mathfrak{A}, \varphi_{\mathfrak{A}}) \wedge (\varphi_{\mathfrak{A}}^* \Vdash_{\mathfrak{L}} \psi).$$

(Die Bedeutung der Aussage $(+)$ liegt, wie wir sehen werden, darin, daß der gesuchte Satz φ erster Stufe als Adjunktion von Sätzen der Art des $\varphi_{\mathfrak{A}}$ aus $(+)$ gebildet werden kann.)

Es sei also $\mathfrak{A} \in \mathrm{Mod}_{\mathfrak{L}}(\psi)$. Wie man leicht erkennen kann, gilt für die semantische Theorie $\mathrm{Th}(\mathfrak{A})$ erster Stufe von $\mathfrak{A}$:

$(\cdot)$ $\mathrm{Th}(\mathfrak{A})^* \Vdash_{\mathfrak{L}} \psi$.

Angenommen nämlich, es gelte: $\mathrm{Mod}_{\mathfrak{L}}(\mathfrak{B}, \mathrm{Th}(\mathfrak{A})^*)$. Dann gilt wegen der Eigenschaft von $*$ auch: $\mathrm{Mod}_{\mathfrak{L}_I}(\mathfrak{B}, \mathrm{Th}(\mathfrak{A}))$, also $\mathfrak{A} \equiv \mathfrak{B}$, somit gemäß Voraussetzung auch $\mathfrak{A} \equiv_{\mathfrak{L}} \mathfrak{B}$. Da $\mathfrak{A}$ gerade als Modell von ψ angenommen worden ist, muß somit gemäß Definition der $\mathfrak{L}$-Äquivalenz auch $\mathfrak{B}$ Modell von ψ sein.

Da die Prämisse von ($\cdot$) aus $\mathfrak{L}$-Sätzen besteht, kann *Kompakt*($\mathfrak{L}$) angewendet werden. Es gibt danach eine Zahl k und Sätze erster Stufe $\varphi_1, \ldots, \varphi_k \in \mathrm{Th}(\mathfrak{A})$, so daß gilt:

($\cdot\,\cdot$) $\{\varphi_1^*, \ldots, \varphi_k^*\} \Vdash_\mathfrak{L} \psi$.

Wir definieren:

$$\varphi_\mathfrak{A} := \varphi_1 \wedge \ldots \wedge \varphi_k$$

und behaupten, daß dieser Satz ($+$) erfüllt. Tatsächlich ist wegen *Boole*($\mathfrak{L}$) mit den φ_i auch $\varphi_\mathfrak{A} \in \mathrm{Th}(\mathfrak{A})$, d. h. $\mathrm{Mod}_{\mathfrak{L}_\mathrm{I}}(\mathfrak{A}, \varphi_\mathfrak{A})$. Außerdem gilt nach ($\cdot\,\cdot$): $\varphi_\mathfrak{A}^* \Vdash_\mathfrak{L} \psi$. Damit ist das Zwischenresultat ($+$) nachgewiesen.

Daraus gewinnt man:

$$(1) \quad \mathrm{Mod}_\mathfrak{L}(\psi) = \bigcup_{\mathfrak{A} \in \mathrm{Mod}_\mathfrak{L}(\psi)} \mathrm{Mod}_\mathfrak{L}(\varphi_\mathfrak{A}^*).$$

(Daß die rechte Menge die linke einschließt, ist trivial. Daß auch die Umkehrung gilt, ergibt sich daraus, daß die Wendung ‚Modell von ψ zu sein, das außerdem Modell von $\varphi_\mathfrak{A}^*$ ist' keine Einschränkung gegenüber der Wendung ‚Modell von ψ zu sein' liefert, da nach ($+$) jedes Modell von $\varphi_\mathfrak{A}^*$ auch ein solches von ψ ist.)

Die Vereinigung auf der rechten Seite von (1) kann auf endlich viele Strukturen beschränkt werden, d. h. es gilt:

(2) Es gibt eine natürliche Zahl n und
    n Strukturen $\mathfrak{A}_1, \ldots, \mathfrak{A}_n \in \mathrm{Mod}_\mathfrak{L}(\psi)$,
    so daß gilt:

$$\mathrm{Mod}_\mathfrak{L}(\psi) = \mathrm{Mod}_\mathfrak{L}(\varphi_{\mathfrak{A}_1}^*) \cup \ldots \cup \mathrm{Mod}_\mathfrak{L}(\varphi_{\mathfrak{A}_n}^*).$$

Dies sieht man am raschesten indirekt ein: Würde (2) nicht gelten, so erhielte man für alle endlichen Auswahlen von Strukturen $\mathfrak{A}_1, \ldots, \mathfrak{A}_r \in \mathrm{Mod}_\mathfrak{L}(\psi)$ den folgenden echten Einschluß:

$$\mathrm{Mod}_\mathfrak{L}(\varphi_{\mathfrak{A}_1}^*) \cup \ldots \cup \mathrm{Mod}_\mathfrak{L}(\varphi_{\mathfrak{A}_r}^*) \subsetneqq \mathrm{Mod}_\mathfrak{L}(\psi).$$

Wir wissen dann, daß jede endliche Teilmenge von

$$\{\psi\} \cup \{\neg\, \varphi_\mathfrak{A}^* \mid \mathfrak{A} \in \mathrm{Mod}_\mathfrak{L}(\psi)\}$$

erfüllbar ist. Wegen *Kompakt*($\mathfrak{L}$) wäre dann aber auch diese Menge zur Gänze erfüllbar, im Widerspruch zum Resultat (1). (Es möge beachtet werden, daß wir damit im Beweis dieses Lemmas bereits zum zweiten Mal die Kompaktheitsvoraussetzung für $\mathfrak{L}$ benützt haben.)

Gemäß den Konventionen über $*$ können wir nun auf der rechten Seite von (2) die $\mathfrak{L}$-Modelle der $\varphi_{\mathfrak{A}_i}^*$ durch $\mathfrak{L}_\mathrm{I}$-Modelle der Sätze erster Stufe $\varphi_{\mathfrak{A}_i}$ ersetzen und gewinnen die folgende Darstellung der Modell-

menge $\mathrm{Mod}_\varrho(\psi)$:

$$\mathrm{Mod}_\varrho(\psi) = \mathrm{Mod}_{\varrho_\mathrm{I}}(\varphi_{\mathfrak{A}_1}) \cup \ldots \cup \mathrm{Mod}_{\varrho_\mathrm{I}}(\varphi_{\mathfrak{A}_n})$$
$$= \mathrm{Mod}_{\varrho_\mathrm{I}}(\varphi_{\mathfrak{A}_1} \vee \ldots \vee \varphi_{\mathfrak{A}_n}).$$

Wenn wir daher φ definieren durch:

$$\varphi := \varphi_{\mathfrak{A}_1} \vee \ldots \vee \varphi_{\mathfrak{A}_n},$$

so erhalten wir:

$$\mathrm{Mod}_{\varrho_\mathrm{I}}(\varphi) = \mathrm{Mod}_\varrho(\psi). \qquad \square$$

15.3 Der zweite Satz von Lindström

Der zweite Satz von LINDSTRÖM ist gewissermaßen das *effektive* Gegenstück zum ersten Satz.

Übersicht zur Beweisidee

(A) In Lemma 15.3 wird erstmals vom Begriff der m-Isomorphie Gebrauch gemacht. Dennoch läßt sich dieses Lemma relativ rasch durch Rückgriff auf vereinfachte Versionen zweier Beweisstücke von Th. 15.1 beweisen, indem man bestimmte Aussagen über endliche Isomorphie durch geeignete Aussagen über m-Isomorphie ersetzt. Die im *Teil (B)* des Beweises von Th. 15.1 verwendete Superstruktur kann diesmal durch eine einfachere ersetzt werden, deren Träger nur mehr die präpartiellen Isomorphismen aus einer *endlichen* Folge $I_0, \ldots, I_m$ enthält, während er dort die präpartiellen Isomorphismen aus einer *unendlichen* Folge enthalten mußte. Ferner gelangt man diesmal an keiner Stelle des Beweises zu einer unendlichen Satzmenge, so daß die Notwendigkeit entfällt, auf das Kompaktheitstheorem zurückzugreifen. (Übrigens wird auch der Rückgriff auf das Lemma 15.1 überflüssig, da im gegenwärtigen Fall von vornherein nur mit einer endlichen Zeichenmenge gearbeitet wird.)

(B) Als nächstes beweisen wir einen Satz, dem wir für den Augenblick die zwar ungenaue, aber einprägsame Bezeichnung ‚*Trennungslemma für m-Isomorphie*' (Lemma 15.4) geben. Er beinhaltet im Wesentlichen folgendes[16]:

Wenn es zu einem Satz ψ aus $\mathfrak{L}$ keinen modellgleichen Satz erster Stufe gibt, so existieren zu jedem $m \in \omega$ semantische Struk-

---

16 Wir beziehen uns dabei auf die im folgenden als *zweite* Fassung dieses Lemmas bezeichnete Version.

turen $\mathfrak{A}_m$ und $\mathfrak{B}_m$, die m-isomorph sind, aber durch ψ getrennt werden (d. h. es gilt: $\mathrm{Mod}_\mathfrak{Q}(\mathfrak{A}_m, \psi)$ und $\mathrm{Mod}_\mathfrak{Q}(\mathfrak{B}_m, \neg\psi)$).

Dieser Satz nimmt eine wichtige Position zwischen dem Beweisansatz des zweiten Satzes von LINDSTRÖM und dem in (A) erwähnten neuen Lemma ein, die wir kurz andeuten: Der entscheidende Teil im zweiten Lindströmsatz *(Teil 1)* besagt abgekürzt: ‚Zu jedem Satz ψ aus $\mathfrak{L}$ gibt es einen modellgleichen Satz φ erster Stufe.‘ Der Beweis dafür soll *indirekt* erfolgen, d. h. es wird eine Annahme gemacht, die mit dem Wenn-Satz des Trennungslemmas für m-Isomorphie identisch ist. Nun ist aber der Dann-Satz dieses Trennungslemmas mit dem Hauptteil des Wenn-Satzes von Lemma 15.3 (vgl. oben (A)) identisch, während der Restteil jenes Wenn-Satzes mit gewissen Voraussetzungen im zweiten Satz von LINDSTRÖM identisch ist. Man kann also aus der Annahme der Falschheit von *Teil 1* im zweiten Satz von LINDSTRÖM sofort zur Konklusion von Lemma 15.3 übergehen[17]. Aus dieser Konklusion kann, nach geringfügigen Umformungen, eine Behauptung über einen Satz χ von $\mathfrak{L}$ und ein in χ vorkommendes Prädikat W gewonnen werden, nämlich:

,Wenn die Struktur $\mathfrak{A} = \langle A, \mathfrak{a}\rangle$ alle
$\mathfrak{L}$-Modelle von χ durchläuft, so durchläuft
$\mathfrak{a}(W)$ genau die *endlichen Mengen*.‘

(C) Jetzt beweisen wir einen Hilfssatz, in welchem auf den in der eben zitierten Behauptung vorkommenden $\mathfrak{L}$-Satz χ Bezug genommen wird. Dieser Hilfssatz soll dazu dienen, einen Widerspruch zu erzeugen zwischen der im zweiten Satz von LINDSTRÖM vorausgesetzten Aufzählbarkeit der Menge der allgemeingültigen $\mathfrak{L}$-Sätze und dem Satz von TRACHTENBROT[18], der die Nichtaufzählbarkeit der im Endlichen allgemeingültigen Sätze erster Stufe behauptet. Der Hilfssatz lautet (die Symbolik ist dieselbe wie im ersten Satz von LINDSTRÖM, mit der Verschärfung, daß diesmal * eine

---

17 Der Sache nach wäre es angemessener, die Reihenfolge der beiden Lemmata 15.3 und 15.4 umzukehren. Denn dann könnte die indirekte Beweisannahme von Th. 15.2 direkt in das erste Lemma eingesetzt und durch einen Kettenschluß zur Konklusion des zweiten Lemmas übergegangen werden. Daß die andere Reihenfolge beibehalten wird, hat seinen alleinigen Grund darin, daß der Beweis von Lemma 15.3 direkt an den vorangehenden Beweis von Th. 15.1 anknüpft, der beim Leser noch in frischer Erinnerung sein dürfte.

18 Ähnlich wie die Verwendung des Satzes von FRAISSÉ im ersten Satz von LINDSTRÖM bildet hier die Anwendung des Satzes von TRACHTENBROT im Prinzip einen Routineschritt (und keinen Kunstgriff) im Beweis. Einen Kunstgriff stellt dagegen die Anwendung von $\chi \to (\varphi*)^W$ im folgenden Hilfssatz dar.

Funktion sein wird, für welche die Berechenbarkeitsannahme gilt):

> ‚Ein Satz φ erster Stufe ist im
> Endlichen allgemeingültig gdw
> $\chi \rightarrow (\varphi^*)^W$ allgemeingültig in $\mathfrak{L}$ ist.‘[19]

Mittels einiger Routineschritte erhält man daraus und aus der Aufzählbarkeitsvoraussetzung für $\mathfrak{L}$-Allgemeingültigkeit, angewendet auf die rechte Seite dieses Hilfssatzes, ein Aufzählungsverfahren für die im Endlichen allgemeingültigen Sätze erster Stufe. Damit ist der Widerspruch zum Satz von TRACHTENBROT hergestellt. Die Annahme im indirekten Beweis des zweiten Satzes muß also falsch sein und *Schritt 1* ist damit bewiesen.

(*D*) Es bleibt noch *Teil 2* des zweiten Satzes von LINDSTRÖM zu beweisen, wonach der Übergang vom gegebenen $\mathfrak{L}$-Satz ψ zum Satz erster Stufe φ *effektiv* vollzogen werden kann. Dies ist wegen der Gültigkeit zweier Voraussetzungen, nämlich der Existenz eines Aufzählungsverfahrens für die Menge der in $\mathfrak{L}$ allgemeingültigen Sätze und der Berechenbarkeit der Funktion $^{\#}$, die jedem Satz erster Stufe einen modellgleichen $\mathfrak{L}$-Satz zuordnet, eine reine Routineangelegenheit.

Soweit im bisherigen Teil dieser Übersicht von Sätzen der abstrakten Logik $\mathfrak{L}$ die Rede war, liegt eine Ungenauigkeit vor; denn Sätze gibt es in $\mathfrak{L}$ nur als Elemente einer Klasse $L(S)$ für eine *vorgegebene Zeichenmenge S*. Bei der detaillierten Formulierung der Sätze und ihrer Beweise wird es daher auch darum gehen, diese Lücke zu schließen und die erforderlichen Symbolmengen genau zu spezifizieren.

(*E*) Der bisherige Teil der Übersicht beschrieb den Zusammenhang zwischen Lemma 15.3, Lemma 15.4 und dem zweiten Satz von LINDSTRÖM (Th. 15.2). Die für den letzteren benötigten Effektivitätsmerkmale wurden dabei nicht erwähnt. Ihre einfache Beschreibung soll erst nach Lemma 15.4 gegeben werden, da sie für diese beiden Lemmata nicht benötigt werden.

(*F*) Der zur Theorie der rekursiven Funktionen gehörende Satz von TRACHTENBROT wird ebenfalls vor Th. 15.2 formuliert, allerdings ohne Beweis. Einige Hinweise zu diesem Satz finden sich im Anhang.

Damit sei die Übersicht beendet.

---

19 Tatsächlich werden wir, um den Gedankengang nicht zu unterbrechen, die Details des Beweises dieses Hilfssatzes ganz an den Schluß stellen.

Lemma 15.3 *Es gelte: Regulär$(\mathfrak{L})$ $\wedge$ $\mathfrak{L}_1 \leqslant \mathfrak{L}$ $\wedge$ LöwSkol$(\mathfrak{L})$. Ferner sei S eine endliche Menge von Prädikatzeichen sowie ψ ein Element von L(S). Das zweistellige Prädikat $<$ und die Individuenkonstante c seien keine Elemente von S. Schließlich mögen zu jedem $m \in \omega$ zwei S-Strukturen $\mathfrak{A}_m$ und $\mathfrak{B}_m$ existieren mit:*

(a) $\mathfrak{A}_m \simeq_m \mathfrak{B}_m$

(b) $Mod_\mathfrak{L}(\mathfrak{A}_m, \psi)$

(c) $Mod_\mathfrak{L}(\mathfrak{B}_m, \neg\psi)$

(d. h. also, die beiden m-isomorphen Strukturen sollen durch ψ getrennt werden).

Dann gibt es eine endliche Zeichenmenge S', die $S \cup \{<, c\}$ als Teilmenge enthält und einen $L(S')$-Satz ϑ_1, so daß die folgenden beiden Aussagen gelten:

(I) Wenn $Mod_\mathfrak{L}(\mathfrak{A}, \vartheta_1)$ für $\mathfrak{A} = \langle A, \mathfrak{a} \rangle$, so ist (Feld $\mathfrak{a}(<)$, $\mathfrak{a}(<)$) eine Ordnung und $\mathfrak{a}(c)$ ein Element des Feldes dieser Ordnung, das höchstens endlich viele $\mathfrak{a}(<)$-Vorgänger besitzt.

(II) Zu jedem $m \in \omega$ existiert ein $\mathfrak{A} = \langle A, \mathfrak{a} \rangle$, so daß $Mod_\mathfrak{L}(\mathfrak{A}, \vartheta_1)$ und $\mathfrak{a}(c)$ in diesem Modell genau m $\mathfrak{a}(<)$-Vorgänger besitzt.

Beweis: Zur Einsparung von Schreibarbeit übernehmen wir auch diesmal verwendbare Beweisstücke vom Beweis des ersten Satzes von LINDSTRÖM. Bezüglich des dortigen *Teiles A* beschränken wir uns auf zwei Feststellungen: Wir setzen das jetzige S für das dortige S_0 ein und betrachten die formale Analogie von (III)(1)–(3) mit den jetzigen drei Voraussetzungen (a)–(c). Der entscheidende Unterschied besteht darin, daß an die Stelle der Aussage, daß zwischen zwei Strukturen eine endliche Isomorphie besteht, die schwächere Aussage des Bestehens einer m-Isomorphie zwischen zwei bestimmten Strukturen tritt[20]. Bezüglich des dortigen Überganges von (II) zu (III) stellen wir uns jetzt eine zwar wesentlich einfachere, aber formal analoge Aufgabe, nämlich: aus den m-isomorphen Strukturen $\mathfrak{A}_m$ und $\mathfrak{B}_m$ sollen *abzählbare* Strukturen erzeugt werden, deren S-Redukte überdies *partiell isomorph* sind.

Nun knüpfen wir an den *Teil B* des Beweises von Th. 15.1 an. S^+ werde genauso wie dort durch Hinzunahme der sieben Zeichen: f, P, U, V, $<$, I, G, aus S gebildet (wobei aber zu beachten ist, daß S jetzt eine endliche Menge ist und nur aus Prädikatzeichen besteht). S' wählen wir als $S' := S^+ \cup \{c\}$. Ferner seien $\mathfrak{A}_m$ und $\mathfrak{B}_m$ für ein vorgegebenes $m \in \omega$ wie

---

20 Daraus wird bereits deutlich, daß der jetzige Beweis mit dem dortigen keine inhaltliche Ähnlichkeit aufweist. Die dortige Aussage (III) war ja das Ergebnis eines indirekten Beweisansatzes für die Gültigkeit der Voraussetzung von Lemma 15.2; und als letzter Schritt dafür wurde dort der Satz von FRAISSÉ benützt. Demgegenüber sind *jetzt* (a) bis (c) unsere Annahmen. Weder Lemma 15.1 noch Lemma 15.2 noch der Satz von FRAISSÉ werden daher diesmal benützt.

in (a), wobei wir diese Aussage in unserer früheren Symbolik genauer durch:

(a') $(I_n)_{n \leq m} : \mathfrak{A}_m \simeq_m \mathfrak{B}_m$

anschreiben. So wie wir dort eine Struktur $\mathfrak{C}$ konstruierten, die den Rahmen zur Beschreibung einer endlichen Isomorphie bildete, so konstruieren wir jetzt eine Struktur $\mathfrak{C}^* = \langle C^*, \mathfrak{c}^* \rangle$, die den Rahmen zur Beschreibung von (a') liefert. Abgesehen von zwei kleinen, aber wesentlichen Änderungen ist $\mathfrak{C}^*$ mit $\mathfrak{C}$ identisch: In (4_e) wird der erste Teil ersetzt durch: $\mathfrak{c}^*(<)$ ist die natürliche Ordnung auf $\{0, \ldots, m\}$ und in (5_e) wird $\mathfrak{c}^*(P)$ identifiziert mit: $\bigcup_{n \leq m} I_n$; die übrigen Bestimmungen bleiben gleich und alle zusammen mögen jetzt (1_m), (2_m), $\ldots$, (7_m) heißen. Die dortige beschreibende Aussage ϑ konstruieren wir analog und bilden daraus ϑ_1 durch Hinzufügung eines Konjunktionsgliedes:

$\vartheta_1 := \vartheta \wedge c \in Feld <\,.$

Die Charakterisierung der Struktur $\mathfrak{C}^*$ muß noch durch eine Festsetzung über das Designat der Konstante c vervollständigt werden und zwar soll gelten: $\mathfrak{c}^*(c) = m$.

Damit haben wir (II) bereits verifiziert: Denn da im seinerzeitigen Beweisteil B die Struktur $\mathfrak{C}$ ein Modell von ϑ war, ist unsere jetzige Struktur $\mathfrak{C}^*$ ein Modell von ϑ_1. Das zusätzliche Konjunktionsglied von ϑ_1 gilt in $\mathfrak{C}^*$ wegen der soeben getroffenen Festsetzung bezüglich c, und m hat genau m (echte) Vorgänger[21].

Wir haben (II) also im wesentlichen durch kleine Änderungen im Beweisteil B gewonnen; die Art dieser Änderungen war durch die neue Aufgabenstellung klar vorgezeichnet.

Für den Nachweis von (I) knüpfen wir an den *Teil D* des Beweises von Th. 15.1 an[22]. $\mathfrak{A}$ sei Modell von ϑ_1.

Wegen *LöwSkol*$(\mathfrak{L})$ existiert ein *(höchstens) abzählbares* Modell für ϑ_1.

Nun beweisen wir (I) indirekt: Angenommen, es gäbe ein solches Modell $\mathfrak{D}^* = \langle D^*, \mathfrak{d}^* \rangle$ von ϑ_1, in welchem $\mathfrak{d}^*(c)$ unendlich viele $\mathfrak{d}^*(<)$-Vorgänger hat. Dann könnten wir den Schluß von *Teil D* des seinerzeitigen Beweises *haargenau kopieren* und erhielten zwei abzählbare Strukturen, die einerseits durch ψ getrennt werden, andererseits partiell iso-

---

21 Bei einem *echten* Vorgänger einer Zahl sind Argument und Wert von $\mathfrak{c}^*(f)$ für diese Zahl nicht identisch. (Es sei daran erinnert, daß $\mathfrak{c}(f)$ so definiert war, daß es ab 0 stationär wird; dies gilt auch für $\mathfrak{c}^*(f) : \mathfrak{c}^*(f)(0) = 0$.)

22 Ein Analogon zu *Teil C* des Beweises zum ersten Satz von Lindström entfällt dagegen, da (a) *Kompakt*$(\mathfrak{L})$ diesmal nicht vorausgesetzt wird und wir es (b) nicht mit einer unendlichen Satzmenge zu tun haben.

morph und damit isomorph wären, was mit der Isomorphiebedingung in Widerspruch steht. $\square$

Das folgende Lemma formulieren wir in einer direkten und in einer durch Kontraposition der Behauptung gewonnenen Fassung.

Lemma 15.4 *Es gelte Regulär($\mathfrak{L}$). S sei eine endliche Zeichenmenge; ferner sei $\psi \in L(S)$.*

*(**Fassung 1**) Angenommen, für ein geeignetes $m \in \omega$ sowie für alle S-Strukturen $\mathfrak{A}$ und $\mathfrak{B}$ gelte:*

(a') Wenn $\mathfrak{A} \simeq_m \mathfrak{B}$, dann ($Mod_\mathfrak{L}(\mathfrak{A}, \psi)$ gdw $Mod_\mathfrak{L}(\mathfrak{B}, \psi)$) (d.h. ψ trennt keine m-isomorphen Strukturen).

Dann gibt es einen zu ψ modellgleichen S-Satz erster Stufe.

*(**Fassung 2**) Wenn es keinen zu ψ modellgleichen S-Satz erster Stufe gibt, dann existieren zu jedem $m \in \omega$ S-Strukturen $\mathfrak{A}_m$ und $\mathfrak{B}_m$, die durch ψ getrennt werden, d.h. genauer:*

(a) $\mathfrak{A}_m \simeq_m \mathfrak{B}_m$;
(b) $Mod_\mathfrak{L}(\mathfrak{A}_m, \psi)$;
(c) $Mod_\mathfrak{L}(\mathfrak{B}_m, \neg\psi)$;

Beweis: Wir beweisen die erste Fassung. (In der späteren Anwendung benützen wir die zweite Fassung.) ψ kann als erfüllbar vorausgesetzt werden; denn ein unerfüllbares ψ hat genau dieselben Modelle wie der Satz erster Stufe $\bigvee x_0(\neg x_0 = x_0)$, nämlich keine.

Die Voraussetzungen, einschließlich (a'), seien erfüllt. Wir erinnern uns daran, daß es bis auf logische Äquivalenz nur endlich viele S-Sätze erster Stufe vom Quantorenrang $\leq m$ gibt (vgl. das Partitionslemma von 14.5.4). Es seien $\varphi_0, \ldots, \varphi_r$ diese Sätze bzw. genauer: die Folge der φ_i enthalte genau einen Satz aus jeder dieser Äquivalenzklassen, von denen es genau $r+1$ geben möge. Wegen der Tatsache, daß zwei Strukturen $\mathfrak{A}$ und $\mathfrak{B}$ m-isomorph sind genau dann, wenn $\mathfrak{A}$ und $\mathfrak{B}$ dieselben Sätze vom Quantorenrang $\leq m$ erfüllen (vgl. 14.4.10), gilt:

(1) $\mathfrak{A} \simeq_m \mathfrak{B}$ gdw $((Mod_{\mathfrak{L}_I}(\mathfrak{A}, \varphi_0)$ gdw $Mod_{\mathfrak{L}_I}(\mathfrak{B}, \varphi_0)) \wedge$
            $(Mod_{\mathfrak{L}_I}(\mathfrak{A}, \varphi_1)$ gdw $Mod_{\mathfrak{L}_I}(\mathfrak{B}, \varphi_1)) \wedge$

$$\vdots$$

            $(Mod_{\mathfrak{L}_I}(\mathfrak{A}, \varphi_r)$ gdw $Mod_{\mathfrak{L}_I}(\mathfrak{B}, \varphi_r)))$.

Sei nun $\mathfrak{A}$ eine vorgegebene S-Struktur. Dann soll $\varphi_\mathfrak{A}$ eine Konjunktion der $r+1$ Sätze der folgenden Menge sein:

$$\{\varphi_i | 0 \leq i \leq r \wedge Mod_{\mathfrak{L}_I}(\mathfrak{A}, \varphi_i)\}$$
$$\cup \{\neg\varphi_i | 0 \leq i \leq r \wedge Mod_{\mathfrak{L}_I}(\mathfrak{A}, \neg\varphi_i)\}.$$

(Man beachte: Wenn $\mathfrak{A}$ alle unendlich vielen Strukturen durchläuft, so durchläuft $\varphi_\mathfrak{A}$ höchstens 2^{r+1} verschiedene Konjunktionen!)

Wegen *Boole*$(\mathfrak{L})$[23] gilt stets: $\text{Mod}_{\mathfrak{L}_{\text{I}}}(\mathfrak{A}, \varphi_{\mathfrak{A}})$. Allgemeiner gilt wegen (1):

(2) $\mathfrak{A} \simeq_m \mathfrak{B}$ gdw $\text{Mod}_{\mathfrak{L}_{\text{I}}}(\mathfrak{B}, \varphi_{\mathfrak{A}})$.

Wir greifen jetzt auf den in der Voraussetzung vorgegebenen Satz ψ zurück und bilden die Adjunktion der – wegen der endlichen Anzahl der Äquivalenzklassen von S-Sätzen erster Stufe vom Quantorenrang $\leq m$ wieder endlich vielen – Formeln $\varphi_{\mathfrak{A}}$, für die $\text{Mod}_{\mathfrak{L}}(\mathfrak{A}, \psi)$ gilt. Wir behaupten, daß der so gebildete Satz φ der gesuchte, mit ψ modellgleiche Satz erster Stufe ist. Für φ wählen wir zusätzlich eine suggestive Schreibweise (die dann zugleich als Definition von φ deutbar ist), nämlich:[24]

(3) $\varphi := \vee \{\varphi_{\mathfrak{A}} | \mathfrak{A} \text{ ist eine } S\text{-Struktur} \wedge \text{Mod}_{\mathfrak{L}}(\mathfrak{A}, \psi)\}$.
Wir müssen zeigen, daß folgendes gilt:

$$\text{Mod}_{\mathfrak{L}}(\psi) = \text{Mod}_{\mathfrak{L}_{\text{I}}}(\varphi).$$

(i) Es sei $\text{Mod}_{\mathfrak{L}}(\mathfrak{B}, \psi)$. Dann ist $\varphi_{\mathfrak{B}}$ (bzw. ein mit $\varphi_{\mathfrak{B}}$ äquivalenter Satz) nach (3) ein Adjunktionsglied von φ. Da $\text{Mod}_{\mathfrak{L}_{\text{I}}}(\mathfrak{B}, \varphi_{\mathfrak{B}})$, ist daher auch $\text{Mod}_{\mathfrak{L}_{\text{I}}}(\mathfrak{B}, \varphi)$.

(ii) Es sei $\text{Mod}_{\mathfrak{L}_{\text{I}}}(\mathfrak{B}, \varphi)$. Dann muß $\mathfrak{B}$ wegen (3) $\mathfrak{L}_{\text{I}}$-Modell eines $\varphi_{\mathfrak{A}}$ mit der dortigen Zusatzbedingung sein, d. h. es muß gelten:

Es gibt ein $\mathfrak{A}$ mit $\text{Mod}_{\mathfrak{L}}(\mathfrak{A}, \psi) \wedge \text{Mod}_{\mathfrak{L}_{\text{I}}}(\mathfrak{B}, \varphi_{\mathfrak{A}})$.

Aus der zweiten Teilaussage können wir wegen (2) auf $\mathfrak{A} \simeq_m \mathfrak{B}$ schließen und daraus sowie aus der ersten Teilaussage wegen (a') auf $\text{Mod}_{\mathfrak{L}}(\mathfrak{B}, \psi)$. $\square$

Vor der Formulierung unseres eigentlichen Theorems müssen wir jetzt die (in Teil E der Übersicht) angekündigten Effektivitätsmerkmale genau beschreiben.

(*I*) Ein abstraktes logisches System $\mathfrak{L} = \langle L, \text{Mod}_{\mathfrak{L}} \rangle$ heiße *effektiv* gdw
(1) für jede entscheidbare Zeichenmenge S die Satzmenge $L(S)$ entscheidbar ist und
(2) zu jedem $\varphi \in L(S)$ eine endliche Teilmenge S_0 von S existiert, so daß $\varphi \in L(S_0)$.

(*II*) Die beiden abstrakten logischen Systeme $\mathfrak{L}$ und $\mathfrak{L}'$ seien beide effektiv. Wir sagen, daß $\mathfrak{L}'$ *im effektiven Sinn mindestens so ausdrucksstark*

---

23 Im vorliegenden Beweis wird von der Voraussetzung *Regulär*$(\mathfrak{L})$ nur diese Teilaussage *Boole*$(\mathfrak{L})$ verwendet. Das Lemma ließe sich daher trivialerweise entsprechend verstärken.

24 Strenggenommen wird φ natürlich als Adjunktion *über einem Repräsentantensystem* der Äquivalenzklassen der folgenden Menge gebildet.

ist *wie* $\mathfrak{L}$, abgek.: $\mathfrak{L} \leqslant_{eff} \mathfrak{L}'$ gdw zu jeder entscheidbaren Zeichenmenge S eine berechenbare Funktion $*$ existiert, durch die jedem $\varphi \in L(S)$ ein $\varphi^* \in L'(S)$ zugeordnet wird mit $\mathrm{Mod}^S_{\mathfrak{L}}(\varphi) = \mathrm{Mod}^S_{\mathfrak{L}'}(\varphi^*)$. ‚$\mathfrak{L} \sim_{eff} \mathfrak{L}'$‘ sei eine Abkürzung für

$$\text{‚} \mathfrak{L} \leqslant_{eff} \mathfrak{L}' \wedge \mathfrak{L}' \leqslant_{eff} \mathfrak{L}' \text{‘.}$$

(*III*) Ein abstraktes logisches System $\mathfrak{L}$, welches effektiv ist, werde *effektiv-regulär* genannt, abgek.: $Regulär_{eff}(\mathfrak{L})$, wenn die *effektiven* Analoga der drei Bedingungen $Boole(\mathfrak{L})$, $Relativier(\mathfrak{L})$ und $Ers(\mathfrak{L})$ gelten. Genauer bedeutet dies:

(*1*) Für jede entscheidbare Zeichenmenge S gibt es eine berechenbare Funktion, die jedem $\varphi \in L(S)$ ein $\neg \varphi$ zuordnet, sowie eine berechenbare Funktion, die jedem $\varphi \in L(S)$ und jedem $\psi \in L(S)$ ein $\varphi \vee \psi$ zuordnet.[25] (Hierbei sind die Junktoren $\neg$ und $\vee$ im Sinne der äußeren modelltheoretischen Charakterisierung und nicht im Sinne einer inneren syntaktischen Charakterisierung zu verstehen; vgl. die Bemerkungen über ‚$Boole(\mathfrak{L})$‘ beim ersten Satz von LINDSTRÖM.)

Wir kürzen diese Bedingung mit $Boole_{eff}(\mathfrak{L})$ ab.

(*2*) Für jede entscheidbare Zeichenmenge S und jedes einstellige Prädikat U gibt es eine berechenbare Funktion, die jedem Satz $\varphi \in L(S)$ ein φ^U zuordnet (im Sinne der früheren Definition von ‚$\mathfrak{L}$ gestattet Relativierungen‘).

Diese Bedingung werde mit $Relativier_{eff}(\mathfrak{L})$ abgekürzt.

(*3*) Für jede entscheidbare Zeichenmenge S sowie entscheidbares S^r gibt es eine berechenbare Funktion, die jedem $\varphi \in L(S)$ ein $\varphi^r \in L(S^r)$ zuordnet.

Die Abkürzung dafür laute $Ers_{eff}(\mathfrak{L})$.

(*IV*) Das abstrakte logische System $\mathfrak{L}$ sei effektiv. Die Wendung ‚*für* $\mathfrak{L}$ *ist die Menge der allgemeingültigen Sätze aufzählbar*‘,[26] abgek.: ‚*Aufz-Allgg*($\mathfrak{L}$)‘ besage: ‚Für jede entscheidbare Zeichenmenge S ist die Menge der Sätze

$$\{\varphi \mid \varphi \in L(S) \wedge \parallel\!\!-_{\mathfrak{L}} \varphi\}$$

aufzählbar.‘ (Man beachte: Da S auf unendlich viele Weisen gewählt werden kann, enthält auch die Aussage *AufzAllgg*($\mathfrak{L}$) strenggenommen unendlich viele Aufzählbarkeitsbehauptungen.)

Diese Bedingung (*IV*) ist für eine effektive abstrakte Logik $\mathfrak{L}$ sicherlich dann erfüllt, wenn für $\mathfrak{L}$ ein adäquater Kalkül existiert. (Die

---

25 Im Gegensatz zum ersten Satz von LINDSTRÖM werden ab hier die Ausdrücke $\neg \varphi$, $\varphi \vee \psi$, φ^U, φ^r nicht mehr als mehrdeutige Mitteilungszeichen verwendet, sondern als die *eindeutigen* Werte der erwähnten berechenbaren Funktionen aufgefaßt.

26 ‚$\parallel\!\!-_{\mathfrak{L}} \varphi$‘ besagt auch jetzt dasselbe wie ‚$\emptyset \parallel\!\!-\varphi$‘. Dabei ist $\emptyset$ die leere Satzmenge. ‚$\parallel\!\!-_{\mathfrak{L}} \varphi$‘ besagt daher dasselbe wie: ‚Jede Struktur ist $\mathfrak{L}$-Modell von φ‘.

Aufzählung der beweisbaren Sätze erfolgt über die Abzählung der Beweise: Man ordne die Beweise nach zunehmender Länge – für irgend einen geeigneten Begriff der Beweislänge – und bei gleicher Länge z. B. lexikographisch.)

Schließlich noch zum Satz von TRACHTENBROT: Eine Struktur wird *endlich* genannt, wenn ihr Träger endlich ist. Ein S-Satz erster Stufe φ wird *im Endlichen allgemeingültig* genannt, wenn jede endliche Struktur φ erfüllt. Der *Satz von Trachtenbrot*, dessen Gültigkeit wir hier voraussetzen, besagt in der für unsere Zwecke benötigten Fassung für bestimmte Symbolmengen S, daß die Menge der im Endlichen allgemeingültigen S-Sätze nicht aufzählbar ist.

(Näheres dazu im Anhang.)

Wir kommen nun zur Formulierung von

Th. 15.2 (Zweiter Satz von Lindström[27]) *Wenn ein abstraktes logisches System $\mathfrak{L}$ die Bedingungen erfüllt:*
(a) Regulär$_{eff}(\mathfrak{L})$;
(b) $\mathfrak{L}_I \preccurlyeq_{eff} \mathfrak{L}$;
(c) LöwSkol$(\mathfrak{L})$;
(d) AufzAllgg$(\mathfrak{L})$,
dann gilt: $\mathfrak{L}_I \sim_{eff} \mathfrak{L}$.

Beweis: Es genügt, die Umkehrung von (b) zu zeigen. Diese Aufgabe zerlegen wir in zwei Teile und beweisen zunächst:

(*Teil 1*)
Zu jeder entscheidbaren Zeichenmenge S und jedem Satz $\psi \in L(S)$ existiert ein S-Satz φ erster Stufe, der dieselben Modelle hat wie ψ.

(Der zweite Teil enthält eine Verschärfung dieser Aussage, nämlich daß der Übergang von ψ zu einem modellgleichen φ erster Stufe mittels eines *effektiven Verfahrens* möglich ist.)

Die vier Bedingungen (a) bis (d) mögen für $\mathfrak{L}$ gelten. Da $\mathfrak{L}$ wegen (a) effektiv ist, kann die Zeichenmenge S als *entscheidbar und endlich* vorausgesetzt werden. Da außerdem (ebenfalls wegen (a)) die effektive Fassung von *Ers$(\mathfrak{L})$* gilt, dürfen wir S als *relational* annehmen (ähnlich wie beim ersten Satz von LINDSTRÖM).

Der Beweis von (*Teil 1*) erfolge indirekt. Es sei also $\psi \in L(S)$ und es gebe keinen S-Satz erster Stufe, der dieselben Modelle hat wie ψ. Zu

---

27 Häufig wird dieses Theorem als Wenn-Dann-Satz formuliert, wobei (a) und (b) als allgemeine Annahmen über $\mathfrak{L}$ gemacht werden, so daß nur (c) und (d) im Wenn-Satz auftreten. Das Theorem lautet dann: *Für ein effektiv-reguläres logisches System $\mathfrak{L}$ mit $\mathfrak{L}_I \preccurlyeq_{eff} \mathfrak{L}$ gilt: Wenn $\mathfrak{L}$ das Theorem von Löwenheim und Skolem erfüllt und für $\mathfrak{L}$ die Klasse der allgemeingültigen Sätze aufzählbar ist, dann ist die Logik erster Stufe bereits im effektiven Sinn gleich ausdrucksstark wie $\mathfrak{L}$.*

jedem $m \in \omega$ gibt es nach Lemma 15.4 S-Strukturen $\mathfrak{A}_m$ und $\mathfrak{B}_m$, welche die drei Bedingungen erfüllen:

(i) $\mathfrak{A}_m \simeq_m \mathfrak{B}_m$,

(ii) $\mathrm{Mod}_\varrho(\mathfrak{A}_m, \psi)$

(iii) $\mathrm{Mod}_\varrho(\mathfrak{B}_m, \neg\psi)$ (d. h. $\mathfrak{A}_m$ und $\mathfrak{B}_m$ sind m-isomorphe Strukturen, die durch ψ getrennt werden).

Zusammen mit den obigen Bedingungen sind dadurch die Voraussetzungen von Lemma 15.3 erfüllt. Also existiert eine Menge S und ein $\vartheta_1 \in \mathrm{L}(S_1)$, welche die Bedingungen der Konklusion von Lemma 15.3 erfüllen. (S_1 sei das S' des Lemmas.)

Die endliche Menge S_1 werde um das einstellige Prädikatzeichen W zu $S_2 := S_1 \cup \{W\}$ erweitert. Da $\mathfrak{L}$ mindestens so ausdrucksstark ist wie die Logik der ersten Sufe, kann man den folgenden $\mathrm{L}(S_2)$-Satz betrachten[28]:

$$\chi := \vartheta_1 \wedge \bigvee x\, Wx \wedge \bigwedge x(Wx \rightarrow x < c).$$

Es gilt (1') und (2'), nämlich:

(1') Für jede S-Struktur $\mathfrak{A} = \langle A, \mathfrak{a} \rangle$ mit $\mathrm{Mod}_\varrho(\mathfrak{A}, \chi)$ ist $\mathfrak{a}(W)$ nichtleer und endlich.

Dies folgt aus (I) von Lemma 15.3 sowie der Definition von χ. ($\mathfrak{A}$ erfüllt ja dann auch ϑ_1, so daß die dortigen Aussagen gelten; nach dem dritten $\wedge$-Glied[29] von χ enthält $\mathfrak{a}(W)$ *nur* Vorgänger von $\mathfrak{a}(c)$ und nach dem mittleren $\wedge$-Glied ist $\mathfrak{a}(W)$ nicht leer.)

(2') Zu jedem $m \geq 1$ existiert ein Modell $\mathfrak{A} = \langle A, \mathfrak{a} \rangle$ von χ, so daß $\mathfrak{a}(W)$ genau m Elemente enthält.

Dies folgt aus (II) von Lemma 15.3 sowie der Definition von χ. Es muß hier nur darauf geachtet werden, daß für das nach Lemma 15.3, (II) existierende Modell von ϑ_1 (worin $\mathfrak{a}(c)$ genau m $\mathfrak{a}(<)$-Vorgänger besitzt) zusätzlich die Abbildung $\mathfrak{a}$ so gewählt wird, daß $\mathfrak{a}(W)$ als Elemente *genau* die Vorgänger von $\mathfrak{a}(c)$ enthält.

Anmerkung. Man könnte vielleicht meinen, daß sich diese zusätzliche Forderung erübrigen würde, wenn man als χ die ohnehin suggestivere Formel wählte: $\vartheta_1 \wedge \bigwedge x(Wx \leftrightarrow x < c)$. Doch dann wäre der Fall $m = 1$ nicht erfaßt und es müßte für ihn eine eigene Regelung getroffen werden.

Aus (1') und (2') folgt: Wenn $\mathfrak{A} = \langle A, \mathfrak{a} \rangle$ über *alle* Modelle von χ läuft, so durchläuft $\mathfrak{a}(W)$ genau die endlichen Mengen.

Wir kommen nun zu dem in der Übersicht unter (C) erwähnten Hilfssatz, der den in der Beweisidee des vorliegenden Theorems intendier-

---

28 Die Schreibweise mit ‚$\wedge$' ist als durch $Boole_{eff}(\mathfrak{L})$ eindeutige Mitteilung festgelegt usw.

29 Ein $\wedge$-*Glied* in einer Reihenfolge ist natürlich nur relativ auf eine Mitteilung eines abstrakten Satzes festgelegt, da z. B. $\varphi \wedge \psi$ und $\psi \wedge \varphi$ *dasselbe* Objekt aus $\mathrm{L}(S)$ mitteilen können.

ten logischen Konflikt zwischen dem Satz von TRACHTENBROT und der Bedingung $(d)^{30}$ unseres Theorems erzeugt.

Dazu wählen wir zunächst eine *zu S_2 disjunkte* und *relationale* Zeichenmenge S_3. (Der Satz von TRACHTENBROT wird dann unten auf die Menge der im Endlichen allgemeingültigen S_3-Sätze erster Stufe angewendet. S_3 wird im wesentlichen analog zu der im Anhang zum Satz von TRACHTENBROT behandelten Menge $\hat{S}$ aufgefaßt.)

Hilfssatz 2 *Es sei * eine berechenbare Funktion, die jedem S_3-Satz ζ erster Stufe einen Satz $\zeta^* \in L(S_3)$ zuordnet, der dieselben Modelle hat wie ζ. Dann gilt für alle S_3-Sätze φ erster Stufe:*[31]
(+) φ ist im Endlichen allgemeingültig

$$gdw \; \Vdash_{\mathfrak{L}} \chi \rightarrow (\varphi^*)^W.$$

Wir beweisen diesen Hilfssatz im Nachtrag und setzen ihn hier als richtig voraus. Der letzte in ($+$) angeführte Satz ist ein $L(S_2 \cup S_3)$-Satz. Der in dieser Aussage ($+$) ausgesprochene Zusammenhang läßt sofort vermuten, daß man aus einem Aufzählungsverfahren $\mathfrak{B}_1$ für die allgemeingültigen $L(S_2 \cup S_3)$-Sätze (angewendet auf die rechte Seite von ($+$)) ein Aufzählungsverfahren für die im Endlichen allgemeingültigen S_3-Sätze erster Stufe erhält (linke Seite von ($+$)). Dieses gesuchte Aufzählungsverfahren $\mathfrak{W}$ arbeitet sukzessive für $n \in \omega$ folgendermaßen:

1. Schritt: Es werden die n lexikographisch ersten S_3-Sätze φ_0, $\varphi_1, \ldots, \varphi_{n-1}$ erster Stufe erzeugt.

2. Schritt: Da die Funktion * berechenbar ist, ferner nach Voraussetzung auch die Relativierungen und die Konditionalbildung effektiv vollziehbar sind, können wir mittels des ersten Schrittes sukzessive die Folgen erzeugen:

$$\varphi_0, \ldots, \varphi_{n-1}$$
$$\varphi_0^*, \ldots, \varphi_{n-1}^*$$
$$(\varphi_0^*)^W, \ldots, (\varphi_{n-1}^*)^W$$
$$\chi \rightarrow (\varphi_0^*)^W, \ldots, \chi \rightarrow (\varphi_{n-1}^*)^W.$$

3. Schritt: Nun werden die n ersten allgemeingültigen $L(S_2 \cup S_3)$-Sätze, die das Aufzählungsverfahren $\mathfrak{B}_1$ liefert, gebildet.

4. Schritt: Diejenigen Sätze φ_i, für welche $\chi \rightarrow (\varphi_i^*)^W$ unter den im dritten Schritt erzeugten Sätzen vorkommt, werden notiert.

Auf diese Weise erzeugt $\mathfrak{W}$ tatsächlich genau die im Endlichen allgemeingültigen S_3-Sätze erster Stufe. Nach dem Satz von TRACHTENBROT aber sind diese Sätze *nicht* aufzählbar.

---

30 Diese Bedingung besteht aus der Aussage, daß die Menge der allgemeingültigen Sätze von $\mathfrak{L}$ aufzählbar ist.

31 Man beachte, daß die *ganze* Formel $\chi \rightarrow (\varphi^*)^W$ effektiv gebildet wird.

Der Widerspruch löst sich nur in der Weise, daß wir die Annahme, mit der dieser indirekte Beweis begann, fallen lassen und schließen, daß es zu jedem $\psi \in L(S)$ eine S-Satz φ erster Stufe gibt, der mit ψ modellgleich ist. *Teil 1* ist damit bewiesen.

(*Teil 2*)
Es kann ein effektives Verfahren angegeben werden, das für jede entscheidbare Zeichenmenge S und zu jedem Satz $\psi \in L(S)$ einen S-Satz φ erster Stufe liefert, der dieselben Modelle hat wie ψ.

Für diese „effektive Verschärfung" von *Teil 1* betrachten wir ein Aufzählungsverfahren $\mathfrak{B}_2$ für die Menge der allgemeingültigen L(S)-Sätze sowie eine berechenbare Funktion #, die jedem S-Satz φ der ersten Stufe ein modellgleiches $\varphi^{\#} \in L(S)$ zuordnet (ersteres existiert wegen Bedingung (*d*) und letzteres wegen Bedingung (*b*) unseres Theorems). Das gesuchte effektive Verfahren $\mathfrak{W}_1$ arbeitet für $n = 1, 2, \ldots$ in folgender Weise:

1. Schritt: Mittels $\mathfrak{B}_2$ werden die n ersten allgemeingültigen L(S)-Sätze $\psi_0, \ldots, \psi_{n-1}$ erzeugt.

2. Schritt: Es werden die lexikographisch ersten S-Sätze erster Stufe $\varphi_0, \ldots, \varphi_{n-1}$ gebildet.

3. Schritt: Mit Hilfe des vorgegebenen L(S)-Satzes ψ und der Funktion # wird aus den Ergebnissen des zweiten Schrittes die Folge
$$\psi \leftrightarrow \varphi_0^{\#}, \ldots, \psi \leftrightarrow \varphi_{n-1}^{\#}$$
(ähnlich wie in *Teil 1*) effektiv erzeugt.

4. Schritt: Wenn beim Vergleich der im ersten Schritt und der im dritten Schritt erzeugten Folgen zum ersten Mal[32] ein i und ein j gefunden wird, so daß ψ_i identisch ist mit $\psi \leftrightarrow \varphi_j^{\#}$, *so soll φ_j der ψ durch $\mathfrak{W}$ zugeordnete S-Satz erster Stufe sein.* Man beachte, daß die Annahme, daß ein solches φ_j stets existiert, wegen der Gültigkeit von *Teil 1* gewährleistet ist; und der 2. Schritt liefert eine Aufzählung *aller* S-Sätze erster Stufe. Ferner besagt die Allgemeingültigkeit von ψ_i dasselbe wie die Modellgleichheit von ψ einerseits, $\varphi_j^{\#}$ bzw. φ andererseits.

Damit ist das ganze Theorem, bis auf den nachzutragenden Beweis des Hilfssatzes 2, bewiesen. Dieser Nachtrag werde jetzt geliefert:

---

32 Dieser Schritt setzt eine Ordnung der Folge von Paaren natürlicher Zahlen voraus. Wir sagen, daß ein Paar $\langle i, j \rangle$ einem Paar $\langle i', j' \rangle$ *vorangeht*, wenn entweder $i < i'$ oder ($i = i'$ und $j < j'$). Damit ist zugleich der Begriff des *kleinsten* Paares einer Folge von Paaren festgelegt. Ferner besage die Wendung ‚es wird *zum ersten Mal* ein i und ein j gefunden, die eine bestimmte Bedingung erfüllen' dasselbe wie ‚das aus i und j gebildete Paar $\langle i, j \rangle$ ist das kleinste Paar, das dieser Bedingung genügt.'

Die Voraussetzung über die Funktion * sei erfüllt; φ sei ein beliebiger S_3-Satz erster Stufe.

(a) Angenommen, φ sei im Endlichen allgemeingültig. Ferner sei $\mathfrak{A}$ eine $S_2 \cup S_3$-Struktur, die $\mathfrak{L}$-Modell von χ ist: $\mathrm{Mod}_\mathfrak{L}(\mathfrak{A}, \chi)$. $\mathfrak{a}(W)$ ist nach (1') endlich und nicht leer. Daher ist $\mathrm{Mod}_{\mathfrak{L}_\mathrm{I}}([\mathfrak{a}(W)]^{\mathfrak{A} \upharpoonright S_3}, \varphi)$, d. h. die Substruktur des S_3-Reduktes[33] von $\mathfrak{A}$ mit dem Träger $\mathfrak{a}(W)$ ist $\mathfrak{L}_\mathrm{I}$-Modell von φ. (φ ist ja ein Satz erster Stufe, der nur Zeichen aus S_3 enthält.) Daher ist dieselbe Struktur auch $\mathfrak{L}$-Modell von $\varphi^*\colon \mathrm{Mod}_\mathfrak{L}([\mathfrak{a}(W)]^{\mathfrak{A} \upharpoonright S_3}, \varphi^*)$. Wegen Relativier($\mathfrak{L}$) gilt daher $\mathrm{Mod}_\mathfrak{L}(\mathfrak{A}, (\varphi^*)^W)$.

(b) $\chi \rightarrow (\varphi^*)^W$ sei allgemeingültig in $\mathfrak{L}$. Dann ist *jede* $S_2 \cup S_3$-Struktur $\mathfrak{L}$-Modell dieses Satzes. Für beliebiges $m \geq 1$ kann nach (2') $\mathfrak{A} = \langle A, \mathfrak{a} \rangle$ so gewählt werden, daß $\mathrm{Mod}_\mathfrak{L}(\mathfrak{A}, \chi)$ und die Interpretation $\mathfrak{a}(W)$ von W genau m Elemente enthält. In Umkehrung der Schlußweise von (a) erhält man über $\mathrm{Mod}_\mathfrak{L}(\mathfrak{A}, (\varphi^*)^W)$ schließlich $\mathrm{Mod}_{\mathfrak{L}_\mathrm{I}}([\mathfrak{a}(W)]^{\mathfrak{A} \upharpoonright S_3}, \varphi)$. Da außer der Forderung, daß $\mathfrak{a}(W)$ genau m Elemente enthält, $\mathfrak{A}$ beliebig gewählt war, ist φ für alle Bereiche mit m Elementen gültig. Da dies für jedes $m \in \omega$ gilt, aber auch nur für solche (vgl. die Feststellung im Anschluß an (2')), ist φ im Endlichen allgemeingültig. $\square$

Anhang zu Kapitel 15

Zum Satz von Trachtenbrot

Beim Beweis des zweiten Theorems von LINDSTRÖM benötigen wir das folgende Ergebnis, das als ,*Satz von Trachtenbrot*' bekannt ist:

Die Menge der im Endlichen quantorenlogisch gültigen $\hat{S}$-Sätze ist nicht aufzählbar.

(Dabei ist hier (und überhaupt in diesem Anhang) ,quantorenlogisch' im Sinne der Quantorenlogik mit Identität zu verstehen; ferner sei $\hat{S}$ eine Symbolmenge mit abzählbar unendlich vielen Konstanten und für jedes $n \in \omega \setminus \{0\}$ jeweils abzählbar unendlich vielen n-stelligen Prädikaten und Funktionszeichen.)

Wir wollen an dieser Stelle eine kurze Skizze zum Beweis dieses Satzes anfügen, die wegen der benötigten rekursionstheoretischen Voraussetzungen jedoch nur Hinweischarakter haben kann. Zunächst bringen wir einige notationelle und begriffliche Präliminarien.

Für eine beliebige Symbolmenge S heißt ein Satz $\varphi \in \mathbf{F}_S$ nach Definition genau dann *im Endlichen (S-)erfüllbar*, wenn es eine endliche

---

[33] Wegen der Relationalität von S_3 ist $\mathfrak{a}(W)$ trivialerweise S_3-abgeschlossen und daher als Träger einer S_3-Substruktur wählbar.

S-Struktur $\mathfrak{A}$ gibt, die φ erfüllt; mit anderen Worten, wenn für eine S-Struktur $\mathfrak{A}$ mit endlichem Träger $Mod_S(\mathfrak{A}, \varphi)$ gilt. Wir teilen die Erfüllbarkeit von φ im Endlichen durch $\mathfrak{CC}_S(\varphi)$ mit.

Analog definieren wir φ als *im Endlichen (quantorenlogisch) (S-) gültig* genau dann, wenn jede endliche S-Struktur φ erfüllt. Wir schreiben dafür $\mathfrak{CA}_S(\varphi)$; es gilt also: $\mathfrak{CA}_S(\varphi)$ gdw für alle $\mathfrak{A}$ mit endlichem Träger $Mod_S(\mathfrak{A}, \varphi)$.

Wir definieren nun zu $\mathfrak{CA}$ und $\mathfrak{CC}$ die entsprechenden Mengen aller im Endlichen quantorenlogisch gültigen bzw. erfüllbaren S-Sätze:

$$EErfS_S := \{\varphi \in \mathbf{F}_S \mid \varphi \text{ Satz } \wedge \mathfrak{CC}_S(\varphi)\}$$
$$EQLgS_S := \{\varphi \in \mathbf{F}_S \mid \varphi \text{ Satz } \wedge \mathfrak{CA}_S(\varphi)\}.$$

Als Beispiel für einen nicht quantorenlogisch gültigen Satz $\varphi \in EQLgS_S$ betrachte man

$$\varphi := \bigwedge x_1 \bigwedge x_2 (\neg(x_1 = x_2) \to \neg(f^1 x_1 = f^1 x_2)) \to \bigwedge y \bigvee x(y = f^1 x).$$

Der Leser mache sich dies als Übung klar und überlege sich darüber hinaus, daß $\neg\varphi$ ein erfüllbarer Satz aus dem Komplement von $EErfS_S$ ist.

Beim Beweis des Satzes von TRACHTENBROT gehen wir nun in folgenden drei Schritten vor:

(I) Wir zeigen, daß die Menge der im Endlichen erfüllbaren $\hat{S}$-Sätze aufzählbar ist, indem wir ein Aufzählungsverfahren dazu skizzieren. Dieses Verfahren wird unabhängig von der zugrundegelegten Präzisierung des Aufzählbarkeitsbegriffs „intuitiv" geschildert.

(II) Wir skizzieren die Zurückführung der Frage nach der Entscheidbarkeit der Menge der im Endlichen erfüllbaren $\hat{S}$-Sätze auf eine aus der Rekursionstheorie als unentscheidbar bekannte Fragestellung. Dabei müßte auf die zugrundeliegende Präzisierung des Entscheidbarkeitsbegriffs bei einer genaueren Beweisdarstellung eingegangen werden, was wegen des Umfangs der dazu benötigten speziellen rekursionstheoretischen Mittel hier nicht geschieht; wir müssen uns auf entsprechende Literaturhinweise beschränken.

(III) Wir beenden den Beweis unter Voraussetzung der Schritte (I) und (II) (die wir anschließend behandeln) folgendermaßen:

Angenommen, die Menge der im Endlichen quantorenlogisch gültigen $\hat{S}$-Sätze wäre aufzählbar. Da ein $\hat{S}$-Satz genau dann nicht im Endlichen erfüllbar ist, wenn seine Negation im Endlichen quantorenlogisch gültig ist, läßt sich aus dem Aufzählungsverfahren für $EQLgS_{\hat{S}}$ ein Aufzählungsverfahren für das Komplement von $EErfS_{\hat{S}}$ gewinnen. Doch dann erhalten wir mit (I) einen Widerspruch zu (II):

(1) Man entscheidet für ein beliebiges Wort über dem zu $\hat{S}$ gehörigen Gesamtalphabet, ob ein $\hat{S}$-Satz vorliegt. Dafür gibt es sicher ein Entschei-

dungsverfahren, denn wir können o.B.d.A. annehmen, daß das Gesamtalphabet endlich ist, indem wir etwa die Menge

$$\hat{A} := \{(,), \neg, \vee, \wedge, \rightarrow, \leftrightarrow, \bigwedge, \bigvee, =, P, f, c, v,$$
$$= 0_*, ..., 9_*, 0^*, ..., 9^*\}$$

als Alphabet wählen und die Definitionen für Sprachen erster Stufe dadurch modifizieren, daß wir z. B. ‚f_1^3‘ durch ‚f3*1$_*$‘ und ‚P_0^7‘ durch ‚P7*0$_*$‘ „codieren". Der $\hat{S}$-Term

$$f_1^3 v_0 f_2^1 c_7 c_2$$

erhält dann als $\hat{A}$-Wort die Form

$$f3*1_* v0_* f1*2_* c7_* c2_* \; ;$$

ebenso wäre der $\hat{S}$-Satz

$$\vee v_2 P_2^3 c_2 v_0 f_1^1 v_2$$

durch das $\hat{A}$-Wort

$$\vee v2_* (P3*2_* c2_* v0_* f1*1_* v2_*)$$

wiederzugeben. Die korrekte induktive Definition der Übersetzung von $\hat{S}$- in $\hat{A}$-Worte sei dem Leser als Übungsaufgabe überlassen.

(2) Ist nun ein als $\hat{A}$-Wort dargestelltes $\hat{S}$-Wort φ nach (1) als $\hat{S}$-Satz erwiesen worden, so wendet man abwechselnd das nach (I) vorhandene Aufzählungsverfahren für $EErfS_{\hat{S}}$ und das nach den obigen Überlegungen gegebene Aufzählungsverfahren für das Komplement von $EErfS_{\hat{S}}$ (in der Menge der $\hat{S}$-Sätze) an, bis feststeht, ob für den $\hat{S}$-Satz φ nun $\varphi \in EErfS_{\hat{S}}$ oder $\varphi \notin EErfS_{\hat{S}}$ gilt.

(3) Mit diesem Verfahren läge aber für jeden $\hat{S}$-Satz φ eine Entscheidung über die Zugehörigkeit zur Menge der im Endlichen erfüllbaren $\hat{S}$-Sätze vor. Dies widerspricht der in (II) gezeigten Unentscheidbarkeit von $EErfS_{\hat{S}}$.

Damit ist die zu Beginn von (III) eingeführte Annahme der Aufzählbarkeit von $EQLgS_{\hat{S}}$ widerlegt und der Satz von TRACHTENBROT gewiesen. $\square$

Nachzutragen sind noch die angekündigten Ausführungen zu Schritt (I) und (II).

Beweisskizze zu (I): Wir fassen im folgenden als Länge eines S-Wortes die Länge des (wie in (III)(1) gebildeten) entsprechenden Wortes über dem endlichen Alphabet $\hat{A}$ auf. Damit gibt es für jede endliche Länge $n \in \omega$ nur *endlich* viele $\hat{S}$-Worte dieser Länge. Nach Definition der $\hat{S}$-Syntax haben wir damit auch ein Aufzählungsverfahren für jeweils alle $\hat{S}$-Sätze, die höchstens die Länge n haben.

Wenn wir über ein Entscheidungsverfahren verfügen würden, um für jedes $m \in \omega$ festzustellen, ob ein $\hat{S}$-Satz φ von einer $\hat{S}$-Struktur mit $(m+1)$-elementigem Träger erfüllt werden kann, so können wir die im Endlichen erfüllbaren $\hat{S}$-Sätze aufzählen; wir müßten dazu nur für die endlich vielen $\hat{S}$-Sätze ψ, die höchstens die Länge n haben, entscheiden, ob ψ über $m \in \{0, ..., n\}$ erfüllbar ist (wobei natürlich $m = \{0, ..., m-1\}$ ist). Die Beschränkung auf Strukturen mit Trägern der Form $\{0, ..., m-1\}$ ist nach dem Isomorphielemma zulässig, da es danach zu jeder Struktur mit m-elementigem Träger eine isomorphe Struktur über $\{0, ..., m-1\}$ gibt. Da die oben genannten Entscheidungen für die jeweils endlich vielen ψ die Frage nach der Erfüllbarkeit von $\hat{S}$-Sätzen über beliebig großen endlichen Trägermengen beantworten, haben wir ein Aufzählungsverfahren für $EErf S_{\hat{S}}$, sofern wir die Entscheidbarkeit der Erfüllbarkeit eines gegebenen $\hat{S}$-Satzes in einer $\hat{S}$-Struktur mit $\{0, ..., m-1\}$ als Träger für jedes $m \in \omega$ voraussetzen. Daß wir diese Voraussetzung machen dürfen, bleibt noch zu zeigen.

Der entscheidende Kunstgriff beim Beweis dieser Voraussetzung besteht darin, daß wir von $\hat{S}$ zu einer endlichen Teilmenge $\hat{S}^{\varphi}$ übergehen, wobei $\hat{S}^{\varphi}$ die Menge der in φ auftretenden $\hat{S}$-Symbole sei. Durch diesen Kunstgriff wird die Anzahl der zu betrachtenden Strukturen über $\{0, ..., m-1\}$ als Träger endlich. Der Leser überlege sich selbst, daß tatsächlich

    (a) die Erfüllbarkeit des S-Satzes φ durch S-Strukturen gleichwertig
        mit der Erfüllbarkeit von φ durch $\hat{S}^{\varphi}$-Strukturen ist,

sowie, daß

    (b) nur endlich viele $\hat{S}^{\varphi}$-Strukturen über $\{0, ..., m-1\}$ existieren.

Seien nun $\mathfrak{A}_0, ..., \mathfrak{A}_{k_\varphi}$ diese $\hat{S}^{\varphi}$-Strukturen. Die Frage nach der Erfüllbarkeit von φ über einem m-elementigen Träger ist damit reduziert auf die Frage nach der Entscheidbarkeit von

$$\bigvee i(i \in \{0, ..., k_\varphi\} \wedge Mod_{\hat{S}^{\varphi}}(\mathfrak{A}_i, \varphi)).$$

Diese Frage läßt sich auf die Entscheidbarkeit der endlich vielen Fragen, ob $\mathfrak{A}_i$ eine Struktur ist, die φ erfüllt, zurückführen. Wir haben für festes $\mathfrak{A}_i$ folgende Fälle zu betrachten:

    (a) Ist φ die Negation einer $\hat{S}^{\varphi}$-Formel χ, so können wir klären, ob $Mod_{\hat{S}^{\varphi}}(\mathfrak{A}_i, \varphi)$ gilt, indem wir für das kürzere χ feststellen, ob $Mod_{\hat{S}^{\varphi}}(\mathfrak{A}_i, \chi)$ gilt.

    (b) Analog kann für die übrigen Junktoren als Hauptoperatoren von φ die Frage auf ein oder zwei kürzere Formeln reduziert werden.

    (c) Hat φ die Form $\bigvee v\chi$ oder $\bigwedge v\chi$, so genügt es, die endlich vielen Fragen nach

$$Mod_{\hat{S}^{\varphi}}(\mathfrak{A}_{iv}^{k}, \chi)$$

für alle $k \in \{0, ..., m-1\}$ zu entscheiden,[34] also für alle möglichen Werte von v bei einer Variablenbelegung über dem Träger von $\mathfrak{A}_i$ die Erfüllbarkeit von χ zu prüfen. Mit Induktion (gemäß (a)–(c)) ist die Frage, ob $\mathfrak{A}_i$ ein $\hat{S}^\varphi$-Modell von φ ist, damit zurückgeführt auf endlich viele Entscheidungen über $Mod_{S^\varphi}(\mathfrak{A}_i, \varrho)$ wobei ϱ eine (i. a. offene) *atomare* $\hat{S}^\varphi$-Formel ist. Wir entscheiden nun diese Frage für die atomare Formel ϱ, indem wir die endlichen vielen Möglichkeiten, die endlich vielen freien Variablen $x_0, ..., x_r$ von ϱ mit Werten aus $\{0, ..., m-1\}$ zu belegen, durchgehen. Wir beantworten dann die endlich vielen Fragen nach

$$(\triangle) \quad Mod_{S^\varphi}(\mathfrak{A}_{i\,x_0, ..., x_r}^{\ n_0, ..., n_r}, \varrho)$$

für die endlich vielen Teilmengen $\{n_0, ..., n_r\}$ von $\{0, ..., m-1\}$. Diese Fragen sind aufgrund der Kenntnis von $\mathfrak{A}_i$ entscheidbar, da $\mathfrak{A}_i$ als durch endlich viele endliche Wertetabellen für die endlich vielen $\hat{S}^\varphi$-Prädikate, -Funktionszeichen und -Konstanten gegeben aufgefaßt werden kann. Damit sind die Fragen der Form $(\triangle)$ entschieden und somit (I) bewiesen.

Beweisskizze zu (II): Wir transformieren die Frage nach der Entscheidbarkeit der im Endlichen erfüllbaren $\hat{S}$-Sätze, indem wir die Gleichwertigkeit dieser Frage mit derjenigen nach der Entscheidbarkeit des sogenannten *Halteproblems* andeuten. Das Halteproblem bezieht sich in seiner bekanntesten Fassung auf die Theorie der *Turingmaschinen*. Die Turingmaschinen stellen eine der gegenwärtig vorliegenden Präzisierungsmöglichkeiten des intuitiven Aufzählbarkeits- und Entscheidbarkeitsbegriffes dar und können als eine formale Wiedergabe der Idee informationsverarbeitender Rechenmaschinen, welche Algorithmen repräsentieren, angesehen werden. Das Halteproblem ist, ganz grob gesagt, die Frage, ob eine Turingmaschine mit einem vorgegebenen Programm, angesetzt auf eine „leere" Eingabe von Information, irgendwann stehen bleibt oder „unbegrenzt weiterläuft". Dieses Problem erweist sich in den präzisierten Fassungen als unentscheidbar. Eine genauere Wiedergabe dieser Begriffe findet der interessierte Leser z. B. in HERMES [2], EBBINGHAUS [2] und ROGERS [1].

Wie nach der (schon früher in diesem Buch kurz erwähnten) These von CHURCH zu erwarten, hat sich die Präzisierung der rekursionstheoretischen Begriffe durch Turingmaschinen zu allen anderen bisher bekannten Präzisierungsversuchen als gleichwertig erwiesen, so u. a. auch zu der Charakterisierung durch sog. *Registermaschinen* (siehe z. B. MINSKI [1]). Wir beziehen uns auf die Darstellung des (ebenfalls unentscheidbaren) Halteproblems für Registermaschinen bei EBBINGHAUS et al. [1], S. 197ff., da hier der Zusammenhang zum Beweis des Satzes von

---

34 Wir benötigen hier *volle* $\hat{S}^\varphi$-Strukturen.

TRACHTENBROT unmittelbarer ausfällt als bei der Bezugnahme auf das etwas bekanntere Halteproblem für Turingmaschinen. Für die Anwendung des Satzes von TRACHTENBROT im Beweis des zweiten Satzes von LINDSTRÖM ist es wichtig, daß $\hat{S}$ auf relationale Zeichenmengen beschränkt werden kann. Im Prinzip ist sogar nur das Vorhandensein eines einzigen zweistelligen Prädikates erforderlich.

Der *Beweis* verläuft dann andeutungsweise folgendermaßen:

Zu jedem Registermaschinenprogramm P wird eine Struktur $\mathfrak{A}_P$ definiert, die in gewissem Sinne die Arbeitsweise von P mittels eines Prädikats beschreibt, das den Inhalt der Speicher (*Register*) der Maschine nach jedem Arbeitsschritt wiedergibt. Ferner wird ein Satz ψ_P definiert, der syntaktisch die Arbeitsweise von P charakterisiert und für den $Mod(\mathfrak{A}_P, \psi_P)$ gilt. Für Programme, die bei leerer Eingabe irgendwann anhalten, ist dabei $\mathfrak{A}_P$ nach Definition eine Struktur mit endlichem Träger und daher ψ_P im Endlichen erfüllbar. Ist andererseits P ein Programm, das bei leerer Eingabe niemals anhält, so sind alle Modelle von ψ_P unendlich, wie ein relativ komplizierter Induktionsbeweis zeigt, da ψ_P auf die Nummern der immer neuen Arbeitsschritte Bezug nimmt. Damit ist das (unentscheidbare) Halteproblem für Registermaschinen als äquivalent zu der Frage erwiesen, ob (für ein beliebiges Registermaschinenprogramm P) durch ein allgemeines Verfahren entschieden werden kann, ob der P repräsentierende Satz ψ_P im Endlichen erfüllbar ist. Da ψ_P ohne weiteres als Satz der umfassenderen Sprache mit $\hat{S}$ als Symbolmenge aufgefaßt werden kann, ist daher $EErfS_{\hat{S}}$ nicht entscheidbar.

Damit schließen wir unseren kurzen Überblick über die Beweisstruktur von (II) und des Satzes von TRACHTENBROT überhaupt. Die verbleibenden durchaus nichttrivialen Kunstgriffe zur Definition von ψ_P und $\mathfrak{A}_P$ hängen zu spezifisch von der jeweils verwendeten Variante der rekursionstheoretischen Grundlagen ab, als daß eine nähere Schilderung ohne Eingehen auf etwa die Registermaschinentheorie an dieser Stelle noch nützlich wäre. Der Satz von Trachtenbrot enthält eine interessante und tiefliegende Auszeichnung der Nichtcharakterisierbarkeit des Endlichen, wie man sich an der etwas überraschenden Gegenüberstellung der Aufzählbarkeit aller quantorenlogisch gültigen Sätze und der Nichtaufzählbarkeit aller im Endlichen quantorenlogisch gültigen Sätze verdeutlichen kann.

Bibliographie

Ackermann, W., siehe Hilbert und Ackermann.

Agazzi, E. (Hrsg.) [1] *Modern Logic — A Survey*, Dordrecht–London 1981.

Barnes, D.W. und J.M. Mack *An Algebraic Introduction to Mathematical Logic*, New York–Heidelberg–Berlin 1975.

Barwise, J. (Hrsg.) *Handbook of Mathematical Logic*, Amsterdam–New York–Oxford 1977.

Bernays, P. siehe Hilbert und Bernays.

Blau, U. [1] *Die dreiwertige Logik der Sprache*, Berlin–New York 1978.

Bridge, J. [1] *Beginning Model Theory. The Completeness Theorem and some of its Consequences*, Oxford 1977.

Carnap, R. [1] *Meaning and Necessity*, 2. Aufl. Chicago 1956.

Carnap, R. [2] *Einführung in die Symbolische Logik*, 2. Aufl. Wien 1960.

Chang, C.C. und H.J. Keisler [1] *Model Theory*, Amsterdam 1973.

Church, A. [1] 'A Note on the Entscheidungsproblem', *The Journal of Symbolic Logic*, Bd. 1 (1936), S. 40–41.
   Korr. Bd. 1 (1936), S. 101–102.

Church, A. [2] *Introduction to Mathematical Logic*, Princeton 1956.

Church, A. [3] 'An Unsolvable Problem of Elementary Number Theory', *American Journal of Mathematics*, Bd. 58 (1936), S. 45–363.

Craig, W. [1] 'On Axiomatizability within a System', *The Journal of Symbolic Logic*, Bd. 18 (1953), S. 30–32.

Curry, H. *Foundations of Mathematical Logic*, New York–San Francisco–Toronto–London 1963.

Ebbinghaus, H.-D., J. Flum, W. Thomas [1] *Einführung in die Mathematische Logik*, Darmstadt 1978.

Ebbinghaus, H.-D. [1] *Einführung in die Mengenlehre*, Darmstadt 1977.

Ebbinghaus, H.-D. [2] 'Turing-Maschinen und berechenbare Funktionen I', in: Jacobs, K. (Hrsg.), *Selecta Mathematica II*, Berlin–Heidelberg–New York 1970, S. 1–20.

Flum, J. siehe Ebbinghaus, Flum, Thomas.

Flum, J. [1] 'Distributive Normal Forms', in: Miettinen, S., Väänänen, J., (Hrsg.), *Proceedings of the Symposiums on Mathematical Logic in Oulu 1974 and in Helsinki 1975*. Helsinki 1977, S. 71–76.

Fraassen, B.C. van *Formal Semantics and Logic*, New York–London 1971.

Frege, G. [1] ‚Über Sinn und Bedeutung‘, Ztschr. f. Philos. u. philos. Kritik, NF 100 (1892), S. 25–50. Abgedruckt in: G. Patzig (Hrsg.), *Funktion, Begriff und Bedeutung*, Göttingen 1975, S. 40–65.

Gödel, K. [1] ‚Die Vollständigkeit der Axiome des logischen Funktionenkalküls‘, *Monatshefte für Mathematik und Physik*, Bd. 37 (1930), S. 349–360.

Gödel, K. [2] ‚Über formal unentscheidbare Sätze der Principia Mathematica und verwandter Systeme I‘, *Monatshefte für Mathematik und Physik*, Bd. 38 (1931), S. 173–198.

Halmos, P.R. [1] *Naive Set Theory*, Princeton–New York–Toronto–London 1960.

Hatcher, W.S. [1] *Foundations of Mathematics*, Philadelphia–London–Toronto 1968.

Hermes, H. [1] *Einführung in die mathematische Logik*, 3. Aufl. Stuttgart 1972.

Hermes, H. [2] *Aufzählbarkeit, Entscheidbarkeit und Berechenbarkeit*, 3. Aufl. Berlin–Heidelberg–New York 1978.

Hilbert, D. und W. Ackermann *Grundzüge der theoretischen Logik*, 5. Aufl. Berlin–Heidelberg–New York 1967.

Hilbert, D. und P. Bernays [1] *Grundlagen der Mathematik*, 2 Bände, Bd. 1 : 2. Aufl. Berlin–Heidelberg–New York 1968, Bd. 2 : 2. Aufl. Berlin–Heidelberg–New York 1970.

Hintikka, J. [1] *Distributive Normal Forms in the Calculus of Predicates*, Acta Philosophica Fennica, Bd. 6 (1953).

Hintikka, J. [2] 'Distributive Normal Forms in First-Order Logic', ursprünglich erschienen in: Crossley, N.J., Dummett, M.A.E. (Hrsg.), *Formal Systems and Recursive Functions: Proceedings of the Eighth Logic Colloquium, Oxford, July 1963*, Amsterdam 1965, S. 48–91, abgedruckt in: Hintikka, J., *Logic, Language Games, and Information: Kantian Themes in the Philosophy of Logic*, Oxford 1973, Chapter XI, S. 242–286.

Hintikka, J. [3] 'Information and Inference', in: Hintikka, J., Suppes, P. (Hrsg.), *Information and Inference*, Dordrecht 1970, S. 263–297.

Hintikka, J. [4] 'Constituents and Finite Identifiability', *Journal of Philosophical Logic*, Bd. 1 (1972), S. 45–52.

Hintikka, J. [5] 'Surface Semantics: Definition and its Motivation', in: Leblanc, H. (Hrsg.), *Truth, Syntax and Modality*, Amsterdam 1973, S. 128–147.

Hintikka, J. und V. Rantala [6] 'A New Approach to Infinitary Languages', *Annals of Mathematical Logic*, Bd. 10 (1976), S. 95–115.

Jeffrey, R.C. [1] *Formal Logic: Its Scope and Limits*, New York–London 1967.

Kalish, D. und Montague, R. [1] *Logic. Techniques of Formal Reasoning*, New York–Chicago–San Francisco–Atlanta 1964.

Keisler, H.J. siehe Chang und Keisler.

Kleene, St.C. [1] *Introduction to Metamathematics*, 5. Aufl. Amsterdam–Groningen 1967.

Kleinknecht, R. [1] *Grundlagen der Modernen Definitionstheorie*, Königstein/Ts. 1979.

Kleinknecht, R. und Wüst, E. [1] *Lehrbuch der Elementaren Logik*, 2 Bände, München 1976.

Leblanc, H. [1] 'A Simplified Account of Validity and Implication for Quantificational Logic', in: *The Journal of Symbolic Logic*, Bd. 33 (1968), S. 231–235.

Leblanc, H. (Hrsg.) [2] *Truth, Syntax and Modality*, Amsterdam–London 1973.

Leblanc, H. [3] 'Semantic Deviations', in: Leblanc, H. (Hrsg.) *Truth, Syntax and Modality*, S. 1–16.

Leblanc, H. [4] *Truth-Value Semantics*, Amsterdam–New York 1976.

Lindström, P. [1] 'On Extensions of Elementary Logic', *Theoria*, Bd. 35 (1969), 1–11.

Lindström, P. [2] 'On Characterizing Elementary Logic', in: Stenlund, S. (Hrsg.), *Logical Theory and Semantic Analysis*, S. 129–146.

Löwenheim, L. [1] ‚Über die Möglichkeiten im Relativkalkül‘, *Mathematische Annalen*, Bd. 76 (1915), S. 447–470.

Lorenz, K. [1] ‚Dialogspiele als semantische Grundlage von Logikkalkülen‘, *Archiv für mathematische Logik und Grundlagenforschung*, Bd. 11 (1968), S. 32–55 und S. 73–100.

Lorenzen, P. [1] *Einführung in die operative Logik und Mathematik*, Berlin 1955.

Lorenzen, P. [2] *Methodisches Denken*, Frankfurt a.M. 1968.

Lorenzen, P. [3] *Metamathematik*, Mannheim 1962.

Lorenzen, P. und K. Lorenz [1] *Dialogische Logik*, Darmstadt 1978.

Lorenzen, P. und O. Schwemmer [1] *Konstruktive Logik, Ethik und Wissenschaftstheorie*, 2. verb. Aufl., Mannheim 1973.

Mack, J.M. siehe Barnes und Mack.

Manin, Yu. I. [1] *A Course in Mathematical Logic*, Übers. aus dem Russischen von N. Koblitz, New York–Heidelberg–Berlin 1977.

Mates, B. *Elementary Logic*, Oxford 1965, deutsche Übersetzung: *Elementare Logik*, Göttingen 1969.

Mayer, Gregor [1] Mengentheoretische Modelltheorie, Magisterarbeit, München 1977.

Mayer, Gregor [2] *Die Logik im Deutschen Konstruktivismus. Die Rolle formaler Systeme im Wissenschaftsaufbau der Erlanger und Konstanzer Schule*, Dissertation, München 1981.

Mendelson, E. [1] *Introduction to Mathematical Logic*, New York–London 1964.

Minsky, M. [1] *Computation. Finite and Infinite Machines*, London 1972.

Monk, J.D. [1] *Mathematical Logic*, New York–Heidelberg–Berlin 1976.

Montague, R. siehe Kalish und Montague.

Novikov, P.S. *Elements of Mathematical Logic*, London 1964.

Quine, W.V. [1] *Mathematical Logic*, 2. Aufl., Cambridge, Mass., 1951, New York 1962.

Quine, W.V. [2] *Methods of Logic*, 3. Aufl., New York 1972. Deutsche Übersetzung: *Grundzüge der Logik*, Frankfurt a.M. 1969.

Quine, W.V. [3] *Set Theory an Its Logic*, 2. Aufl., Cambridge, Mass. 1969.

Rantala, V. siehe Hintikka und Rantala.

Rantala, V. [1] 'Aspects of Definability', *Acta Philosophica Fennica*, Bd. 29, nos. 2–3, 1977.

Rogers, H. [1] *Theory of Recursive Functions and Effective Computability*, New York–St. Louis–San Francisco–London–Sydney 1967.

Russell, B. siehe Whitehead und Russell.

Schütte, K. [1] *Proof Theory*, Berlin–Heidelberg–New York 1977.

Schwemmer, O. siehe Lorenzen und Schwemmer.

Sheffer, H.M. [1] 'A Set of Five Independent Postulates for Boolean Algebra, with Applications to Logical Constants', *Trans. Amer. Math. Society*, Bd. 14 (1913), S. 481–488.

Scott, D. [1] 'A Note on Distributive Normal Forms', in: Saarinen, E., Hilpinen, R., Niiniluoto, I., Hintikka, M.P. (Hrsg.), *Essays in Honour of Jaakko Hintikka*, Dordrecht–Boston–London 1979, S. 75–90.

Shoenfield, J.R. [1] *Mathematical Logic*, Reading–London 1967.

Skolem, T. [1] *Logisch-kombinatorische Untersuchungen über die Erfüllbarkeit oder Beweisbarkeit mathematischer Sätze nebst einem Theoreme über dichte Mengen*, Skrifter utgitt av Videnskapsselskapet i Kristiania, I. Mat. Naturv. Kl. 4, Kristiania 1920, S. 1–33.

Smullyan, R.M. [1] 'Languages in which Self Reference is Possible', *Journal of Symbolic Logic*, Bd. 22 (1957), S. 55–67, abgedruckt in: Hintikka, J. (Hrsg.) *The Philosophy of Mathematics*, Oxford 1969, S. 64–77.

Smullyan, R.M. [2] 'A Unifying Principle in Quantification Theory', *Proceedings of the National Academy of Sciences*, Bd. 49 (1963), S. 828–832.

Smullyan, R.M. [3] 'Analytic Natural Deduction', *Journal of Symbolic Logic*, Bd. 30 (1965), S. 123–139.

Smullyan, R.M. [4] 'Trees and Nest Structures', *Journal of Symbolic Logic*, Bd. 31 (1966), S. 303–321.

Smullyan, R.M. [5] *First-Order Logic*, Berlin–Heidelberg–New York 1968.

Smullyan, R.M. [6] 'Abstract Quantification Theory', in: Kino, A., Myhill, J. und Vesley, R.E. (Hrsg.) *Intuitionism and Proof Theory*, Amsterdam–London 1970, S. 79–91.

Stamm, E. [1] ‚Beitrag zur Algebra für Logik‘, *Monatshefte für Mathematik und Physik*, Bd. 22 (1911), S. 137–156.

Stegmüller, W. [1] *Unvollständigkeit und Unentscheidbarkeit*, 2. Aufl., Wien–New York 1970.

Stegmüller, W. [2] 'Remarks on the Completeness of Logical Systems Relative to the Validity-Concepts of P. Lorenzen and K. Lorenz', *Notre Dame Journal of Formal Logic*, Bd. 5 (1964), S. 81–112.

Suppes, O. *Introduction to Logic*, Princeton–New York–Toronto–London 1957.
Thomas, W. siehe Ebbinghaus, Flum, Thomas.
Trachtenbrot, B.A. [1] 'The Impossibility of an Algorithm for the Decision Problem for finite Domains', *Doklady Academii Nauk SSSR*, Bd. 70, S. 569–572.
Whitehead, A.N. und B. Russell [1] *Principia Mathematica*, 3 Bde., 2. Aufl., Cambridge 1925–1927.
Wüst, E. siehe Kleinknecht und Wüst.

Autorenregister

Sachverzeichnis

Verzeichnis der Symbole und Abkürzungen

(I) Mengentheoretische Zeichen und Ausdrücke

$=$	31	$\bigcup$	33	$\langle a_1, \ldots, a_n \rangle$	36
$\in$	31	$\bigcap$	34	$M_1 \times \ldots \times M_n$	37
$\notin$	31	$\bar{M}$	34	M^n	37
$\emptyset$	31	$N \setminus M$	34	$D_I(f)$	38
$\{x \mid Px\}$	32	$M \subseteq N$	34	$D_{II}(f)$	38
$\cup$	33	$M \subset N$	34	$f = g \mid_M$	39
$\cap$	33	$Pot(M)$	35	ω	32

(II) Objektsprachliche Zeichen und deren Namen

$\neg$	25, 49, 51, 345, 346	1?	153
$\wedge$	25, 49, 51, 347	2?	153
$\vee$	25, 49, 345–347	u?	153
$\rightarrow$	25, 49, 51, 347	$=$	260, 347, 392
$\leftrightarrow$	25, 49, 51, 347	$\neq$	29
$\bigwedge$	25, 73, 347	$\iota x F[x]$	269
$\bigvee$	25, 73, 345–347	$+$	351
$\bigvee!$	96	$\cdot$	351, 392
$($	49, 73, 392	Φ	380
$)$	49, 73, 392	$*$	380
$\rightarrowtail$	131	N	380
$x, y, z \ldots$	73	$x(F)$	391
$a, b, c \ldots$	73	$x(F)k$	391
$p, q, r \ldots$	73	x	392
$P^n, Q^n, R^n \ldots$	73	$'$	392
$\top$	139	$\uparrow$	392
$\bot$	139	$\downarrow$	392
?	153	$\bar{1}$	392

(III) Metasprachliche und metalogische Zeichen

$\neg\!\!\!\mid$	29	γ	57, 111	$\vdash_B$	113
$\wedge\!\!\!\wedge$	29	δ	57, 111	$\vdash_S$	133

$\underline{\vee}$	29	$Q(u)$	315	$\vdash_{\mathbf{A}}$	179
$\Rightarrow$	29	$\mathbf{w}$	51	$\vdash_{\mathbf{N}}$	186
$\Leftrightarrow$	29	$\mathbf{f}$	51	$\vdash_{\mathbf{T}}$	350
$\bigwedge$	29	$(\mathbf{R}\mathrm{j})$	52	$\Vdash_i$	261
$\bigwedge x_{x<a}$	359	$(\mathbf{R}\wedge)$	82, 211	$\Vdash_k$	272
$\bigvee$	29	$(\mathbf{R}\vee)$	82	Th	281, 387
$\bigvee x_{x<a}$	359	$(\mathbf{R}\wedge{}^0)$	213	$\mathfrak{R}$	330
$\doteqdot$	29	$(\mathbf{R}\vee{}^0)$	214	$\mathbf{W}$	387
$\neq$	29	$*$	110, 157	$\mathbf{F}$	390
$=_s$	68	$\Vdash_j$	60	fml	346
$=_v$	91	$\Vdash_q$	84	tm	346
$=_p$	92	$*_i$	78	$\mathbf{A_x}[\mathbf{a}]$	347
$:=$	29	$\mathfrak{N}[*_1,\dots,*_n]$	79	$\mathbf{b_x}[\mathbf{a}]$	347
$=_{df}$	29	$\mathfrak{B}_{A,M}$	113	Ax_{log}	349
$\mathbb{A}$	53	$\mathfrak{B}^S_{A,M}$	117	rgl	349
b	53, 84	$q\|$	156	thm	350
$\mathfrak{a}$	55, 85	$\|p$	156	$\ulcorner\ \urcorner$	380
α	57, 111	$M\lfloor\Phi\rfloor$	159	$\eta(M)$	384, 396
β	57, 111	$\vdash_{\mathbf{K}}$	105	$Eg(E)$	389

(IV) Bezeichnungen der formalen Sprachen und Logik-Systeme

$\mathbf{J}$	49	$\mathbf{D}$	152	$\mathbf{A}^*$	326
$\mathbf{J}_M$	51	$\mathbf{L}$	153, 346	$\mathbf{A}^{**}$	328
$\mathbf{Q}$	73, 216	$\mathbf{\bar S}$	159	N	350
$\mathbf{Q}_A$	81	$\mathbf{A}$	178	$\mathbf{S}_0$	380
$\mathbf{Q}_M$	81	$\mathbf{N}$	183	$\mathbf{S}_0^L$	381
$\mathbf{Q}_E$	210	$\mathbf{P}$	194	$\mathbf{S}_P$	382
$\mathbf{Q}_D$	213	$\mathbf{Q}_\iota$	269	$\mathbf{S}_P'$	385
$\mathbf{K}$	105	$\mathbf{Q}_{E\iota}$	269	$\mathbf{S}_P^{\mathbf{K}}$	387
$\mathbf{B}$	109	$\mathbf{Q}_{D\iota}$	269, 271	$\mathbf{SAr}$	392
$\mathbf{S}$	131	$\mathbf{T}$	281	$\mathfrak{L}$	460
$\mathbf{B}^a$	141	$\mathbf{A}'$	325		
$\mathbf{B}^{a,m}$	143	$\mathbf{A}''$	326		

(V) Bezeichnungen für definierte Funktionen

$||$	145	ts	172	χ_P	357
ty_x	162	$strat_n$	174–175	I_i^n	357
yb_n	163, 164	pkt_n^B	175	μ_x	357
pkt_n^S	163, 164	$strat$	178	$\mu x_{x<a}$	359

(VI) Zeichen und Ausdrücke der arithmetisierten Metasprache (Kap. 12 und 13)

Div	360	$Term_T$	364	$P_{(b)}$	366
OP	360	For_T	364	Sub_T	367
$\beta(a, i)$	361	$N\,Log\,Ax_T$	364	$g(E)$	393
$\langle a_1, ..., a_n \rangle$	361	Ax_T	364	$\bar{g}(E)$	394
$SN_L(\mathbf{u})$	362	Bew_T	364	$\overset{\circ}{E}$	394
$\ulcorner \mathbf{u} \urcorner$	362	Bw_T	364		
$Vble$	363	Thm_T	364		

(VII) Zeichen und Abkürzungen der abstrakten Semantik und algebraischen Behandlung der Logik

$\mathbb{A}$	407	$V_{\mathfrak{A}*}$	412	P_c	433
$\mathbb{A}*$	407	Mod_S	413	$\mathfrak{A}^r$	434
Pr_S	407	$\models$	414	i	436
Fu_S	407	$\varphi \begin{pmatrix} t_1 ... t_r \\ x_1 ... x_r \end{pmatrix}$	417	$\simeq$	436
Ko_S	407	$\varDelta$	422, 423	$\mathfrak{A}^{*i}$	437
$\hat{S}$	408	$Symb$	423	$\equiv$	439
$\langle \mathbf{S}, \mathbf{T}, \mathbf{F} \rangle$	409	S-Str	423	$SemTh$	440
$\mathfrak{A}$	410	S-$Defm$	423	$Präpart\,Iso$	443
$\mathfrak{a}$	410	$\mathfrak{A} \restriction S$	429	$\simeq_e$	444
η	410	∇	425	$(I_n)_{n \in \omega}$	444
$\mathfrak{A}*$	410	$[A]^{\mathfrak{B}}$	431	$\simeq_p$	446
$\mathfrak{a}*$	410	ψ^P	431	$\simeq_m$	446
$\mathfrak{a}^{*a}_x$	411	$\mathbf{g}$	433	QR	447
$\mathfrak{A}^{*a}_x$	411	P_f	433		

(VIII) Spezielle Zeichen und Abkürzungen zu den Lindströmsätzen

$\mathfrak{L}$	460	$Relativier(\mathfrak{L})$	463	$Ers_{eff}(\mathfrak{L})$	494
L	460	$Ers(\mathfrak{L})$	464	$Regulär_{eff}(\mathfrak{L})$	494
$Mod_{\mathfrak{L}}$	460	$Regulär(\mathfrak{L})$	464	$AufzAllgg(\mathfrak{L})$	494
$Mod_{\mathfrak{L}}^S$	461	$LöwSkol(\mathfrak{L})$	464	$\mathfrak{EE}_S$	500
$\equiv_{\mathfrak{L}}$	461	$Kompakt(\mathfrak{L})$	464	$\mathfrak{EA}_S$	500
$\preccurlyeq$	462	$\preccurlyeq_{eff}$	494	$EErfS_S$	500
$\sim$	462	$\sim_{eff}$	494	$EQLgS_S$	500
$*$	462	$Boole_{eff}(\mathfrak{L})$	494		
$Boole(\mathfrak{L})$	463	$Relativier_{eff}(\mathfrak{L})$	494		

(IX) Sonstige Zeichen und Abkürzungen

Probleme und Resultate der Wissenschaftstheorie und Analytischen Philosophie

Von Wolfgang Stegmüller

Band I

Erklärung – Begründung – Kausalität

2., verbesserte und erweiterte Auflage. 1983.
XX, 1116 Seiten
Gebunden DM 248,-. ISBN 3-540-11804-7
(Studienausgabe Teile A–G lieferbar)

Aus den Besprechungen zur 1. Auflage:
"...In the present work Stegmüller not only functions as an expert reporter and interpreter, but also provides quite a number of important new insights, partly based on penetrating critical analyses of previous contributions to the logic of scientific explanation and related problems of *Begründung* (justification)...
This reviewer has found a great number of suggestive and valuable insights in this book, whose clarity, precision, pertinency and timeliness, can hardly be overestimated."   *The Journal of Philosophy*

Band II

Theorie und Erfahrung

1. Halbband
Begriffsformen, Wissenschaftssprache, empirische Signifikanz und theoretische Begriffe
Verbesserter Neudruck 1974.
Neuauflage in Vorbereitung

"The work promises to become a classic in the German language because of its comprehensiveness, thoroughness, and clarity."   *Philos. of Science*

2. Halbband
Theorienstrukturen und Theoriendynamik
1973. 4 Abbildungen. XVII, 327 Seiten
Gebunden DM 78,-. ISBN 3-540-06394-3

(Studienausgaben Teile A–E lieferbar)

Band IV

Personelle und Statistische Wahrscheinlichkeit

"...Stegmüller has presented a remarkably rich collection of material in a field where it has become increasingly difficult to keep an overview. ... one need not fight through the book, it can be read continuously despite its difficult subject. ... All this recommends Stegmüller's volume as a textbook, but ... it goes far beyond the scope of a mere textbook."   *Philosophia*

1. Halbband
Personelle Wahrscheinlichkeit und Rationale Entscheidung
1973. Neuauflage in Vorbereitung

(Studienausgabe Teile A–C lieferbar)

"....This volume is a remarkably clear, highly scholarly, and masterfully written work, equally valuable for introducing the beginner to its field and for raising and clarifying important problems for advanced philosophical discussion..."
     The Journal of Philosophy

2. Halbband
Statistisches Schließen – Statistische Begründung – Statistische Analyse
1973. 3 Abbildungen. XVI, 420 Seiten
Gebunden DM 98,-. ISBN 3-540-06040-5

(Studienausgabe Teile D–E lieferbar)

"...In Stegmüller's very lucid and systematic exposition almost all the relevant literature has been assimilated. Both working statisticians and philosophers of science will get new insights and stimulation for further research when reading it."
     Theory and Decision

Springer-Verlag Berlin Heidelberg New York Tokyo

W. Stegmüller

Neue Wege der Wissenschaftsphilosophie

1980. VI, 198 Seiten
DM 49,-. ISBN 3-540-09668-X

W. Stegmüller

The Structuralist View of Theories

A Possible Analogue of the Bourbaki Programme in Physical Science
1979. V, 101 pages
DM 29,50. ISBN 3-540-09460-1

"These two ... books of Wolfgang Stegmüller give an impressive
account of the strength and vividness of the so-called structuralist
approach in the philosophy of science. ... Structuralism ... provides us
... with **tools** for reconstruction which are widely applicable, penetra-
tive, and flexible enough to lead us eventually to a deeper understand-
ing not only of a number of concrete theories and their interrelations,
but also of what theories and their dynamics consist of on a more general level." *Erkenntnis*

W. Stegmüller

The Structure and Dynamics of Theories

Translated from the German by W. Wohlhüter
1976. 4 figures. XVII, 284 pages
Cloth DM 82,-. ISBN 3-540-07493-7

"...the second volume of Stegmüller's *Theorie und Erfahrung* is one of
the most important contributions to philosophy of science since the
appearance of Kuhn's *The Structure of Scientific Revolutions.*"
Philos. of Science

Philosophy of Economics

Proceedings, Munich, July 1981
Editors: **W. Stegmüller, W. Balzer, W. Spohn**
1982. VIII, 306 pages
(Studies in Contemporary Economics, Volume 2)
DM 48,-. ISBN 3-540-11927-2

Contents: Neoclassical Theory Structure and Theory Development: The
Ohlin Samuelson Programme in the Theory of International Trade.
Empirical Claims in Exchange Economics. Ramsey-Elimination of Util-
ity in Utility Maximizing Regression Approaches. Structure and Prob-
lems of Equilibrium and Disequilibrium Theory. A General Net Struc-
ture for Theoretical Economics. General Equilibrium Theory – An
Empirical Theory? – The Basic Core of the Marxian Economic Theory.
A Structuralist Reconstruction of Marx's Economics. 'Value': A Problem for the Philosopher of Science. The Economics of Property Rights
– A New Paradigm in Social Science? – Subjunctive Conditionals in
Decision and Game Theory. The Logical Structure of Bayesian Decision Theory. Computational Costs and Bounded Rationality. How to
Make Sense of Game Theory. On the Economics of Organization. How
to Reconcile Individual Rights with Collective Action. - List of Contri-
butors and Participants.

Springer-Verlag
Berlin
Heidelberg
New York
Tokyo